"十四五"职业教育国家规划教材

教育部中等职业教育改革创新示范教材

计算机及应用专业职业教育新课改教材

计算机组装与维修项目教程

第3版

主　编　葛勇平

副主编　朱延庆　王　彬　金东瑛　金慧慧

参　编　朱　顺　葛玉英　袁　乾　苏　扬

梅继卿　陈　浩

机械工业出版社

本书以项目为教学单元来组织内容，以通俗易懂的语言向读者展现了计算机组装与维修中的实际应用。本书通过具体项目介绍了解决计算机组装与维修中问题的思路与方法，具有较强的实用性和可操作性。本书主要内容包括计算机的认识与选购、计算机的安装与维护、计算机的性能测试、计算机的故障检测与排除。

本书可作为各职业院校计算机应用相关专业的教材，也可作为相关行业岗位的培训用书或相关工程技术人员的参考用书。

本书配套微课视频（扫描书中二维码免费观看），通过信息化手段，将纸质教材与课程资源有机结合，成为资源丰富的“互联网+”智慧教材。

本书配有电子课件，需要的老师可到机械工业出版社教育服务网（www.cmpedu.com）免费注册后下载，或联系编辑（010-88379194）咨询。

图书在版编目（CIP）数据

计算机组装与维修项目教程/葛勇平主编．—3版．—北京：机械工业出版社，2021.4（2025.6重印）

教育部中等职业教育改革创新示范教材　计算机及应用专业职业教育新课改教材

ISBN 978-7-111-68340-7

Ⅰ．①计…　Ⅱ．①葛…　Ⅲ．①电子计算机—组装—中等专业学校—教材 ②电子计算机—维修—中等专业学校—教材　Ⅳ．①TP30

中国版本图书馆CIP数据核字（2021）第102428号

机械工业出版社（北京市百万庄大街22号　邮政编码100037）

策划编辑：梁　伟　　责任编辑：梁　伟　徐梦然

责任校对：聂美琴　张亚楠　　封面设计：鞠　杨

责任印制：李　昂

涿州市京南印刷厂印刷

2025年6月第3版第9次印刷

184mm×260mm・17.75印张・411千字

标准书号：ISBN 978-7-111-68340-7

定价：54.80元

电话服务

客服电话：010-88361066

010-88379833

010-68326294

网络服务

机　工　官　网：www.cmpbook.com

机　工　官　博：weibo.com/cmp1952

金　　书　　网：www.golden-book.com

机工教育服务网：www.cmpedu.com

关于“十四五”职业教育
国家规划教材的出版说明

为贯彻落实《中共中央关于认真学习宣传贯彻党的二十大精神的决定》《习近平新时代中国特色社会主义思想进课程教材指南》《职业院校教材管理办法》等文件精神，机械工业出版社与教材编写团队一道，认真执行思政内容进教材、进课堂、进头脑要求，尊重教育规律，遵循学科特点，对教材内容进行了更新，着力落实以下要求：

1. 提升教材铸魂育人功能，培育、践行社会主义核心价值观，教育引导学生树立共产主义远大理想和中国特色社会主义共同理想，坚定“四个自信”，厚植爱国主义情怀，把爱国情、强国志、报国行自觉融入建设社会主义现代化强国、实现中华民族伟大复兴的奋斗之中。同时，弘扬中华优秀传统文化，深入开展宪法法治教育。

2. 注重科学思维方法训练和科学伦理教育，培养学生探索未知、追求真理、勇攀科学高峰的责任感和使命感；强化学生工程伦理教育，培养学生精益求精的大国工匠精神，激发学生科技报国的家国情怀和使命担当。加快构建中国特色哲学社会科学学科体系、学术体系、话语体系。帮助学生了解相关专业和行业领域的国家战略、法律法规和相关政策，引导学生深入社会实践、关注现实问题，培育学生经世济民、诚信服务、德法兼修的职业素养。

3. 教育引导学生深刻理解并自觉实践各行业的职业精神、职业规范，增强职业责任感，培养遵纪守法、爱岗敬业、无私奉献、诚实守信、公道办事、开拓创新的职业品格和行为习惯。

在此基础上，及时更新教材知识内容，体现产业发展的新技术、新工艺、新规范、新标准。加强教材数字化建设，丰富配套资源，形成可听、可视、可练、可互动的融媒体教材。

教材建设需要各方的共同努力，也欢迎相关教材使用院校的师生及时反馈意见和建议，我们将认真组织力量进行研究，在后续重印及再版时吸纳改进，不断推动高质量教材出版。

机械工业出版社

前　言

本书编写组认真学习领会贯彻党的二十大精神，落实立德树人根本任务，通过课程思政内容设计努力讲好中国故事、传承工匠精神、展现中国力量，引导学生厚植爱国主义情怀，不断激发学生的爱国心、强国志、报国情，努力培育堪当民族复兴大任的时代新人。

本书积极贯彻《国家职业教育改革实施方案》等文件精神，立足中职学校学生的学习情况，根据计算机技术与应用的最新发展以及职业院校计算机应用专业计算机组装与维修教学的实际要求进行编写。

近年来，随着计算机应用的普及和计算机技术的高速发展，计算机硬件领域新技术、新产品不断涌现，计算机如何选购、组装、检测与维护，已经成为许多计算机用户迫切需要解决的问题。

本书第1版、第2版自出版以来，深受广大读者喜爱，先后多次印刷，并于2012年确定为首批“教育部中等职业教育改革创新示范教材”，并于2022年被确定为江苏省“十四五”首批职业教育规划教材。

本书继续保持第1版、第2版的特色：

- 突出“实用性”。理论知识以“必需”为原则，以“够用”为度。
- 强调“逻辑性”。项目组织符合岗位的成长规律，更符合职业学校学生的认知与成长规律。
- 突出“典型性”与“前瞻性”。在项目设计过程中，充分考虑当前职业岗位领域的最新发展，积极融入计算机硬件领域的新产品与新技术。
- 重视“情境创建”。在书中引入虚拟人物贯穿教材，构建职业岗位情境，宣扬职业道德，培养职业素养，增加学习乐趣。

与第2版相比较，本书全面融入课程思政内容，通过在项目中加入“匠心养成 • 炼铸专业核心素养”“大国奋进 • 感悟中国科技发展”两个部分，用职业岗位需要培育学生素养，用当代中国成就激发学生爱国情怀。本书编写尝试“差异化”。在课后学习环节，进行差异化、层次化设计，使之兼顾“基础性巩固”“强化型掌握”“拓展型提高”的不同学习需求。精心录制相关微课，丰富学生学习资源。

本书由全国多所院校教学一线专业课教师合作编写。葛勇平担任主编，朱延庆、王彬、金东瑛、金慧慧担任副主编，朱顺、葛玉英、袁乾、苏扬、梅继卿、陈浩参与编写。葛勇平（江苏省南通中等专业学校）负责全书的框架结构的拟定与书稿的汇总、审阅、修改，微课视频的录制，同时承担项目20～21的编写工作；金东瑛（黑龙江省牡丹江市职业教育中心学校）承担项目1～2的编写工作；朱延庆（江苏省南通中等专业学校）承担项目3～4的编写工作；朱顺（大庆市蒙妮坦中等职业技术学校）承担项目5～8的编写工作；王彬（大庆市蒙妮坦中等职业技术学校）承担项目9～12的编写工作；葛玉英（大庆市蒙妮坦中等职业技术学校）承担项目13～15的编写工作；金慧慧（盐城机电高等职业技术学校）承担项目16～17的编写工作；袁乾（江苏省南通中等专业学校）承担项目18～19的编写工作；苏扬（江苏省南通中等专业学校）承担项目22～23的编写工作；陈浩（江苏德立智能化工程有限公司）承担项目24～25的编写工作；梅继卿（江苏省南通中等专业学校）承担项目26～27的编写工作，并负责全书图片的整理与修正工作。

鉴于硬件知识更新快，涉及面广，加上编者水平有限，书中难免存在疏漏与不妥之处，敬请广大读者与专家不吝指正。

编　者

二维码索引

序号	任务视频编号	二维码	页码	序号	任务视频编号	二维码	页码
1	1-1		2	8	2-3		18
2	1-2、1-3		5	9	2-4		19
3	1-4		6	10	3-1		23
4	1-5、1-6		7	11	3-2		27
5	1-7、1-8		9	12	3-3		28
6	2-1		14	13	4-1		34
7	2-2		16	14	4-2		36

（续）

序号	任务视频编号	二维码	页码	序号	任务视频编号	二维码	页码
15	4-3		37	23	7		58
16	4-4		39	24	8-1、8-2、8-3		64
17	4-5		40	25	8-4、8-5		74
18	5-1		45	26	9-1		82
19	5-2		47	27	9-2、9-3		84
20	6-1		50	28	9-4、9-5		87
21	6-2		52	29	10		92
22	6-3		55	30	11-1、11-2		101

（续）

序号	任务视频编号	二维码	页码	序号	任务视频编号	二维码	页码
31	11-3、11-4		104	39	14-1		137
32	11-5		108	40	14-2		141
33	12-1		113	41	14-3		148
34	12-2		116	42	15-1、15-2		156
35	12-3		119	43	15-3		161
36	13-1		125	44	16-1		167
37	13-2		129	45	16-2		173
38	13-3		132	46	17-1		180

（续）

序号	任务视频编号	二维码	页码	序号	任务视频编号	二维码	页码
47	17-2		185	54	19-3		213
48	17-3		187	55	20-1		216
49	18-1		191	56	20-2		218
50	18-2		193	57	20-3		225
51	18-3		196	58	21		230
52	19-1		204	59	22-1		239
53	19-2		208	60	22-2		246

目　　录

项目1　辨识计算机各部件

项目难度：★★☆☆☆

项目课时：2学时

角色职业岗位：IT产品仓库物管助理

项目描述

子俊在蓝点信息科技有限公司开始了自己的职业生涯，他的第一个岗位是IT产品仓库物管助理，在任职过程中需要完成以下典型工作任务：

1）熟悉各类软、硬件的类别及它们在仓库中的分布位置。

2）接待万达广场门店的店长，为门店补充CPU与内存条。

3）在20min内为中南城门店临时配送硬盘。

4）接待主板与显卡代理商配货员，并对相关货物进行清点与入库整理。

5）由于库存不足，为宝隆市场门店紧急向同行调购网卡与声卡。

6）为数码港门店进行月度结算，统计该门店的出货清单，其中包括显示器的统计。

7）为货品仓库进行季度盘点，其中就包括对打印机、键盘、鼠标、音箱的盘点。

8）因为公司为金河田机箱与电源的地区总代理，所以需要陪同仓库主管参与厂家订货。

项目分析

要完成本项目，需要子俊在理论上理解计算机软、硬件的基本组成并熟悉各部件外观，同时考察子俊对工作的认真度和责任心。结合上述内容，将项目分解成以下8个子任务。任务单见表1-1

表1-1　任务单

1	熟悉仓库的布局
2	为门店准备CPU和内存条
3	在20min内为中南城门店临时配送硬盘
4	清点入库相关主板与显卡
5	向同行调购网卡和声卡
6	门店月度结算，统计显示器的出货清单
7	仓库季度盘货，盘点打印机、键盘、鼠标和音箱产品
8	参与机箱、电源的厂家订货

匠心养成·炼铸专业核心素养

责任担当、吃苦耐劳、踏实肯干

项目实施

根据任务单的安排完成任务。

任务1 熟悉仓库的布局

任务分析

子俊刚担任IT产品仓库物管助理，对仓库货物的分类与布局不熟悉。仓库主管带着子俊熟悉相关业务。如果子俊想要更好、更快地熟悉仓库的格局，则需要掌握计算机系统组成的基本知识。

扫描二维码观看视频

理论知识

1）计算机是一种能够对收集的各种数据和信息进行分析并自动加工处理的电子设备。普通个人计算机如图1-1和图1-2所示。

图1-1　台式计算机

图1-2　笔记本式计算机

硬派词汇

个人计算机（**Personal Computer，PC**）现在泛指所有私人的计算机，包括台式计算机、笔记本式计算机等。计算机除了PC之外还包括服务器、工作站等。

随着高速移动互联网时代的到来，WiFi无线网络与5G网络不断普及，许多移动智能设备也成为个人计算机的补充甚至有了一种替代的趋势，如超极本、平板计算机、智能手机等，如图1-3～图1-5所示。

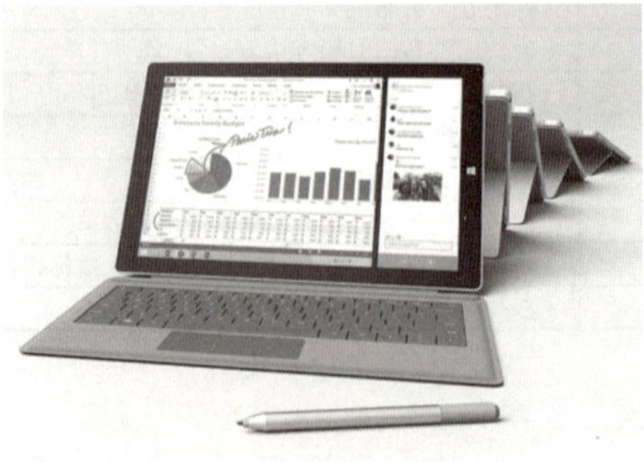

图1-3　变形超级本

图1-4　平板计算机

图1-5　智能手机

2）一个完整的计算机系统由硬件系统和软件系统组成。

3）硬件系统是指组成计算机的各种物理装置，是整个计算机系统进行工作的基础，也是决定计算机功能和性能的主要因素。计算机硬件系统结构如图1-6所示。

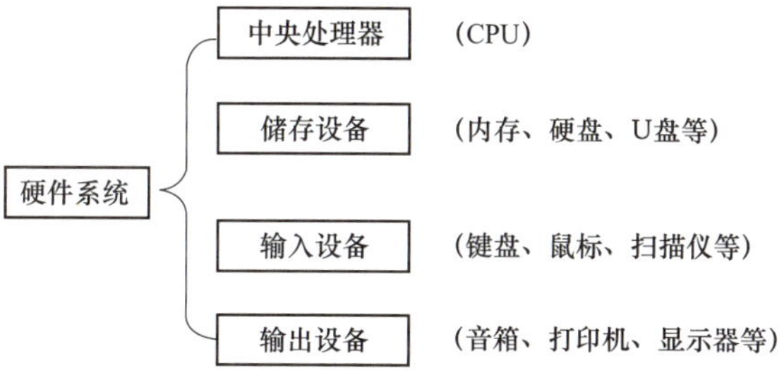

图1-6　计算机硬件系统结构

4）软件系统是指在硬件设备上运行的各种程序、数据以及有关的资料，它包括系统软件和应用软件两大类。计算机软件系统结构如图1-7所示。

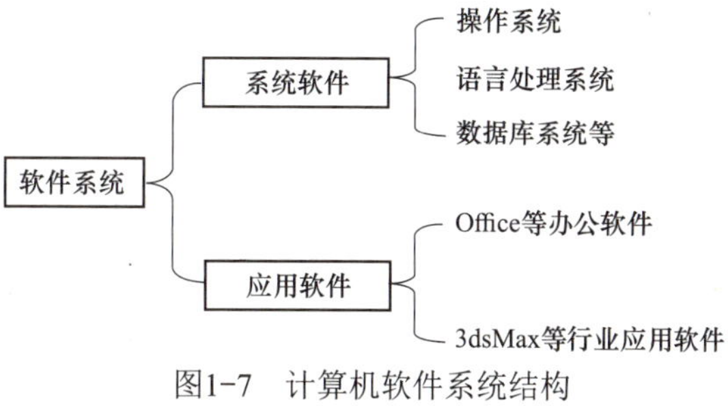

图1-7　计算机软件系统结构

5）从外观上看，台式计算机主要由主机、显示器、键盘、鼠标和音箱五大部分组成。主机中包括CPU、内存、主板、硬盘、显卡、声卡、网卡、电源、机箱等硬件设备。

大国奋进·感悟中国科技发展

中国计算机的发展史

1958年，中国科学院（简称：中科院）计算所研制成功我国第一台小型电子管通用计算机——103机，标志着我国第一台计算机的诞生。

1965年，中科院计算所研制成功第一台大型晶体管计算机——109乙机，之后推出109丙机，该机在两弹试验中发挥了重要作用。

1974年，清华大学等单位联合设计、研制成功采用集成电路的DJS-130小型计算机，运算速度达每秒100万次。

1983年，国防科技大学研制成功运算速度每秒上亿次的银河-I巨型机，这是我国高速计算机研制的一个里程碑。

1985年，电子工业部计算机管理局研制成功与IBM-PC机兼容的长城0520CH微型机。

1992年，国防科技大学研制出银河-II通用并行巨型机，峰值速度达每秒4亿次浮点运算（当于每秒10亿次基本运算操作），总体上达到20世纪80年代中后期国际先进水平。

2001年，中科院计算所研制成功我国第一款通用CPU——“龙芯”芯片。

2002年，曙光公司推出完全自主知识产权的“龙腾”服务器，采用了“龙芯-1”CPU、曙光公司和中科院计算所联合研发的服务器专用主板及曙光Linux操作系统，它是国内第一台完全实现自主知识产权的产品，在国防、安全等部门发挥重大作用。

2013年11月，国际T0P500组织公布了最新全球超级计算机500强排行榜榜单，中国国防科学技术大学研制的“天河二号”以比第二名美国的“泰坦”快近一倍的速度，再度轻松登上榜首。在一年时间内“天河二号”都是全球最快的超级计算机。

2016年6月，在法兰克福世界超算大会上，国际TOP500组织发布的榜单显示，“神威•太湖之光”超级计算机系统登顶榜单之首，不仅速度比第二名“天河二号”快出近两倍，其效率也提高3倍；11月14日，在美国盐湖城公布的新一期TOP500榜单中，“神威•太湖之光”以较大的运算速度优势轻松蝉联冠军；11月18日，我国科研人员依托“神威•太湖之光”超级计算机的应用成果首次荣获“戈登•贝尔”奖，实现了我国高性能计算应用成果在该奖项上零的突破。

2017年5月，中华人民共和国科学技术部高技术中心在无锡组织了对“神威•太湖之光”计算机系统课题的现场验收。专家组经过认真考察和审核，一致同意其通过技术验收。6月19日，全球超级计算机TOP500榜单公布，“神威•太湖之光”以每秒9.3亿亿次的浮点运算速度第三次夺冠。

任务实施

子俊通过仔细观察并结合计算机系统组成的知识，熟悉了仓库布局。为了让自己更深刻地记住仓库布局，他列出了IT产品仓库的布局结构，见表1-2。

表1-2　仓库布局结构

计算机硬件区	三大配件区	主要包括各类CPU、内存、硬盘
	多媒体设备区	主要包括摄像头、音箱等
	外部设备区	主要包括键盘、鼠标、显示器、打印机、扫描仪、机箱、电源、U盘、移动硬盘等
	板卡区	主要包括主板、显卡、网卡、声卡等
计算机软件区	系统软件区	主要包括各类操作系统、数据库管理系统
	应用软件区	主要包括各类办公软件、行业应用软件

任务2 为门店准备CPU和内存条

扫描二维码观看视频

任务分析

在实际物管工作中，每个门店都会定期补充相关配件，以满足门店的销售需要。在本任务中，万达广场门店，需要补充CPU与内存条。要完成该任务，需要子俊熟悉CPU和内存条的外形，并能够准确识别它们，同时还要求子俊具备一定的交际与沟通能力。

理论知识

1）现在主流的CPU生产商有intel（英特尔）和AMD（超微）两大公司。它们的CPU外形如图1-8和图1-9所示。

图1-8 Intel公司的CPU

图1-9 AMD公司的CPU

硬派词汇

中央处理器（Central Processing Unit，CPU）：它是计算机的核心部件，包括运算器和控制器，负责控制整个计算机的各项运算和各项指令，被喻为计算机的“大脑”。

2）现在市场上主流的内存条为DDR 4内存条，其外形如图1-10所示。

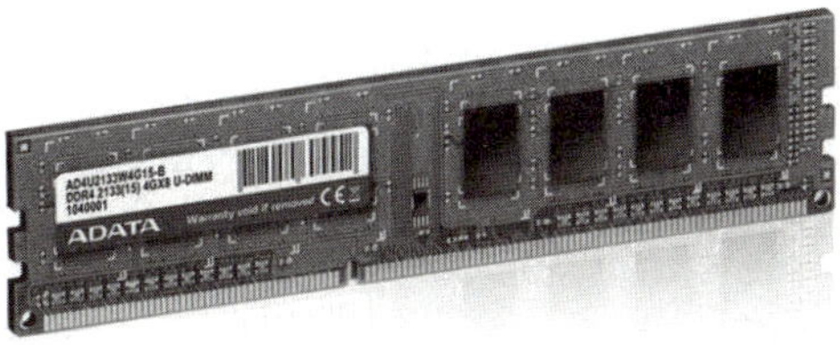

图1-10 DDR 4内存条

硬派词汇

内存（Memory）的全称为“内存储器”，用于暂时存放系统中的数据。其特点是存储容量较小，但运行速度较快。

硬派词汇

DDR（Double Data Rate）的完整名称应为“DDR SDRAM”，即双倍速率同步动态随机存储器。大家习惯称之为DDR，其实DDR指的是双倍速率。SDRAM指的是同步动态随机存储器。

任务实施

礼貌、热情地接待万达广场门店的店长，通过与店长的充分沟通，了解所需CPU与内存的具体型号类型及准确数量。要求店长填写领货单并签字后，交给库管主任，协助库管主任从仓库中提出相应型号和数量的CPU和内存条，出具出货单，店长点清后将相应货物交给店长。

任务3 在20min内为中南城门店临时配送硬盘

任务分析

作为IT产品仓库物管员，有时会遇到一些突发情况，这时就需要物管员提供主动服务。在这个任务中，中南城门店因为客户临时要货，门店库存不够，客户时间又紧迫，要求在20min内将硬盘配送到门店。需要子俊熟悉硬盘的外形，并能够准确识别它们。

理论知识

现在市场上的主流硬盘有SATA接口（串口）普通硬盘和固态硬盘（SSD），其外形图1-11和图1-12所示。

图1-11 SATA接口（串口）普通硬盘

图1-12 固态硬盘（SSD）

硬派词汇

硬盘（Hard Disk）是计算机中最重要的外部存储器，用于存放永久性的数据，其特点是存储容量较大，但存取速度比内存慢。

硬派词汇

固态硬盘（Solid State Drive，SSD）是用固态电子存储芯片阵列制成的硬盘，由控制单元和存储单元（FLASH芯片、DRAM芯片）组成。

任务实施

子俊从库管主任准备的货物中整理出硬盘，并在规定时间内送往中南城门店，完成交接。

任务4 清点入库相关主板与显卡

任务分析

货品入库是IT产品仓库物管助理的日常工作之一。在这个任务中，子俊在接待好代理商配货员的同时，还要对主板与显卡足够熟悉，认真清点相关配件，并完成交接、入库操作。

扫描二维码观看视频

理论知识

1）现在市场上的主板主要有Intel平台主板和AMD平台主板，其外形如图1-13和图1-14所示。

图1-13 主板

图1-14 主板侧面

硬派词汇

主板（Mainboard）是整个计算机硬件系统中最重要的部件之一，不但是整个计算机系统平台的载体，也是系统中各种信息交流的中心，被形象地喻为计算机的“骨架”。

2）考虑到主板芯片组对显卡的兼容性，现在市场上的显卡一般分成Intel平台显卡和AMD平台显卡，其外形如图1-15和图1-16所示。

图1-15 显卡

图1-16 显卡侧面

硬派词汇

显卡（Display Card）主要用于控制计算机的图形输出，主要负责对CPU送来的影像数据进行处理后再送到显示器显示出来。

任务实施

子俊协同配货员，仔细清点主板与显卡的型号与数量，打印配货单，经过库管主任核准后，进行入库操作，并同配货员完成相关交接手续。

扫描二维码观看视频

任务5 向同行调购网卡和声卡

任务分析

在产品销售的过程中，总会出现客户需要一些不常用产品的情况，而公司又没有相关产品的库存。这时，最常见、最快捷的解决方案就是向同行调货。要完成这个任务，需要子俊熟悉网卡和声卡的外形，并能准确地区分它们。

理论知识

1）现在市场上的网卡主要分成普通网卡和USB网卡。其外形如图1-17和图1-18所示。

图1-17　普通网卡

图1-18　USB网卡

硬派词汇

网卡（Network Interface Card）是连接计算机与网络的硬件设备，是局域网最基本的组成部分之一，是应用最广泛的一种网络设备。

2）现在市场上的声卡的主要外形如图1-19和图1-20所示。

图1-19　普通声卡

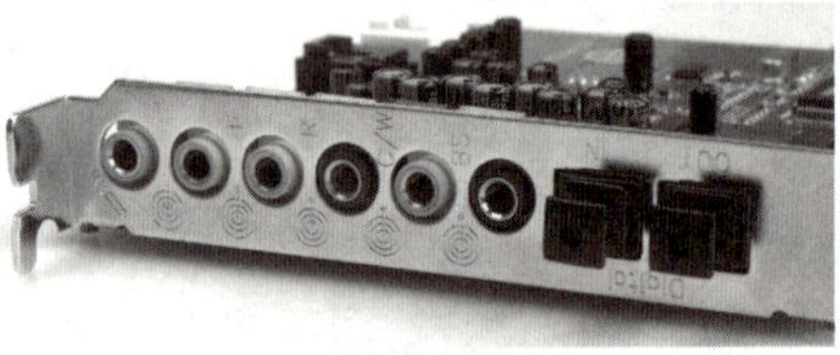

图1-20　声卡侧面

硬派词汇

声卡（Sound Card）也叫音频卡，是多媒体技术中最基本的组成部分，是实现声波/数字信号相互转换的一种硬件。

任务实施

子俊紧急拜访相关同行，询问相关产品库存情况，通过一番沟通和协商后，为门店及时配送了相关产品。

任务6　门店月度结算，统计显示器的出货清单

任务分析

每到月底，子俊就会进行仓库管理的一项常规工作——门店月度销量结算。在这个任务中，子俊需要盘点数码港门店的显示器月度销售数据。当然，这个任务也需要子俊熟悉显示器外形，并能够准确区分它们。

理论知识

现在市场上的显示器大多为LCD与LED显示器，它们的外形如图1-21和图1-22所示。

图1-21 LCD显示器

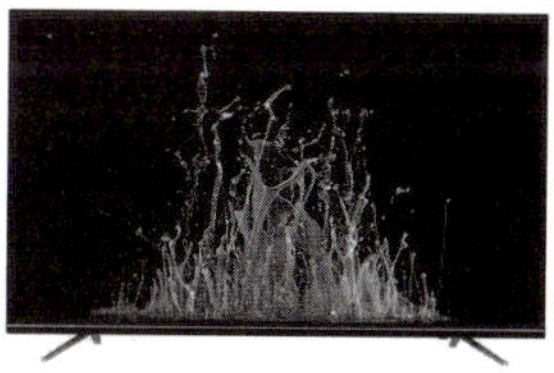

图1-22 LED显示器

硬派词汇

显示器是计算机中必不可少的输出设备，用于将计算机中的文字、图片和视频数据转换成为人的肉眼可以识别的信息显示出来。

学习助手

随着平板计算机、智能手机的流行，显示器不仅作为输出设备而存在，而且具备了触摸功能，也可以作为输入设备而存在。

任务实施

子俊认真核算门店出库数据，核算显示器的出库型号与数量，并打印出月度出货结算清单。

扫描二维码观看视频

任务7 仓库季度盘货，盘点打印机、键盘、鼠标和音箱产品

任务分析

在仓库管理工作中，每个季度均需要对仓库现有库存情况进行盘点，核对进、出库数据。在这个任务中，需要子俊对仓库中的打印机、键盘、鼠标和音箱产品进行盘点，这需要子俊对它们的外形非常熟悉，并能够准确区分它们。

理论知识

1）现在市场上的打印机主要有针式打印机、喷墨打印机、激光打印机和3D打印机，它们的外形如图1-23～图1-26所示。

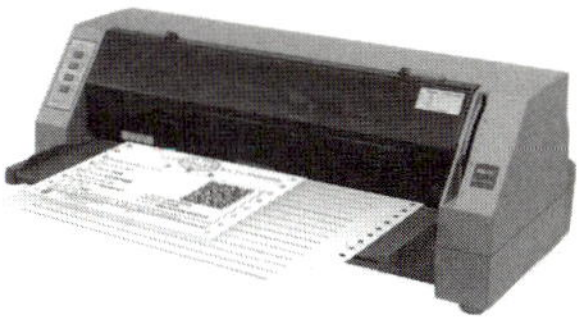

图1-23 针式打印机

图1-24 喷墨打印机

图1-25 激光打印机

图1-26 3D打印机

硬派词汇

打印机（Printer）是计算机的输出设备之一，用于将计算机处理的结果在相关介质上打印出来。

硬派词汇

3D打印机（3D Printers）又称为“三维打印机”，是一种增材制造技术，即使用了快速成形技术的一种机器。它以一种数字模型文件为基础，运用特殊蜡材、粉末状金属或塑料等可黏合材料，通过打印一层层的黏合材料来制造三维的物体。

2）现在市场上常见的光电鼠标和键盘的外形如图1-27和图1-28所示。

图1-27　光电鼠标

图1-28　键盘

硬派词汇

键盘和鼠标是计算机中最基本的也是最重要的输入设备。键盘主要用于协助用户向计算机输入字母、文字和符号等，实现输入数据和控制功能。鼠标主要是为了让用户对操作系统的操作更加简捷。

3）现在市场上常见的音箱的外形如图1-29和图1-30所示。

图1-29　音箱1

图1-30　音箱2

硬派词汇

音箱（Speaker）是将音频信号转换为声音的一种设备。通俗地讲，其工作原理就是音箱体内自带功率放大器，对音频信号进行放大处理后由音箱本身回放出声音。

任务实施

进行季度仓库货物盘点，核算各类部件的入库量和出库量，并打印出盘货清单。

任务8　参与机箱、电源的厂家订货

任务分析

公司作为品牌机箱、电源的地区代理商，每隔一段时间均会派相关工作人员到厂家了解新产品的情况，同时结合地区实际情况进行调研后决定订货的型号和数量。在这个任务中，子俊将和库管主任参与厂家订货。在这个过程中，子俊需要对机箱、电源有足够的认识。

理论知识

现在市场上常见的主机箱以及电源外形如图1-31和图1-32所示。

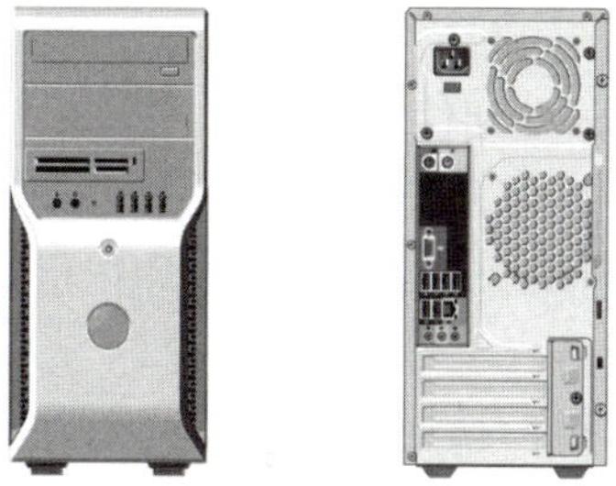

图1-31　主机箱

图1-32　电源

硬派词汇

机箱和电源是一台计算机必不可少的硬件。机箱主要用于固定计算机的硬件，并对硬件起到保护作用，而电源为计算机各个硬件的工作提供电力保证，被喻为计算机的“心脏”。

任务实施

陪同仓库主管考察生产工厂，了解机箱、电源的生产情况与产品性能，参与订货。

课外作业

一、理论填空题

1．个人计算机一般是指__________计算机和__________计算机。随着“互联网+”时代的到来，常见的智能移动设备还有__________、__________等。

2．一个完整的计算机系统是由__________系统和__________系统组成。

3．计算机硬件系统由__________、__________设备、__________设备及__________设备四部分组成。

4．计算机软件系统包括__________软件和__________软件。

5．常见的计算机操作系统有__________操作系统、__________操作系统、__________操作系统等。

6．一台计算机主机中包括__________、__________、__________、__________、声卡、网卡、电源、机箱等硬件设备。

7．目前中央处理器的品牌主要有两个，它们分别是__________和__________。

8．中央处理器是计算机的核心部件，由__________和__________组成，被喻为计算机的“__________”。

9．内存用于__________（临时/长久）存放系统数据，重新启动计算机后，内存中的数据会__________。它的特点是__________小、__________快。

10. 现今市场上的主流硬盘是__________硬盘和__________硬盘。

11. ____________是计算机的重要部件之一，即是各个部件的连接枢纽，又是信息交换中心，被喻为计算机的“__________”。

12. __________的主要作用是控制计算机的图形输出。

13. __________是连接计算机与网络的硬件设备。

14. __________是实现声波/数字信号相互转换的一种硬件。

15. 现今市场上能够见到的显示器大多是__________显示器和少量__________显示器。

16. _________是计算机的输出设备之一，用于将计算机处理的结果打印在相关介质上。

17. _________是将音频信号变换为声音的一种设备。

18. _________主要用来固定计算机的硬件，并对硬件起到保护作用。

19. _________为计算机各个硬件的工作提供电力保证，被比喻为计算机的“________”。

20. 计算机常见的输入设备有__________、__________等。

二、实践应用题

公司新到一批产品，需要运到IT产品仓库，在仓库主管的安排下，你来负责入库事宜。现在就请将图1-33中列出的产品，安排入库到正确的仓库区域中。仓库中主要有三大件区、多媒体设备区、外部设备区及板卡区。

图1-33　所需入库的产品

1）图1-33中_______________编号的配件应该入库到三大件区。

其中编号为_______________的设备名称为_______________；

其中编号为＿＿＿＿＿＿＿＿的设备名称为＿＿＿＿＿＿＿＿；
其中编号为＿＿＿＿＿＿＿＿的设备名称为＿＿＿＿＿＿＿＿。

2）图1-33中＿＿＿＿＿＿＿＿编号的配件应该入库到多媒体设备区。
其中编号为＿＿＿＿＿＿＿＿的设备名称为＿＿＿＿＿＿＿＿；
其中编号为＿＿＿＿＿＿＿＿的设备名称为＿＿＿＿＿＿＿＿。

3）图1-33中＿＿＿＿＿＿＿＿编号的配件应该入库到外部设备区。
其中编号为＿＿＿＿＿＿＿＿的设备名称为＿＿＿＿＿＿＿＿；
其中编号为＿＿＿＿＿＿＿＿的设备名称为＿＿＿＿＿＿＿＿；
其中编号为＿＿＿＿＿＿＿＿的设备名称为＿＿＿＿＿＿＿＿；
其中编号为＿＿＿＿＿＿＿＿的设备名称为＿＿＿＿＿＿＿＿。

4）图1-33中＿＿＿＿＿＿＿＿编号的配件应该入库板卡区。
其中编号为＿＿＿＿＿＿＿＿的设备名称为＿＿＿＿＿＿＿＿；
其中编号为＿＿＿＿＿＿＿＿的设备名称为＿＿＿＿＿＿＿＿；
其中编号为＿＿＿＿＿＿＿＿的设备名称为＿＿＿＿＿＿＿＿。

三、课外拓展题

1．请各位同学课后对自己或者同学的手机进行上网调查，分析其硬件系统和软件系统。

1）硬件系统：

手机具体型号：

手机处理器品牌、型号及参数：

手机相关存储介质及容量：

2）软件系统：

手机操作系统及版本：

手机常用App举例（至少5个）：

2．请在上网查询后，简述3D打印的工作原理、技术特点、应用场合等。如果让你以此作为创业项目，请试着阐述你自己的一些构想。

3．请同学们以小组为单位，搜集Intel和AMD两家公司的相关资料，制作介绍这两家公司的发展历史、主营业务、经典产品、公司特点等情况的电子演示文档（PPT），并进行专场汇报。

项目2　辨识计算机中的各插槽、接口与连接线

项目难度：★★★☆☆

项目课时：2学时

角色职业岗位：IT产品仓库物管员

项目描述

子俊担任公司IT产品仓库物管助理已有三个月了，凭着出色的工作能力、低调谦虚的学习态度以及踏实诚信、认真严谨的工作态度，他顺利通过了仓库主管的考核，正式成为一名IT产品仓库物管员。

接过主管手中的聘书，子俊感受到更多的是压力和责任，因为从此之后他需要独立完成各种产品的配货工作，需要对计算机各种产品部件的细节有更准确和深刻的认识。

作为正式的物管员，子俊经常遇到如下类似的问题：

1）应客户的需求，万达广场门店店长咨询库存中支持DDR4内存的主板的型号。

2）配送中南门店申请的20根串口数据线和5根并口数据线。

3）仓库主管询问支持串口设备的电源库存量，以便让厂家及时补货。

4）为数码港门店紧急配送支持高清接口的主板。

项目分析

虽然子俊离开学校时间不长，但IT产品的飞速更新，造成校园教学与市场实际的脱节是必然的。所以在这个项目中，为了能够适应岗位需求，子俊需要提高对当前市场上主流IT产品细节的熟悉度。而这些产品细节大多集中在主板及各硬件设备的连接接口与插槽上，因此本项目分解成如下4个子任务。

任务单

1	观察区分主板上的各类插槽，并统计相关主板型号
2	区分各类数据线及相关接口与插槽，并完成配货
3	区分各类电源线及相关接口与插槽，并统计电源库存数量
4	区分各类外部设备接口，并配送相应主板

匠心养成·炼铸专业核心素养

关注细节

项目实施

扫描二维码观看视频

任务1　观察区分主板上的各类插槽，并统计相关主板型号

任务分析

在计算机主板上主要集中着CPU、内存条的插槽及各类扩展插槽，它们有针对性地支持相应类型的硬件设备。在这个任务中，需要子俊观察并区别各种插槽的外形和功能，熟

知它们各自的特点，从而在库存中的主板中，找出符合条件的主板型号。

理论知识

1）CPU插槽是主板上用来安装CPU的地方，由于CPU的品牌与型号各有不同，因此它的结构必须与所支持的CPU型号相匹配。从CPU的品牌来看，目前市场上主要有支持Intel和AMD的CPU插槽。这两家厂商现在主流的CPU插槽有Intel的LGA 1200插槽和LGA 2066插槽、AMD的Socket TR 4插槽与Socket AM 4插槽等，如图2-1和图2-2所示。

图2-1　LGA 1200插槽

图2-2　Socket AM 4插槽

2）内存条的插槽同样是主板上用来安装内存条的地方。由于技术的不断发展和进步，内存条也经历了一段属于它自己的发展历程，每一次的技术突破，伴随着一种类型或者新一代内存条的诞生，同时也预示着老一代产品逐渐为市场所淘汰。从最早的SDRAM，到有184针的DDR　DIMM插槽，再到240针DDR 2 DIMM插槽和DDR 3内存的插槽。现在市场上主要有的是DDR 4内存与少量DDR 3内存。DDR 4内存插槽和DDR 3内存插槽如图2-3和图2-4所示。

图2-3　DDR 4内存插槽

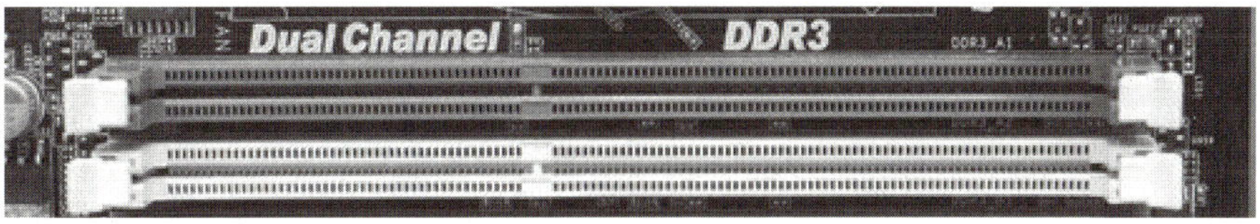

图2-4　DDR 3内存插槽

3）扩展插槽是主板上为了方便计算机升级或者安装拓展硬件而预留的插槽位置，一般用于扩展显卡、网卡、声卡等部件。由于扩展的硬件不同，因此预留的插槽接口也不同。常见的扩展插槽主要有PCI插槽、PCI-E插槽等，而今主流的主板上更多使用的是PCI-E插槽，前者已逐渐为市场所淘汰，PCI-E插槽和PCI插槽如图2-5和图2-6所示。

图2-5　PCI-E插槽

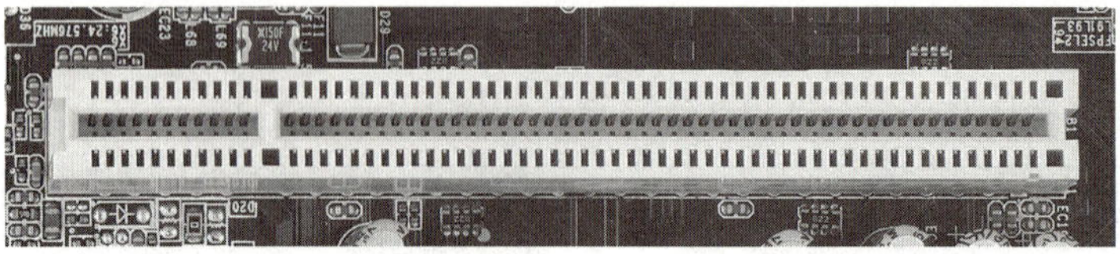

图2-6　PCI插槽

任务实施

子俊根据任务要求，查询出既能兼容DDR 4内存条，又有PCI扩展插槽的主板型号，然后进行库存统计，并将结果告知万达广场门店的店长。

任务2　区分各类数据线及相关接口与插槽，并完成配货

扫描二维码观看视频

任务分析

在完成与其他硬件的数据传输时，我们会用到各类主板的不同接口及不同类型的数据线。接口和数据线配套使用，不能随意交叉使用。在配货过程中，必须确定数据线与相关硬件的数据接口是否匹配，否则就会出现计算机硬件不兼容的错误。在这个任务中，子俊需要熟悉数据线和接口与插槽的类型，理解它们之间的兼容关系。

理论知识

1）现在市场上的数据线有两类：一类是主流机型应用的SATA（串口）数据线；另一类是少量老旧机型使用的IDE（并口）数据线，如图2-7～图2-10所示。

图2-7　SATA（串口）数据线

图2-8　SATA接口特写

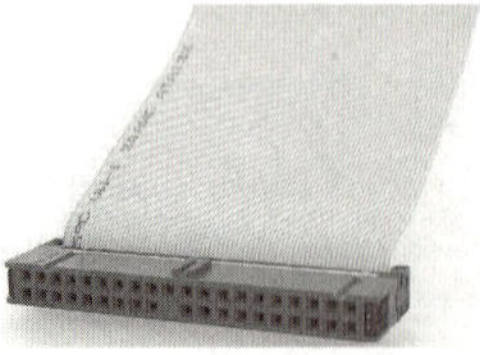

图2-9　IDE（并口）数据线

图2-10　IDE接口特写

硬派词汇

数据线（Data Bus）主要用于完成硬盘与主板之间的数据传输任务，常被形象地喻为连接城市的“高速公路”。

硬派词汇

电子集成驱动器（Integrated Drive Electronics，IDE）也称为“ATA接口”或“并行接口”。ATA即“Advanced Technology Attachment”，意为“高级技术附加装置”。

硬派词汇

SATA（Serial ATA）即串行ATA，俗称串行接口，它是一种计算机总线，主要用于主板和大量存储设备（如硬盘）之间的数据传输。

2）同理，根据数据线的类型，现在市场上常见的数据线插槽也有两类：一类是SATA插槽，另一类是IDE插槽，如图2-11和图2-12所示。

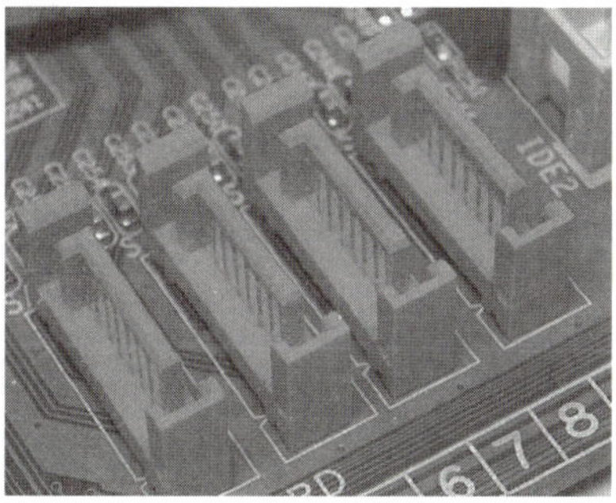

图2-11　SATA插槽

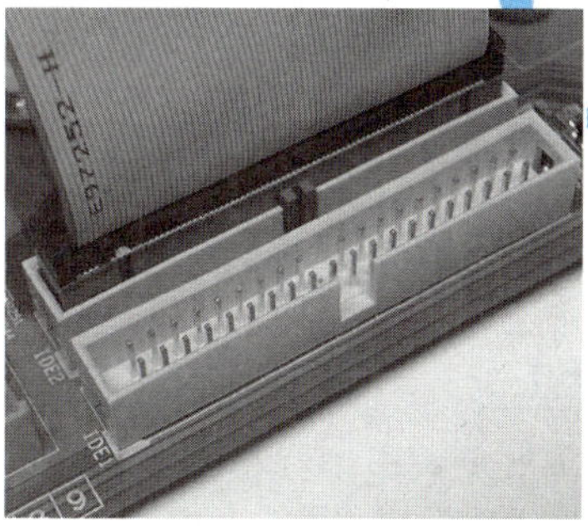

图2-12　IDE插槽

学习助手

现在的数据线和插槽都进行了防差错设计，只要数据线和插槽相匹配，就可以放心地连接。但在连接过程前，还是要观察接口是否匹配，不可强行连接，以免损毁针脚和器件。

观察思考

各位同学，请结合给出的两种类型的数据线接口与插槽的图例，找出它们的防插错设计，并了解防插错功能的实现原理。

大国奋进·感悟中国科技发展

首个中国计算机软硬件基础体系标准

2019年12月29日，中国电子在海南生态软件园首次面向公众和产业界正式发布《PK体系标准（2019年版）》及《PKS安全体系》。这迈出了我国网信产业领域从核心技术到产业发展的关键一步。

《PK体系标准（2019年版）》具体包含参考框架、操作系统、外设接口、安全等方面4大类8小类15项标准，为基于PK体系在板卡设计、软件开发、项目实施等方面的操作与应用，提供参考指南。

标准的推出，从根本上实现了体系内用户或上下游厂商技术服务的标准化；解决了体系内部产品、内部产品与第三方接入产品之间接口、参数、版本等指标的一致性、统一性问题。

“中国电子提出的标准问题，解决的不是标准的本身，是为建设网络强国提供本质路标。”中国电子科技委委员王定健做了题为《PK体系标准发展之路》的报告，表示PK体系标准化走的是“中国构架”的必由之路，最大价值在于反映了供给侧的发展需要和需求侧的共同呼唤，结束了行业无序现象，制定了行业自我约束规范与技术路线，为网络强国提供战略支撑。

任务实施

子俊认真核对门店需要的数据线的类型和数量，准确地从仓库中挑选相应的数据线，并为门店配货。

任务3　区分各类电源线及相关接口与插槽，并统计电源库存数量

扫描二维码观看视频

任务分析

计算机的运行离不开电。而计算机内各硬件设备的电气参数各有不同，不能按照一个统一的标准来执行。这样在给各个设备供电时，就需要查看它们的电源线、电源接口是否匹配。这就是本任务所要解决的问题。

理论知识

1）现在常见的电源线根据其供电对象的不同可以分为主板电源线、硬盘电源线、CPU电源线等，如图2-13～图2-15所示。

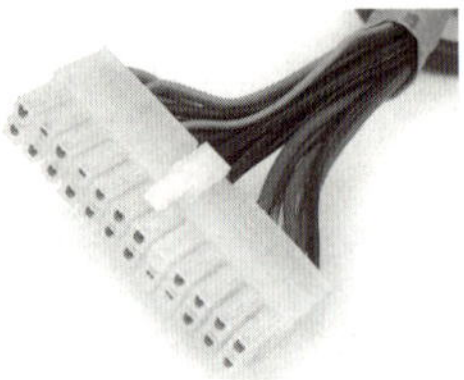

图2-13　主板电源线

图2-14　硬盘电源线

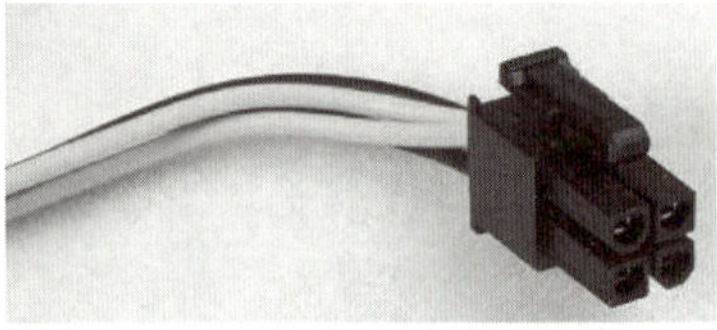

图2-15　CPU电源线

硬派词汇

电源线是传输电流的电线。在计算机中，我们通常将电源线形象地比喻为输送血液的“血管”。

2）电源线根据其接口类型可以分成并口电源线和串口电源线，如图2-16和图2-17所示。

图2-16　串口电源线

图2-17　串、并口电源线的对比

3）常见的主板上的电源插槽如图2-18和图2-19所示。

图2-18　主板上的24Pin电源插槽

图2-19　主板上的4Pin电源插槽

4）常见的串口电源线接口，如图2-20所示。

图2-20　串口电源线接口

任务实施

子俊认真核对具有串口电源接口的主机电源的库存数量，并告知仓库主管，由其决定是否需要通知厂家配货。

任务4　区分各类外部设备接口，并配送相应主板

扫描二维码观看视频

任务分析

主板上有着连接各种外部设备的接口，当客户需要连接特定设备时，就需要主板支持某种接口。在这个任务中，子俊需要熟悉各种外设接口，并为客户选择支持这种接口的主板。

理论知识

1）主板上常见的外接接口有PS/2鼠标键盘接口、USB接口、RJ-45网卡接口、音频接口、数字视频接口（Digital Visual Interface，DVI）、高清多媒体接口（High Definition Multimedia Interface，HDMI）、1394接口等，如图2-21所示。

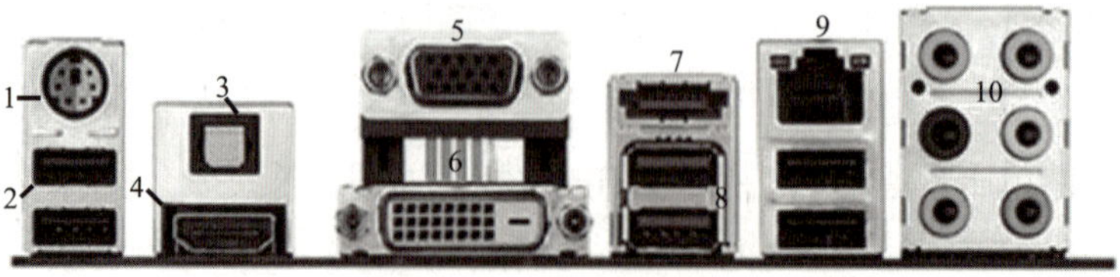

图2-21　常见的外接接口

1—PS/2鼠标键盘接口　2—USB2.0接口　3—光纤音频接口　4—HDMI　5—VGA接口　6—DVI　7—e-SATA接口　8—USB3.0接口　9—RJ-45网卡接口　10—音频接口

2）主板上常见的显卡接口有VGA接口、DVI、HDMI、DisplayPort接口等，如图2-22～图2-25所示。

图2-22　VGA接口

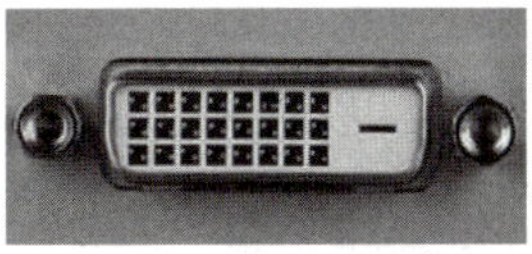

图2-23　DVI

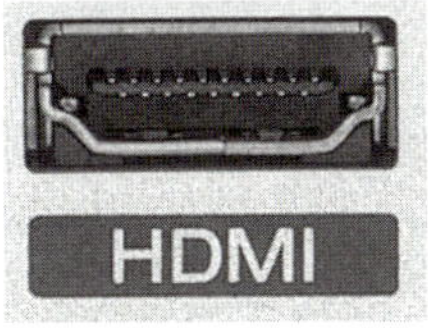

图2-24　HDMI

图2-25　DisplayPort接口

硬派词汇

视频图形阵列（**Video Graphics Array，VGA**）是IBM于1987年提出的一个使用模拟信号的计算机显示标准。这个标准对于现今的个人计算机市场已十分过时，并逐渐退出市场。

硬派词汇

数字视频接口（**Digital Visual Interface，DVI**）是由1998年9月在Intel开发者论坛上成立的数字显示工作小组（DDWG）发明的一种高速传输数字信号的技术，现已逐渐成为市场主流。

硬派词汇

高清多媒体接口（**High Definition Multimedia Interface，HDMI**）是于2002年4月，由日立、松下等七家公司联合推出的高清多媒体接口。能高品质地传输未经压缩的高清视频和多声道音频数据。

硬派词汇

DisplayPort接口是一种高清数字显示接口标准，该标准由视频电子标准协会（Video Electronics Standards Association，VESA）制定。它可提供的传输速度高达10.8Gbit/s，充足的带宽保证了今后大尺寸显示设备对更高分辨率的需求。而且它既可以直接作为语音、视频等低带宽数据的传输通道，也可以用于无延迟的游戏控制。

任务实施

子俊为数码港门店紧急配送支持HDMI的主板，并同店长完成交接手续。

课外作业

一、理论填空题

1．现今市场上常见的Intel CPU插槽有__________、__________等；AMD CPU插槽有__________、__________等。

2．现今市场上主流的内存条插槽是__________内存插槽，一共有__________针；市场上偶尔还能见到的其上一代内存条插槽是__________内存插槽，一共有__________针。

3．现今市场上主流主板的扩展插槽主要有_________插槽、_________插槽、_________插槽等。

4．计算机中用来完成硬盘与主板间的数据传输任务的是__________线，它们被喻为计算机各部件间的“__________”。

5．计算机中用来给各部件传输电能的是_________线，被喻为计算机的“_________”。

6．现今主流计算机中的数据线是__________数据线，它俗称__________数据线；还有一种数据线出现在老旧机器中比较多，它是__________数据线，俗称__________数据线。

7．电源线根据其供电的对象不同，可以分为__________电源线、__________电源线、__________电源线等。

8．现今主流计算机中连接硬盘的是______________电源线，老旧计算机中支持的是__________针的__________电源线。

9．主板电源线一般是_________针的电源线，CPU电源线一般是_________针的电源线。

10．主板上常见的外接接口有__________接口、__________接口、__________接口、__________接口、__________接口等。

11．主板上常见的显示器接口有__________接口、__________接口等。

12．______________接口是一种高清数字显示接口标准，该标准由视频电子标准协会（VESA）制定。__________接口是由日立、松下等七家公司联合推出的高清多媒体接口。

二、实践应用题

将图2-26中出现的设备按照主板插槽、数据线、电源线、外部设备接口进行分类。

图2-26　各种设备

1）图2-26中________编号的设备属于主板插槽；

其中编号为________的设备为________插槽；

其中编号为________的设备为________插槽；

其中编号为________的设备为________插槽；

其中编号为________的设备为________插槽；

其中编号为________的设备为________插槽；

其中编号为________的设备为________插槽。

2）图2-26中________编号的设备属于数据线；

其中编号为________的设备为________数据线；

其中编号为________的设备为________数据线。

3）图2-26中________编号的设备属于电源线；

其中编号为________的设备为________电源线；

其中编号为________的设备为________电源线。

4）图2-26中________编号的设备属于外部设备接口；

其中编号为________的设备为________接口；

其中编号为________的设备为________接口；

其中编号为________的设备为________接口。

三、课外拓展题

1. 请同学们通过网络查询IDE接口及SATA接口的发展史，了解它们的相关特性，并回答以下问题。

1）在IDE接口的发展史上，产生了哪些种类的IDE接口？

2）这么多种IDE接口中，传输速度最快的是哪一种？传输速度是多少？

3）SATA是什么时候制定的？由谁制定的？现在有哪些类型？它们的传输速度是多少？

4）比较IDE接口与SATA接口，并简述它们的优缺点。

2. 请同学们上网查找PCI接口与PCI-E接口的相关资料，并简要回答下列问题。

1）PCI接口与PCI-E接口的起源是什么？

2）PCI接口与PCI-E接口是什么样的关系？

3）PCI接口与PCI-E接口各自的特点是什么？各有什么优缺点？

4）PCI-EX16、PCI-EX8、PCI-EX4及PCI-EX1之间的区别是什么？

项目3　选购计算机的三大配件

项目难度：★★★★☆
项目课时：4学时
角色职业岗位：IT产品销售

项目描述

一晃半年多过去了，春节前，子俊向公司申请转岗到销售岗位，恰巧春节后中南城门店有位销售人员离职，公司领导综合考虑子俊这段时间的表现，批准了他的申请。

作为一名销售，满足客户对产品的需求是第一位的。销售人员需要依靠自己的专业知识和对产品的了解，给客户最合适的建议。子俊刚刚来到门店销售的岗位上，就遇到了如下问题：

1）店长选择CPU作为门店推荐产品，要求子俊写到荧光板上并强调CPU特性。

2）一位喜欢玩游戏的客户，他的计算机中已有一根金士顿DDR 4 8GB内存条，操作系统是Windows 10 64位系统，在使用过程中感觉内存不够，需要再添加一根内存条，该如何给出咨询建议？

3）一位动漫影视爱好者，喜欢在笔记本式计算机中收藏高清动漫视频，原有的500GB硬盘不能满足他的需求，他希望选购一块空间更大的硬盘，该如何给出咨询建议？

项目分析

在帮助客户选购计算机CPU、内存、硬盘时，销售人员需要充分了解产品的型号与各种技术参数，然后针对客户的具体需求选出合适的产品，最终推荐给客户。根据案例的具体情况，本项目可以分解为如下3个子任务（见表3-1）。

表3-1　任务单

1	抄写推荐CPU的参数特性
2	为客户选购内存条
3	为客户选购硬盘

项目实施

任务1　抄写推荐CPU的参数特性

扫描二维码观看视频

任务分析

抄写CPU参数特性是一个相对简单的任务，但用于对外宣传的CPU参数不能有一点错误，这就要求工作必须做到严谨求实。同时在众多参数中，选择客户最关注的性能指标，抓住重点的能力也是必不可少的。

实际的工作中，CPU参数较多，哪些才是最重要、最有代表性、需要突出显示的呢？这就需要对CPU的各个参数有足够的理解。

匠心养成·炼铸专业核心素养

严谨求实、抓住重点

理论知识

1）在选择CPU时，主要需要参考的因素有品牌、频率、核心数、接口类型、工作电压等。

2）目前市场上CPU的品牌主要有Intel（英特尔）和AMD（超微）两大品牌。它们的产品标识如图3-1和图3-2所示。

图3-1　Intel产品标识

图3-2　AMD产品标识

学习助手

Intel的产品以高品质著称，但价格也比同类产品要高；AMD的产品以性价比高著称，并且支持超频的功能，深得DIY和游戏爱好者的喜爱。

3）CPU的一些重要产品信息一般会刻在CPU上，如图3-3所示。

4）CPU的频率主要包括主频、外频、倍频及前端总线频率。

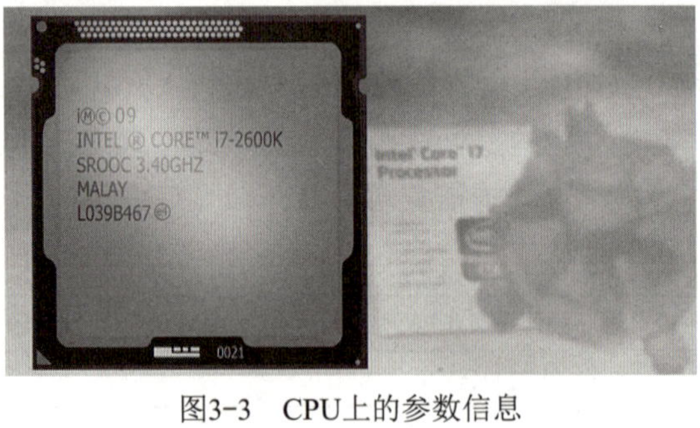

图3-3　CPU上的参数信息

硬派词汇

主频CPU内核工作的时钟频率（Clock Speed），表示CPU内数字脉冲信号震荡的速度。以GHz为单位，它是衡量CPU运算速度的重要性能指标之一。

学习助手

很多人认为主频就决定着CPU的运行速度，这里存在一定误区。CPU的主频与CPU实际的运算能力并没有直接关系，只是影响CPU运算速度的一个重要方面。在某种特定的情况下，很可能会出现主频较高的CPU实际运算速度较低的现象。

硬派词汇

外频是CPU的基准频率，决定着整块主板的运行速度，以MHz为单位。

硬派词汇

倍频是指CPU主频与外频之间的相对比例关系。在相同的外频下，倍频越高CPU的频率也越高。它们之间的关系是主频=外频×倍频。

硬派词汇

前端总线（Front Side Bus，FSB）频率直接影响CPU与内存之间数据交换的速度。数据传输最大带宽的计算公式是：数据带宽=（总线频率×数据位宽）/8。

5）现在CPU以核心数来分，可以分为单核CPU、双核CPU、三核CPU、四核CPU、六核CPU等类型。

学习助手

双核CPU不是指有两个CPU，而是指在一块CPU是由两个单独CPU核心芯片组成的。核心越多，对计算机完成多任务的效果越好，对计算机的整体性能提升也越大。

6）现在Intel CPU的主流接口类型有LGA1200接口等，而AMD CPU的主流接口类型有Socket AM 4接口等，它们的外形如图3-4和图3-5所示。

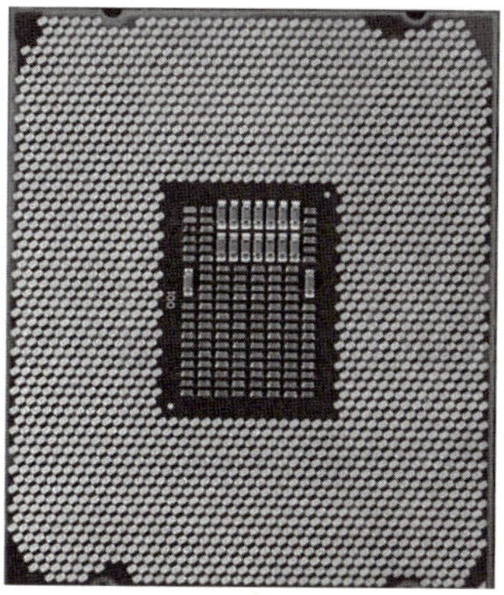

图3-4　LGA1200接口

图3-5　Socket AM 4接口

7）工作电压是CPU正常工作所需的电压。随着CPU的制造工艺与主频的提高，CPU的工作电压有逐步下降的趋势。例如现在Intel的i5、i7CPU，其自动电压一般都在0.7～1.1V自动调整。

学习助手

CPU的工作电压越来越低，其优点是：能有效提高笔记本式计算机、平板计算机的电池续航时间；能降低CPU工作时的温度，保持CPU稳定的工作状态；能使CPU在超频技术方面得到更大的发展。

大国奋进·感悟中国科技发展

中美超级计算机之争——从天河一号到神威·太湖之光

1200多年前，李白在《明堂赋》中写下“崔嵬赫奕，张天地之神威”这句话，用来赞赏当时中国建筑的巅峰之作东都明堂，以及这座巅峰建筑背后所代表的唐朝开元盛世。1200多年后，我们继承了这句话，用其中的“神威”二字来命名一台超级计算机：神威·太湖之光。足见其面世之伟大。

神威·太湖之光一经面世就占据了当年超级计算机排行榜榜首。太湖超算的各项数据都是第2名的足足3倍。该排行榜是国际超级计算机大会组织的排行榜，权威性全球第一。

对一台超算来说，峰值运算速度、 持续运算速度和性能功耗是最重要的指标。太湖之光的峰值性能为125.436PFlops，持续性能为93015PFlops，性能功耗为6051MFlops/W，每一项都走在了世界前列。太湖之光的三项指标换算过来就是，峰值性能每秒12.5亿亿次，这个单位不是一个亿，而是两个亿，持续性能每秒9.3亿亿次，性能功耗一瓦电60.51亿次。这样听起来数字是很壮观，但还是有点不太直观。用一个比喻来说，太湖之光的峰值运算速度是每秒12.5亿亿次，相当于全世界72亿人全一起用计算器连续不间断的计算32年才比得上太湖之光一分钟的计算量，这就是超级计算机的威力。

从2008年开始，中国就一直是该排行榜的第一名，在太湖之前大名鼎鼎的天河一号和天河二号超算就已经实现了七次夺冠。天河一号和天河二号虽然都是中国超算的里程碑，但是在太湖之光之前，天河系列作为中国超算的巅峰一直有一个心病，就是天河系列使用的是英特尔的至强系列处理器，我们并不拥有它完全的自主知识产权。

2015年，美国下令禁止向中国出口高性能处理器，天河系列戛然而止。而天河系列戛然而止的第二年，神威·太湖之光就面世了。

太湖之光之所以能够超越天河系列的地位，就在于我们完全拥有太湖超算的自主知识产权。太湖的处理器是国产的申威26010芯片。这块芯片28nm制程、主频1.45GHz，并且除了芯片之外，整个系统也是在Linux基础上开发的国产系统神威睿思，就连系统的C语言编译器都是国产的神威编译器，太湖之光的国产率达到了85%。整个机器除了水冷设备用的是欧洲公司克莱门特外，其他都是国产。该水冷设备我们并没有被“卡脖子”，用克莱门特纯粹是因为这东西其实没多少技术含量，没必要为了它单独定制生产线，精力得花在关键技术上。

任务实施

店长需要推荐的CPU是Intel酷睿i7 11700KF（盒装），如图3-6所示，子俊在荧光板上写上“盒i7 II仪 3.6GHz 8核LGA 1200可超频2849元”。

图3-6　Intel酷睿i7 11700KF（盒）

学习助手

市场上销售的CPU一般分为盒装CPU与散装CPU。盒装CPU是CPU厂商直接供应给零售市场的产品，配有精美的包装盒，同时附带一个原装的散热风扇，质保期通常为三年；而散装CPU是指CPU厂商供应给品牌机厂商，又从品牌机厂商处流转到市场上销售的CPU，质保期通常为一年。除去伪劣产品外，一般来说，盒装CPU与散装CPU不存在质量上的优劣问题。

任务2　为客户选购内存条

任务分析

扫描二维码观看视频

完美的画质与流畅的运行体验是游戏玩家所极力追求的，而内存的哪些技术指标会影响到用户这两方面的感受？在内存的具体推荐中，也并非只需考虑内存本身容量和性能，还涉及与客户计算机主板、操作系统、原有内存的兼容性，这就需要辩证思维，在各类技术指标间进行取舍，综合考虑。

匠心养成·炼铸专业核心素养

辩证思维

理论知识

1）在选择内存时，主要考虑的因素有品牌、类型、引脚数、容量、频率等。

2）现在市场上主流的内存品牌有Kingston（金士顿）、Kingmax（胜创）、Adata（威刚）等。品牌商标如图3-7～图3-9所示。

图3-7　金士顿　　图3-8　胜创　　图3-9　威刚

3）内存类型有SDRAM内存、DDR内存、DDR 2内存、DDR 3内存、DDR 4内存等，现在市场上的主流为DDR4内存。

4）现今主流内存条的“金手指”数均为240Pin，如图3-10和图3-11所示。

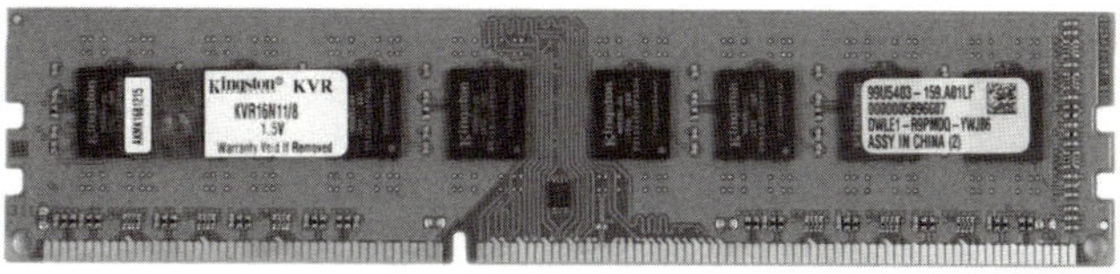

图3-10　DDR 3内存240Pin

图3-11　DDR 4内存240Pin

硬派词汇

金手指（Connecting Finger）是内存条上与内存插槽之间的连接部件，由于是由众多金黄色的导电触片组成，形如排列好的手指，故称其为“金手指”。

学习助手

SDRAM内存与DDR、DDR 2内存的区别在于前者的金手指上有两个缺口，而后者只有一个。DDR与DDR 2内存的区别在于金手指的根数不一样，前者有184根，后者是240根。DDR 2与DDR 3内存条的金手指数均是240根，但两者不可互换使用。

5）现在市场上主流内存的容量为16GB、8GB、4GB、2GB等。

6）内存的频率分为等效频率（主频）和工作频率，单位为MHz。

硬派词汇

等效频率（主频）是内存正规名称中的频率，通常被用来表示内存的速度，它代表着该内存所能达到的最高工作频率。工作频率是指内存颗粒实际的工作频率，而内存颗粒就是指内存上小的存储芯片。

学习助手

等效频率与工作频率之间的关系：对于各种类型的内存，这两者之间的关系是不同的。对于DDR内存，等效频率=工作频率×2；对于DDR 2内存，等效频率=工作频率×4。对于DDR 3内存，等效频率=工作频率×8。

7）根据内存频率是否固定不变，内存条可以分为普通内存条和XMP内存条等，如图3-12所示。

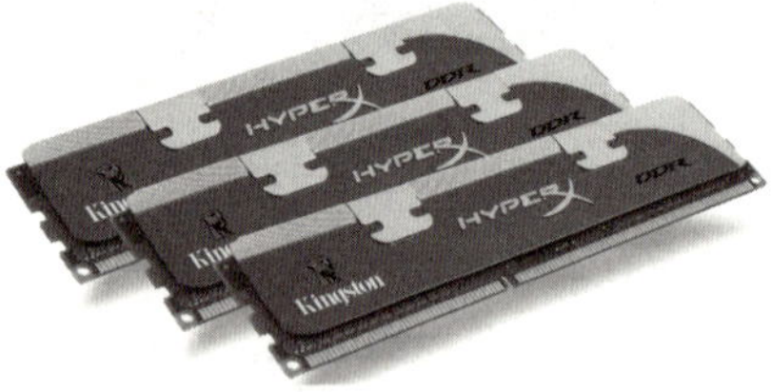

图3-12　XMP内存条

任务实施

针对这个任务，一般的处理方法是增加一根同一品牌、同一型号的内存条，构成双通道，以提高计算机内存容量和内存性能。基于以上考虑，子俊建议客户增加同型号的金士顿DDR 4 2666 8GB内存条一根。

任务3　为客户选购硬盘

扫描二维码观看视频

任务分析

动漫是许多人的挚爱，点点滴滴总想最真实的保留下来。这个任务中的客户就是其中一位。虽然现今流行着各种云盘，但她只想保存在自己本地的硬盘中。

她给的解释是这样更有“存在感”。

在实际销售过程中，销售人员需要较强的沟通与表达能力，通过沟通明确客户需求，特别是客户的实际预算，只有明确预算范围才能推荐适合的产品。通过准确而通俗的表达，让客户明白每个专业参数与实际性能间的关系，可以增强客户对产品的了解和认知，增加客户对你的专业认可度。

匠心养成·炼铸专业核心素养

沟通与表达

理论知识

1）在选择硬盘时，主要考虑的因素有品牌、类型、容量、接口、转速、缓存等。

2）现在市场上主流的硬盘品牌有Seagate（希捷）、WesternDigital（西部数据）、HITACHI（日立）等。它们的品牌商标如图3-13～图3-15所示。

图3-13　希捷商标　　图3-14　西部数据商标　　图3-15　日立商标

3）硬盘按照其工作原理可以分为机械硬盘和固态硬盘以及混合硬盘；按照硬盘尺寸可以分为2.5in（1in=2.54cm）硬盘和3.5in硬盘；按照适用场合的不同可以分为台式机硬盘、笔记本硬盘、服务器硬盘、监控硬盘等。

4）现在主流硬盘的容量为4TB、3TB、2TB、1TB、500GB等。

学习助手

字节（Byte）是计算机中存储数据的最小单位。容量单位的换算规则如下：

1KB=1024B　1MB=1024KB　1GB=1024MB　1TB=1024GB

5）目前市场上常见的硬盘接口有SATA（串口）硬盘和IDE（并口）硬盘，如图3-16和图3-17所示。

图3-16　SATA（串口）硬盘

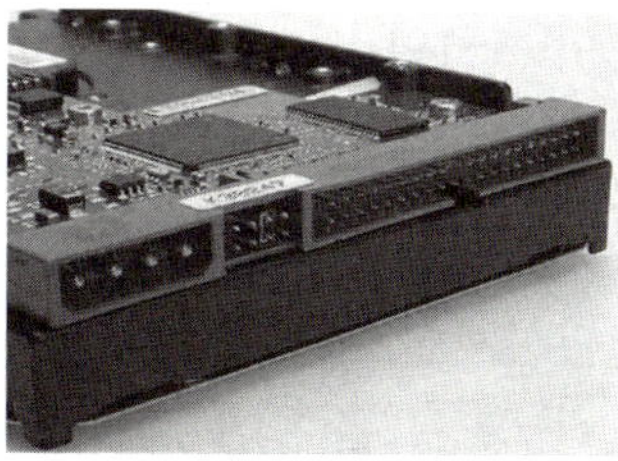

图3-17　IDE（并口）硬盘

学习助手

现今主流的硬盘接口均采用SATA 3.0接口，其总线最大传输带宽达到了6Gbit/s。

6）目前市场上常见的硬盘转速有10000r/min、7200r/min、5900r/min、5400r/min。

硬派词汇

硬盘转速（Rotation Speed）是指硬盘电机主轴的转速。转速的大小很大程度上决定着硬盘的速度。转速在理论上来说越快越好。

7）现在常见的硬盘缓存有64MB、32MB、16MB等。

硬派词汇

缓存（Cache）是内存的一种，其特点是数据交换速度快，运算频率高。硬盘缓存是硬盘与外部总线交换数据的场所。

8）随着价格的不断下降，固态硬盘（Solid State Drives，SSD）凭借着更加稳定、高效的性能，更加快捷的速度，逐渐成为市场的宠儿，如图3-18所示。

图3-18 固态硬盘（SSD）

9）常见的固态硬盘（SSD）品牌有Intel、三星、威刚、海盗船、金士顿等。

10）现今主流固态硬盘（SSD）的容量有1TB、512GB、256GB、128GB等。

任务实施

根据客户的具体情况，子俊分析要满足大容量和笔记本式计算机使用的硬盘。在这个任务中子俊选择了2TB容量，2.5in、5400r/min的笔记本硬盘，在充分和客户沟通后，确定接口为串口。最终选择硬盘为：西部数据 2TB 5400r/min 64MB SATA3（WD20EARX），价格为540元，如图3-19所示。

图3-19 串口硬盘

课外作业

一、理论填空题

1. 选择CPU时，要考虑的因素有__________、__________、__________、接口类型、工作电压等。

2. CPU的频率主要包括__________频率、__________频率、__________及前端总线频率。

3. __________是CPU的基准频率，决定着__________的运行速度。

4. ____________是指CPU主频与外频之间的相对比例关系。它们之间的计算公式是__________=__________×__________。

5. __________直接影响CPU与内存之间数据交换的速度。其数据传输最大带宽的计算公式是：数据带宽=（__________×__________）/8。

6. 市场上销售的CPU一般分为__________CPU与__________CPU。

7. 选择内存时，要考虑的因素有__________、__________、__________、__________、__________等。

8. 主流的内存品牌有__________、__________、__________等。

9. 常见的内存类型有__________、__________、__________、__________等。

10. DDR内存的金手指是__________Pin，DDR 2内存的金手指是__________Pin，DDR 3内存的金手指是__________Pin。

11. 市场上常见的内存容量有__________、__________、__________等。

12. 内存的频率有__________频率和__________频率，以__________为单位。

13. 对于DDR内存，等效频率=__________×2；对于DDR 2内存，__________=工作频率×4。对于DDR 3内存，等效频率=工作频率×__________。

14. 选择硬盘时，要考虑的因素有__________、__________、__________、__________、转速、缓存等。

15. 市场上常见的硬盘品牌有__________、__________、__________等。

16. 现今市场上主流的硬盘数据接口是__________；老旧硬盘还采用__________接口。

17. 硬盘的常见转速有__________、__________、__________、__________，它以__________为单位。

18. 现今市场上常见的硬盘缓存有__________、__________、__________等。

二、实践应用题

1. 有一位客户准备自己组装计算机，初步挑选的两款CPU分别是Intel酷睿i5 4590和AMD FX-8350。请同学们上网搜集两款CPU的相关参数，进行初步对比，并将结果填入表3-2中。

表3-2 Intel酷睿i5 4590和AMD FX-8350的相关参数对比

主 要 参 数	Intel酷睿i5 4590	AMD FX-8350
主频		
接口类型		
核心数		
生产工艺		
三级缓存		
价格		

2．还是上一题中所提及的客户，其实他在挑选CPU之前已经购买了主板。他选择的主板是华硕Z97-A。请上网查找相关资料完成以下任务：

1）确定上一题中CPU的选择。

2）如果要充分发挥主板的性能，那么最多支持安装几根内存条？应该选择哪种类型的内存条？每根内存条支持的最大容量是多少？

3）访问“太平洋电脑网”，从内存库中选择一款内存条。

3．已知某CPU的型号为Intel酷睿i5 4590，倍频为10，前端总线频率为100MHz。同时已知某内存条的型号为金士顿DDR 3 2GB 1600，请完成以下计算：

1）计算该CPU的外频。

2）计算该CPU在64位系统下数据传输的最大带宽。

3）计算该内存条的等效频率与工作频率。

4．通过学习知道，字节是计算机中存储数据的最小单位。请同学们完成以下容量单位之间的换算：

1）2TB=__________GB。

2）4GB=__________MB。

3）6MB=__________KB。

4）8KB=__________B。

5）2048KB=__________MB。

6）3072MB=__________GB。

三、课外拓展题

1．请同学们通过上网查询，简述CPU超频技术、超线程技术、睿频技术以及内存的双通道技术的工作原理。

2．请同学们登录中关村在线网站，从硬件库中挑选支持超频技术的CPU两款、支持超线程技术的CPU两款以及支持睿频技术的CPU两款。

3．请同学们上网查阅相关资料，阐述普通机械硬盘同固态硬盘的区别，并分析它们的优缺点。

项目4　选购计算机相关板卡及显示器

项目难度：★★★★☆
项目课时：4学时
角色职业岗位：IT产品销售

项目描述

门店销售的工作让子俊接触到了有着各种需求的客户。在最近一个月里，子俊遇到了下列几位客户：

1）一位客户的计算机发生故障，经检测发现是主板损坏，需要更换一块主板，同时客户提出需要使用原有的DDR 2 800的内存条和Intel E5700 CPU。他听说朋友使用的是一款技嘉B85芯片组的主板，他也想使用这款主板，想听听子俊的建议。

2）一位客户的计算机主板是AMD芯片组的，想将显卡升级成主流显卡，他自己挑选了影驰的一款GT630战将D3显卡，想请子俊看是否合适。

3）一位客户的计算机无法上网，经过检测网卡发生损坏，怀疑是由夏季雷电造成的，需要更换一块网卡。同时，客户提出台式机连的网线影响美观，希望能够直接使用WiFi信号，请子俊推荐网卡。

4）一位网络主播为了提高自己主持时的音效质量，决定为自己的计算机升级声卡。在选择时希望子俊给一些建议。

5）一位客户看中了戴尔P2213和惠普LE2201w两款价格相近的液晶显示器，不知如何取舍，想请子俊给点建议。

项目分析

电子数码类产品的更新可以用“日新月异”来描绘，及时对新技术、新产品进行了解是工厂产品销售必须要做好的功课。在这个项目中，子骏需要通过信息检索了解各类产品的参数和性能指标，结合设备兼容性，性价比等方面的考量，给予客户合适的建议。结合项目中遇到的具体案例，本项目将分解为如下5个子任务（见表4-1）：

表4-1　任务单

1	为客户选购主板
2	为客户选购显卡
3	为客户选购网卡
4	为客户选购声卡
5	为客户选购显示器

匠心养成·炼铸专业核心素养

信息检索、思辨精神

项目实施

任务1　为客户选购主板

扫描二维码观看视频

任务分析

主板是一台计算机中最为重要的部件之一，也是计算机所有部件中连接设备最多的硬件，因此为客户选购主板的过程中也是最为复杂的。子俊一方面要考虑主板本身的相关技术参数，另一方面还要考虑它与各种相连硬件的兼容性。

理论知识

1）在挑选主板时，主要考虑的内容有主板的品牌、芯片组、接口种类、主板扩展性和售后服务等。

2）目前市场上的主流主板品牌有华硕、技嘉、微星等。它们的商标如图4-1～图4-3所示。

图4-1　华硕商标　　图4-2　技嘉商标　　图4-3　微星商标

3）目前世界上主流生产芯片组的厂家有Intel、AMD和NVIDIA（英伟达），在Intel平台上，Intel芯片组占主要份额；在AMD平台上，AMD芯片组和NVIDIA芯片组占主要份额，如图4-4～图4-6所示。

图4-4　Intel芯片组

图4-5　AMD芯片组

图4-6　NVIDIA芯片组

硬派词汇

芯片组（Chipset）是主板的核心组成部分，包括南桥芯片和北桥芯片，主要用于联系CPU和其他周边设备的运作。芯片组性能的优劣，直接决定了主板性能的高低。

硬派词汇

北桥芯片（North Bridge）负责与CPU的联系，并控制各种数据在北桥内的传输，提供对CPU各方面的支持。北桥在芯片组中起主导作用，一般芯片组的名称就是以北桥芯片的名称来命名的。在主板上，北桥芯片是离CPU最近的芯片。

硬派词汇

南桥芯片（South Bridge）主要负责与I/O总线之间的通信，一般位于主板上离CPU插槽较远的地方，PCI插槽的附近。

4）主板上的主要插槽有CPU插槽、内存插槽以及各种扩展插槽。具体内容参见项目二。

5）主板上常见的外接接口有PS/2鼠标键盘接口、USB接口、RJ-45网卡接口、音频接口、VGA接口、DVI接口、HDMI接口等。具体内容参见项目2。

6）主板的扩展性主要表现在主板是否为计算机以后的升级留有空间。常见的有对计算机内存的升级、显卡的升级，这时就需要主板的支持。如果主板早就预留好足够的插槽并具备相应的兼容性，那么就意味着其扩展性比较强。

7）主板的售后服务主要考虑保修的时间、保修的条件以及保修的类型。

学习助手

目前市场上大的厂家给主板的保修都是三年免费维修，保修的条件则根据厂家的不同有微小差异，保修类型基本是发回厂家维修。但在市场上有些经销商，只承诺一年的保修期，而且有的是店铺保修，遇到这种情况，客户应慎重选择商家。

大国奋进·感悟中国科技发展

中国液晶显示器发展史

说起中国的液晶产业，就不能不提京东方。2019年，京东方的液晶显示屏在智能手机、平板电脑、笔记本电脑、显示器、电视五大领域市场占有率全部都是全球第一。

京东方的前身是一家名叫北京电子管厂的老牌国企，是建国初期苏联援建中国的156项重点工程之一。“一五”期间，这家电子管厂总投资占了全国电子工业总投资的18%。但是改革开放之后，先进国家的电子元件早就更新换代成晶体管或者集成电路，根本就不用电子管了。虽然后来电子管厂做过很多尝试，但都没有起色。

直到1997年，由北京电子管厂改制成立的京东方科技集团有限公司在深圳成功上市，一下子募集到3.5亿港元。手里有了钱，就可以认真考虑一下，该找到一个什么有潜力的主业。到了2001年，液晶行业再一次陷入液晶周期的低谷，韩国现代公司急于收回现金，所以打算出售旗下的液晶生产线。京东方趁这次机会，整体收购国外企业，然后慢慢地摸清生产过程，一点一点积累技术。

目前，京东方在全国拥有11条液晶生产线，出货量已经占到全球22.3%。2020年的营业额更是高达1100亿元，超过了韩国LG，成为世界第一。

任务实施

子俊分析客户原来计算机的内存与CPU，它们的总线接口分别是DDR 2与LGA775接口。而客户自己备选的技嘉B85芯片组主板，其支持的内存插槽为DDR 3、CPU插槽为LGA1150。由此得出结论，客户自己选择的主板是不合适的。子俊建议推荐使用G31芯片组的老款主板，如技嘉G31M-ES2C，如图4-7和图4-8所示。

图4-7　技嘉G31M-ES2C包装盒

图4-8　技嘉G31M-ES2C主板

任务2　为客户选购显卡

扫描二维码观看视频

任务分析

顾名思义，显卡是计算机中一种负责显示的电路板卡。其在游戏玩家心目中的地位丝毫不亚于计算机的CPU，因为它同样是影响游戏性能的重要部件之一。而对于显示性能的影响是一种系统性的影响，不是仅靠单个部件发挥作用，因此在选购显卡的过程中，首先要充分了解它的各项技术参数，同时还要了解它与其他芯片之间的兼容性情况。

理论知识

1）在选择显卡时，主要考虑的因素包括显卡的品牌、显示芯片、显存、接口类型、售后服务等。

2）市场上显卡的品牌主要有Colorful（七彩虹）、Sapphire（蓝宝石）、GALAXY（影驰）等，它们的商标如图4-9～图4-11所示。

图4-9　七彩虹商标

图4-10　蓝宝石商标

图4-11　影驰商标

3）现在显卡芯片组的生产商主要有NVIDIA（英伟达）、AMD等，它们的商标如图4-12和图4-13所示。

图4-12　英伟达商标

图4-13　AMD商标

硬派词汇

显示芯片是显卡的核心芯片，其性能优劣直接决定了显卡性能的高低，主要用于处理系统输入的视频信息并将其进行构建、渲染等工作。

4）目前市场上主流的NVIDIA显示芯片有GeForce RTX3090、RTX3080、RTX3070、GTX1080Ti等，主流的AMD显示芯片有Radeon RX6900XT、RX6800、RX5700、RX5600等。

学习助手

NVIDIA显示芯片的显卡一般用于搭配Intel平台的计算机；AMD显示芯片的显卡一般搭配AMD平台的计算机。

5）现在显卡常见的显存容量有1GB、2GB、4GB、6GB、8GB等。现今市场上主流显卡的显存类型为GDDR 5、GDDR 4等。

硬派词汇

显存是显示内存的简称，其主要功能是暂时将储存显示芯片要处理的数据和处理完毕的数据。显存的大小决定了显示器分辨率及色彩数。一般来说，显存越大，显卡的显示性能就越好。

6）现在主流显卡的总线接口为PCI-E接口，早期的AGP接口显卡已逐渐淡出市场，如图4-14和图4-15所示。

图4-14　PCI-E接口显卡

图4-15　AGP接口显卡

7）现在常见的显示接口有DVI接口、HDMI接口、VGA接口、DisplayPort接口等。在同等情况下，显卡支持的接口越多越好。具体内容参见项目2。

8）显卡的售后服务可以参考主板的售后服务。

任务实施

子俊仔细分析了客户的情况，首先，客户使用是AMD的CPU及AMD芯片组的主板。一般情况下，这样的平台对于AMD显示芯片的显卡兼容性要好些。通常情况下，不推荐使用NVIDIA显示芯片的显卡。因此，客户的选择并不恰当。其次，GT630显卡也并非主流中高端显卡。最终子俊为客户推荐AMD的 Radeon RX6900XT显卡。

任务3　为客户选购网卡

扫描二维码观看视频

任务分析

生活中经常能够听到身边朋友对网卡、无线网卡、上网卡、随身WiFi等设备的讨论，在一般人的印象中它们似乎都是一样的，都和“上网”有关。但它们真的是一个产品吗？在这个任务中，要完成网卡的选购，应先理清这些概念，然后根据客户的实际需要为客户推荐合适的产品。

理论知识

1）网卡的分类如下。

① 根据所支持的计算机类型的不同，网卡可以分成台式机网卡和笔记本网卡。

② 根据总线接口类型的不同，网卡可以分为PCI接口、PCI-E接口、USB接口、PCMCIA接口网卡等。

硬派词汇

网卡（Network Interface Card）：它是物理上连接计算机与网络的硬件设备，是计算机与局域网通信介质间的直接接口。

③ 根据网络连接方式的不同，网卡可以分为有线网卡和无线网卡。

常见的网卡如图4-16～图4-18所示。

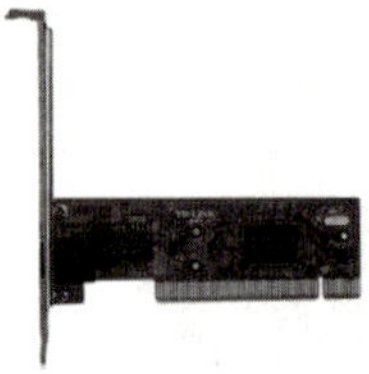

图4-16　PCI网卡

图4-17　PCMCIA网卡

图4-18　USB无线网卡

学习助手

无线网卡只是网卡中的一种，只是它连接网络是通过接收无线WiFi信号的方式。与它相对应的是通过网线连接网络的有线网卡。

2）目前市场上主流的网卡品牌有Intel、TP-LINK、D-Link、B-Link、腾达、磊科等。

3）网卡常见的接口标准有PCI、PCI-E、PCI-X、USB等。

4）无线网卡和无线上网卡不是同一个概念。

硬派词汇

无线上网卡的作用不仅是单纯的网卡，还相当于有线的调制解调器。它是可以在任何有无线电话信号覆盖的地方，通过手机SIM卡连接互联网的设备，是目前无线广域通信网络应用广泛的上网介质。

学习助手

随着4G网络的不断普及与资费的不断降低，无线上网卡将逐渐退出市场。

任务实施

子俊结合客户的具体需求，考虑选择一款无线网卡，接口类型为USB接口。子俊给出的建议是TP-LINK的TL-WN823N无线网卡，如图4-19所示。

图4-19　TP-LINK无线网卡

扫描二维码观看视频

任务4　为客户选购声卡

任务分析

由于在大多数主板上都集成了声卡，很容易让大家产生声卡原本就是计算机一部分的错觉，因此声卡是容易被忽视的一个部件。随着网络主播、网络游戏直播、网络课堂等个性化需求的出现，声卡市场又迎来了新的商机。在这个任务中，子俊就面临这样的情况，但他对声卡的知识了解甚少，于是急忙请来同事帮忙。

理论知识

1）选择声卡时主要考虑声卡的品牌、接口类型、采样频率、声道数、声卡接口、信噪比、处理芯片等。

硬派词汇

声卡（**Sound Card**）是多媒体技术中最基本的组成部分，是实现声波/数字信号相互转换的一种硬件。它的三大基本功能是：音乐合成发音、混音和数字音效处理以及模拟声音的输入和输出。

2）目前声卡的常见品牌有创新、TERRATEC（德国坦克）、Musiland（乐之邦）、华硕、B-Link等。

3）从声卡的安装方式来分，主要分成板卡式、集成式和外置式三种。其中板卡式声卡的总线接口主要是PCI和PCI-E接口，集成式声卡集成在主板上，外置式声卡主要是USB接口，如图4-20～图4-22所示。

图4-20　板卡式声卡

图4-21　集成式声卡

图4-22　外置式声卡

4）在主流声卡上，采样频率一般分为44.1kHz、48kHz、96kHz三个等级，44.1kHz是理论上的CD音质界限，48kHz是DVD的音质界限，96kHz音质更加细腻。

硬派词汇

采样频率是指录音设备在1s钟内对声音信号的采样次数，采样频率越高声音的还原就越真实越自然。

5）声卡所支持的声道数是衡量声卡性能的重要指标之一，主要有单声道、准立体声、立体声、四声道环绕、5.1声道、7.1声道等。

学习助手

声道数越大，声音效果就越好，能获得更高品质的声音享受。现今单声道和准立体声已经退出历史舞台。

6）常见的声卡音频接口有麦克风（MIC）、左右声道、耳机接口等，如图4-23所示。

图4-23 声卡音频接口

7）声卡的信噪比也是衡量声卡的一个重要指标，以分贝（dB）为单位。常见的声卡信噪比有90dB、95dB、100dB、110dB、120dB等。

硬派词汇

信噪比（Signal to Noise Ratio）是指正常声音信号强度与噪声信号强度的比值，信噪比越高，噪声就越小。

8）声卡处理芯片是决定声卡品质的一个重要指标。常见的芯片厂商有创新、水晶（Crystal）、雅马哈（YAMAHA）等。

任务实施

根据用户的需求，子俊推荐使用Icon Utrack声卡，如图4-24所示。这款声卡通过USB接口进行连接，4进4出，支持网络主播与K歌，可以加载VST机架，可以调节混响、电音和闪避效果。

图4-24 Icon Utrack声卡

任务5 为客户选购显示器

扫描二维码观看视频

任务分析

显示器是直接面向用户的硬件设备。在选购显示器时，仅考虑显示器的尺寸大小是远远不够的。

理论知识

1）在选择显示器时，主要考虑显示器的品牌、显像原理、尺寸、点距、分辨率、对比度、亮度、黑白响应速度、可视角与售后服务等。

2）现在市场上显示器的品牌主要有三星（Samsung）、LG、AOC、宏碁（Acer）等，它们的商标如图4-25～图4-28所示。

图4-25　三星商标　　图4-26　LG 商标　　图4-27　AOC 商标　　图4-28　宏碁商标

3）现在根据显示器的显像原理分成LCD、LED（参考项目1）。

4）现在常见的液晶显示器的尺寸有19in（1in=2.54cm）、22in、24in、27in、34in等。

5）现在液晶显示器的屏幕比例有16:9、16:10、21:9、4:3等。

学习助手

显示器的尺寸是按显示器的对角线长度来计算的，因此同一尺寸的屏幕比例为4:3的显示器比16:9的显示器消耗的液晶板面积要多，所以其价格一般也相对要高。

6）现今显示器常见的分辨率有3840×2160、2560×1600、2560×1080、1920×1080等。

硬派词汇

分辨率是指显示器所能显示的像素的多少，直接反映屏幕图像的精细度。由于屏幕上的点、线和面都是由像素组成的，显示器可显示的像素越多，画面就越精细，同样的屏幕区域内能显示的信息也越多，因此分辨率是个非常重要的性能指标。

硬派词汇

点距指屏幕上相邻两个同色像素单元之间的距离，即两个红色（或绿、蓝）像素单元之间的距离。

7）现在常见的液晶显示器的亮度为500cd/m^2、400cd/m^2、350cd/m^2、300 cd/m^2。

硬派词汇

亮度是指画面的明亮程度，单位是cd/m^2。在选择显示器时，并不是亮度越高越好，主要还是看画面亮度是否均匀。

8）现在显示器常见的对比度有3000:1、5000:1、30000:1、50000:1、100000:1等。显示器的对比度分为静态对比度和动态对比度。

硬派词汇

对比度是屏幕上同一点最亮（白色）时与最暗（黑色）时的亮度比值，高的对比度意味着相对较高的亮度和呈现颜色的艳丽程度。

9）显示器常见的黑白响应时间有2ms、5ms、6ms、8ms等。

硬派词汇

黑白响应时间是指液晶显示器各像素点对输入信号反应的速度，即像素由暗转亮或由亮转暗所需要的时间。这个时间越短，用户在看动态画面时越不会有尾影拖动的感觉。

任务实施

根据用户的需求，需要对比戴尔P2213与惠普 LE2201w两款显示器，如图4-29和图4-30所示。两款显示器的性能参数对比见表4-2。

图4-29　戴尔P2213显示器

图4-30　惠普LE2201w

表4-2　性能参数对比

性 能 参 数	戴尔P2213	惠普LE2201w
屏幕尺寸	22in（1in=2.54cm）	22in（1in=2.54cm）
面板类型	TN	TN
动态对比度	200万:1	1000:1
静态对比度	1000:1	1000:1
最佳分辨率	1680×1050	1680×1050
背光类型	LED背光	CCFL背光
视频接口	D-Sub（VGA），DVI-D	D-Sub（VGA）
可视角度	170°/160°	160°/160°
黑白响应时间	5ms	5ms
点距	0.282mm	0.282mm
亮度	250cd/m²	250cd/m²
价格	1370元	1390元

通过对比，两款显示器在价格、尺寸、最佳分辨率、点距、亮度、黑白响应时间等性

能参数上基本相同，但戴尔P2213在动态分辨率、背光类型、视频接口上明显要强于惠普LE2201w，因此在这两款显示器的选择上，子俊更推荐戴尔P2213。

课外作业

一、理论填空题

1．在挑选主板时，主要考虑的因素有__________、__________、__________、__________和售后服务等。

2．现今主板一线品牌有__________、__________、__________。

3．现今主流的主板芯片组生产商有__________、__________、__________。

4．__________是主板的核心部件，其包括__________芯片和__________芯片。

5．主板芯片组中，__________芯片起主导作用，芯片组的命名一般用该芯片的名字命名。

6．主板芯片组中，__________芯片负责与CPU的联系，并控制各种数据在北桥内的传输，提供对CPU各方面的支持。

7．主板芯片组中，__________芯片主要负责与I/O总线之间的通信，一般靠近PCI插槽，一般无散热片。

8．主板芯片组中，__________芯片一般离CPU较近，并附有散热片。

9．在选择显卡时，主要考虑显卡的__________、__________、__________、__________和售后服务等。

10．显卡的常见品牌有__________、__________、__________等。

11．显示芯片主要厂家有__________、__________等。

12．__________显示芯片的显卡一般用于搭配Intel芯片组的主板；__________显示芯片的显卡一般搭配AMD芯片组的主板。

13．市场上显卡常见的显存容量一般有__________GB、__________GB、__________GB等，显存类型一般有__________、__________、__________等。

14．显卡常见的显示接口有__________、__________、__________、__________等。

15．网卡常见的总线接口有__________、__________和__________等。

16．选择声卡时主要考虑声卡的__________、__________、性噪比、__________、__________、__________、__________等。

17．声卡常见的品牌有__________、__________、__________、__________等。

18．从声卡的安装方式来分，主要分__________、__________及外置式三种。

19．在主流声卡上，采样频率一般分为44.1kHz、__________、__________三个等级。

20．常见的声卡音频接口有麦克风（MIC）、__________接口、__________接口等。

21．__________是衡量声卡的一个重要指标，它以分贝（dB）为单位。常见的有__________、100dB、110dB、__________等。

22．常见的声卡处理芯片厂商有创新、__________、__________、__________等。

23．在选择显示器时，主要考虑的因素有__________、__________、__________、黑白响应时间、__________、__________、__________、__________、__________、售后服务等。

24．市场上常见的显示器品牌有__________、__________、__________等。

25．常见的液晶显示器的尺寸有__________in、__________in、__________in等。

26．常见的显示器屏幕比例有__________、__________、__________、4:3等。

27．常见的显示器分辨率有__________、__________、__________等。

28．现在常见的液晶显示器的亮度为__________。

29．屏幕上同一点最亮时（白色）与最暗（黑色）时的亮度比值称为__________，这个值越高意味着相对较高的亮度和屏幕呈现颜色的艳丽程度。

30．现今显示器的对比度分为__________对比度和__________对比度。

二、实践应用题

1．一位大学生游戏“发烧友”决定自己组配一台计算机，欲选择英特尔出品的酷睿i7-5820K这款CPU，价格在2500元左右。请上网查询这款CPU的相关参数，并结合这些参数为其推荐一款与之匹配的主板。

1）查看这款CPU的接口类型、支持内存类型等参数。

2）通过网络查询产品库，为其选择合适的主板，并记录其型号。

2．结合上题中最终确定下来的主板型号，查阅其相关参数，为其选择一款合适的显卡。

1）查阅主板的扩展插槽的情况。

2）查阅主板芯片组的情况。

3）通过网络查询产品库，为其选择合适的显卡，并记录其型号。

三、课外拓展题

1．通过网络查询，了解显卡中俗称的A卡和N卡指的是什么？什么是显卡交火技术？如何实现？

2．了解什么是4K屏，什么是曲面屏。查找一款曲面4K屏，并制作PPT向大家介绍其特性。

项目5　选购计算机机箱、电源以及键盘和鼠标

项目难度：★★★☆☆

项目课时：2学时

角色职业岗位：IT产品销售

项目描述

在中南门店工作也几个月了，尽管子俊也很努力，可是每个月的业绩总是平平，为此，他在每天的工作中更加留意同事的销售技巧和营销手段。在本项目中，子俊将为两位客户提供服务，帮助他们选购计算机机箱、电源以及键盘和鼠标。

1）客户是一位游戏爱好者，最近将显卡升级为GTX670后，计算机出现重启、死机等不稳定情况。经过检测是由电源功率不够导致的，请子俊推荐一款电源。

2）客户是一位英雄联盟游戏的忠实玩家，最近他觉得老旧的键盘和鼠标使用起来不太顺手，希望重新购置一套，请子俊予以推荐。

项目分析

计算机配件销售过程中，有一种奇怪的现象——往往大家觉得重要的部件，其利润点非常低；而一些能够满足客户个性化需求的部件，往往利润空间就较大。当然在实际销售过程中，要诚信经营，遵纪守法，不能为追求经济利益而出现以次充好、假冒伪劣等损害客户利益的事情。根据具体需求，项目分解成如下2个子任务：

任务单

1	为客户选购机箱与电源
2	为客户选购键盘与鼠标

匠心养成·炼铸专业核心素养

诚实守信、法律意识

项目实施

任务1　为客户选购机箱与电源

扫描二维码观看视频

任务分析

机箱好比计算机的“铠甲”，能给计算机配件和用户足够的保护；电源好比计算机的“心脏”，为计算机提供源源不断的、稳定的电量。由于它们本身功能没有CPU那样显得高科技机箱和电源一样是需要精心挑选的，因此同样需要对机箱与电源的相关性能参数有足够的理解。

理论知识

图5-1 机箱

1）选择机箱（见图5-1）时主要考虑的因素包括品牌、机箱架构、机箱用料、可扩展性、散热性等。

硬派词汇

机箱是计算机配件中的一部分，主要用来放置和固定各计算机配件，起到一个承托和保护作用，同时起到电磁辐射的屏蔽作用。

2）现在常见的机箱品牌有爱国者、酷冷至尊、雷蛇、九州风神、AOC、长城、英特尔、航嘉、先马等。

3）现在常见的机箱架构有ATX、Micro ATX、BTX等。

学习助手

不同架构的机箱支持不同类型的主板，在选择时一定要考虑主板的类型是否与机箱兼容。现在常见的ATX架构支持绝大部分类型的主板。而Micro ATX是在ATX基础上为了节约空间而设计的，只支持主板中的小板型。

4）现在优质机箱的用料多为镀锌钢板，强度高，抗腐蚀能力好，防电磁辐射的能力强。机箱用料对提高计算机性能没有什么帮助，但在机箱内的部件保护、防电磁辐射方面影响较大。

图5-2 电源

5）机箱的可扩展性主要表现在对5.25in（17.5cm）光驱位置和硬盘位置的分布和预留数量上。

6）机箱的散热性主要表现在机箱设计中提供的散热风扇数量、散热风扇预留位置和散热孔的数量上。

7）选择电源（见图5-2）时主要考虑的因素包括品牌、电源类型、额定功率等。

硬派词汇

电源是安装在主机箱内的封闭式独立部件，主要用于给整个计算机提供稳定的电能。

8）常见的电源品牌有航嘉、长城、酷冷至尊、海盗船、金河田、游戏悍将等。

9）电源的类型主要分为台式机和服务器，用户可根据实际情况进行选择。

10）常见的电源额定功率有350W、400W、500W、600W、800W等。

学习助手

在选择电源时，一定要留意查看电源的额定功率，一般电源上标的是峰值功率，是短时间内能达到的最大功率。能判断电源性能的是额定功率。这两个概念容易混淆，读者一定要注意分清。

任务实施

在考虑了客户升级后的显卡型号及需要的功率支持后，子俊为客户选择了酷冷至尊500W的电源，如图5-3所示。

图5-3 酷冷至尊电源

扫描二维码观看视频

任务2 为客户选购键盘与鼠标

任务分析

键盘和鼠标是计算机必不可少的输入设备。特别是对于热爱游戏的玩家，键盘和鼠标性能的好坏成为游戏输赢的关键因素。虽然键盘和鼠标看似平常简单，但在真正挑选时，还是要参考较多指标。在本任务中，子俊就带大家了解键盘和鼠标的挑选方法。

理论知识

1）键盘和鼠标常见的品牌有双飞燕、红龙、雷柏、富勒、血手幽灵、罗技、新贵、威沃斯、雷蛇等。

2）键盘的分类如下。

① 按照产品定位可以分为机械键盘、游戏键盘、超薄键盘、笔记本键盘、平板键盘、多功能键盘、实用键盘、数字键盘等。

② 按照连接方式可以分为有线键盘、无线键盘、蓝牙键盘、无线（多连）键盘等。

③ 按照接口可以分为USB接口键盘、PS/2接口键盘、USB+PS/2双接口键盘等。

④ 按照键盘技术可以分为机械轴键盘、X架构键盘、火山口架构键盘、宫柱架构键盘等。

3）鼠标的分类如下。

① 按照适用类型可以分为竞技游戏型鼠标、商务办公型鼠标、经济实用型鼠标、移动便携型鼠标、时尚个性型鼠标等。

② 按照鼠标大小可以分为大鼠标（≥120mm）、普通鼠标（100～120mm）、小鼠标（≤100mm）。

③ 按照工作方式可以分为激光鼠标、光电鼠标、4G鼠标、蓝影鼠标。

④ 按照连接方式可以分为有线鼠标、伸缩线鼠标、无线（蓝牙多连）鼠标、双模式鼠标。

⑤ 按照鼠标接口可以分为USB接口鼠标、PS/2接口鼠标、USB+PS/2双接口鼠标。

4）鼠标的性能指标常见的有最高分辨率、工作方式、按键数、连接方式、接口等。

5）键盘的性能指标常见的有：按键数、连接方式、按键技术、接口等。

大国奋进·感悟中国科技发展

最早的鼠标滚轮的发明专利来自中国

鼠标是现代计算机操作中必不可少的人机交互设备，1964年由美国斯坦福研究所

Douglas Engelbart博士发明。早期鼠标普遍采用双键或三键设计，直到鼠标诞生三十多年后的20世纪90年代，现代鼠标上不可或缺的滚轮才开始出现在鼠标上，你知道鼠标滚轮是谁发明的吗？

1995年，一个名为Mouse Systems的公司，推出了世界上首款带有页面滚轮的鼠标“ProAgio”。将鼠标滚轮与机械鼠标Y轴光栅使用皮带连接，用这种“硬件外挂”的方式，实现了最初的鼠标滚轮功能，从此以后，用户再也不需要通过按住鼠标中键向下拖动鼠标来实现网页滚动，只需拨动滚轮即可轻松上网冲浪。

Mouse Systems成为世界第一个发明鼠标滚轮的公司。Mouse Systems其实是昆盈集团子公司，中华人民共和国专利局一份1995年的发明专利申请公开说明书证明了鼠标发明者是中国人。

虽然这套名为“多维混合鼠标器装置”的鼠标滚轮，由于结构过于复杂而被编码器式滚轮所淘汰，但不得不承认，在那个三键式鼠标的时候，这套中国人发明的滚轮系统，开创了一个新的时代，为现代鼠标诞生奠定了基石。

任务实施

由于子俊也是位游戏爱好者，考虑手感和性价比，为客户选择了Razer地狱狂蛇游戏标配键鼠，如图5-4所示。

图5-4　Razer地狱狂蛇游戏标配键鼠

课外作业

一、理论填空题

1．现在选择机箱时主要考虑其品牌、__________、机箱用料、__________、散热性等。

2．现在常见的机箱品牌有_______________、雷蛇、_______________、九州风神、__________等。

3．现在常见的机箱架构有__________、Micro ATX、__________等。

4．机箱的可扩展性主要表现在对5.25in（17.5cm）___________和___________的分布和预留数量上。

5．现在选择电源时主要考虑其品牌、__________、__________等。

6．现在常见的电源品牌有航嘉、_____________、酷冷至尊、_____________、金河田、__________等。

7．电源的类型主要分为__________和__________，用户可根据实际情况来选择。

8．电源的额定功率常见的有350W、400W、__________、__________、800W等。

9．键盘鼠标常见的品牌有双飞燕、红龙、__________、富勒、__________、罗技等。

10．鼠标的性能指标常见的有最高分辨率、___________、___________、连接方式、接口等。

11．键盘的性能指标常见的有按键数、__________、按键技术、__________等。

12．键盘按照连接方式可以分为有线键盘、无线键盘、蓝牙键盘、无线（多连）键盘等。

13. 鼠标按照适用类型可以分为__________型鼠标、商务办公型鼠标、__________、时尚个性型鼠标等。

二、实践应用题

1. 上网查询相关资料，从电源的性能指标去对比航嘉MVP500与游戏悍将霸道6 R550两款电源的性能，并给出相对专业的评价与分析。

2. 上网查询相关资料，从键盘和鼠标的性能指标去对比分析罗技G100S套装与Razer地狱狂蛇游戏标配套装的性能，并给出相对专业的评价与分析。

三、课外拓展题

1. 通过小组方式调研机箱材质对机箱整体性能的影响以及机箱架构对机箱整体散热效果的影响，并通过PPT演示小组的调研结果。小组的基本分工为信息搜集、信息整理与内容编辑、PPT制作、美工及报告演示。

2. 通过小组方式调研键盘几种按键技术（机械轴、X架构、火山口架构、宫柱架构）的特点与优缺点，并通过PPT演示小组的调研结果。小组的基本分工为信息搜集、信息整理与内容编辑、PPT制作、美工及报告演示。

项目6　选购计算机音箱、路由器及打印机

项目难度：★★★☆☆

项目课时：2学时

角色职业岗位：IT产品销售

项目描述

门店迎来了三位客户，他们均希望子俊能就自己的需求给出意见。其具体需求如下。

1）客户是位注重性价比的中年人，想为自己家的计算机配一个音箱，用于平时的家庭多媒体娱乐。

2）客户是位时尚的年轻人，他刚搬进新家，希望换个无线信号穿墙能力更强的路由器，更是希望构建一个WiFi智能家庭环境。

3）客户是个体企业的老板，刚创建公司，需要给财务人员配置一台用于打印发票的打印机。

项目分析

随着信息时代的到来，计算机的作用日渐重要。无论是电子商务的发展，还是“互联网+”的到来，似乎都离不开计算机。计算机产业的发展也带动了计算机外围设备的更新发展。本项目主要介绍计算机外部设备的选择方法，需要子俊分析客户的具体需求，选择合适的产品。项目可分解为以下3个子任务。

任务单

1	为客户选购音箱
2	为客户选购路由器
3	为客户选购打印机

匠心养成·炼铸专业核心素养

需求分析

项目实施

扫描二维码观看视频

任务1　为客户选购音箱

任务分析

音乐对于现代社会中的人们，就是一种生活态度。很多人离不开音乐，因为它陪伴

人们度过许多高兴、忧愁、孤独、安逸的时光。在此我们思考一下哪些因素会决定音乐品质，对任务中的客户该如何帮其选择音箱呢？

理论知识

1）选择音箱主要考虑的因素包括品牌、音箱系统、材质、功率、频率响应范围、信噪比等。

硬派词汇

音箱（Speaker）是指将音频信号变换为声音的一种设备。通俗来说，就是指音箱主机箱体或低音炮箱体内自带功率放大器，对音频信号进行放大处理后由音箱本身回放出声音。

2）现在市场上常见的音箱品牌有漫步者、麦博、惠威、三诺、山水、轻骑兵、雅兰仕、冲击波等。

3）音箱系统其实就是音箱支持的声道数，常见的有2.0音箱、2.1音箱、2.1+1音箱、5.1音箱、7.1音箱等。

4）现在市场上音箱材质主要有木质和塑料两种，如图6-1和图6-2所示。

学习助手

一般来讲，木质音箱的价格比塑料材质要高，其音质也比塑料材质的音箱要好。选择音箱材质时，用户应根据自己的实际需要来定。

图6-1　木质音箱

图6-2　塑料音箱

5）常见的音箱功率有两种：一种是额定功率；另一种是瞬间峰值功率。

硬派词汇

音箱功率决定了音箱能发出多大声强，功率越高，音箱能发出的声强就越大。音箱功率和音箱音质的好坏没有直接的关系。

学习助手

音箱厂商常将瞬间峰值功率标为额定功率的8倍，在选购时，常会产生功率很高的错觉，选择音箱时，功率应以额定功率为准。

6）音箱的频率响应范围是指最低有效声音频率到最高有效声音频率的区间，单位为Hz。一般来说，频率响应范围在20Hz～20kHz就足够了。低于20Hz或高于20kHz的声音是人耳无法听到的。

学习助手

表示频率响应范围的两个数值，前者表示低频段，后者表示高频段，在选择音箱时，如关注音箱的低音表现，则关注低频段数值，这一数值越低，低音效果越好。如关注高音表现，则关注高频段数值。

7）音箱的信噪比类似于声卡的信噪比。选择音箱时建议选择信噪比大于80dB的音箱。同样，信噪比越高，音箱音质中的噪声越小，音质越好。

图6-3　沃巍W-320音箱

任务实施

子俊充分考虑了客户的年龄、需求及产品的外形与性能，最后为客户推荐了沃巍W-320音箱，如图6-3所示。

任务2　为客户选购路由器

扫描二维码观看视频

任务分析

“老板，你店里的WiFi密码是什么？”这样的问题你问过吗？WiFi已成为互联网时代人们生活中不可或缺的一部分。车站、机场、商场、家……WiFi随处可见。在本任务中，子俊将为客户选择用来构建WiFi网络的无线路由。

理论知识

1）宽带路由器根据其是否支持无线功能，分为有线宽带路由器和无线宽带路由器，如图6-4和图6-5所示。

图6-4　有线宽带路由器

图6-5　无线宽带路由器

硬派词汇

路由器（Router）是互联网的主要节点设备，主要用于连通不同的网络和选择信息传送的线路。路由器是互联网络的枢纽，被形象地喻为“交通警察”。宽带路由器是路由器的一种类型。

2）宽带路由器的品牌主要有Linksys、Netgear、DrayTek等国际品牌和TP-LINK、

D-LINK、磊科等国产品牌。

学习助手

在现今的宽带路由器市场，国际知名品牌品质好，但价格偏高；国产品牌经过多年发展，已拥有自主研发和制造能力，品质、信誉较有保证，性价比非常高，占领了宽带路由器的大部分市场。

3）挑选宽带路由器时，主要要考虑的因素包括处理器主频、最大传输率、WAN和LAN端口数和功能。

4）处理器是路由器最核心的器件。处理器的好坏影响着路由器的性能。判断处理器的优劣，主要看其频率。处理器主频在100MHz及其以下的属于较低主频，100～200MHz属于中等主频，200MHz以上属于较高主频。

学习助手

处理器主频的高低影响着路由器的性能，但并不等于主频越高性能就越好，因为路由器的性能是由多个因素综合决定的，主频只是路由器性能的决定因素之一。

5）路由器的最大传输速率是路由器理论上每秒能够传输的数据量，常见的有54Mbit/s。

学习助手

最大传输速率并不表示实际的网络传输速率，而实际的传输速率要小得多。比如，对于ADSL2M的宽带而言，实际的上网速率最大保持在2Mbit/s左右。

6）宽带路由器的WAN和LAN端口数量决定着路由器的扩展能力，常见的宽带路由器有1个WAN口和4个LAN口，如图6-6所示。

图6-6 蓝色为WAN口，黄色为LAN口

学习助手

广域网接口（WAN口）数决定路由器可以接入的进线数量，如果有多个WAN口，可以选择接入多个运营商，比如同时接入电信和网通。

学习助手

局域网接口（LAN口）数决定路由器可以同时连接的计算机数量，可根据实际需要而定，并不是越多越好，而且要考虑路由的整体性能。

7）宽带路由器的常见功能有MAC功能、网络地址转换（NAT）功能、动态主机配置协议（DHCP）功能、防火墙功能等。在选择宽带路由器时，用户应根据实际需要进行功能的选择，并不是功能越多越好。

大国奋进·感悟中国科技发展

全球第一的中国路由器生产商TP-Link

普联技术公司成立于2000年，经营范围包括开发、销售及技术咨询服务：通信数据设备、电子设备等，曾在2019年入围中国制造业企业500强的榜单。

TP-LINK路由器是一个名副其实的民族品牌，它是创始人赵建军在广东深圳成立的一个品牌。

随着互联网技术的不断更新，眼光敏锐的赵建军发现了网络社会对路由器的需求，然而想要打破D-link、思科Cisco的垄断，得到一定的市场份额，就需要自主研发路由器技术，才能在网络设备市场上站稳脚跟。针对D-link、思科Cisco等洋品牌无法第一时间解决售后服务的问题，普联技术公司开始把目标放在功能设置、用户体验方面，研发了一款操作简便的TP-LINK路由器。很快，普联技术公司的口碑得到了提高，研发的TP-LINK路由器更是得到了市场的支持。

普联技术公司的年销售额已经超过了200亿元，网络设备业务覆盖了全球128个国家。现在，普联技术公司不仅是中国最大的路由器供应厂商，还连续十年成为世界第一。

任务实施

根据客户的需求，子俊为客户选择了小米路由器，如图6-7所示。虽然价格相对较高一些，但小米路由器的性能及其对智能家居的支持确实让人眼前一亮。

图6-7 小米路由器

任务3 为客户选购打印机

扫描二维码观看视频

任务分析

打印机是现代公司企业中最常用的办公设备之一，一般用于文档的打印、公司发票的打印等。在这个任务中，这位小公司创业者需要选择一款适合开票的打印机，在此我们一起帮其考虑该如何选择。

理论知识

1）选择打印机要考虑的因素包括品牌、类型、打印分辨率、打印速度及工作噪声。

硬派词汇

打印机（Printer）是计算机的输出设备之一，用于将计算机处理结果打印在相关介质上。

2）打印机的品牌主要有HP（惠普）、Epson（爱普生）、Lenovo（联想）、Brother（兄弟）、Canon（佳能）、Samsung（三星）等。

3）打印机按照其打印原理可分为针式打印机、喷墨打印机和激光打印机，如图6-8～图6-10所示。

图6-8 针式打印机

图6-9 喷墨打印机

图6-10 激光打印机

学习助手

针式打印机、喷墨打印机、激光打印机的耗材分别是色带、墨盒、硒鼓。就单位打印成本而言，针式打印机最少，激光打印机最高。一般来说，激光打印机的打印品质最高，针式的最差。针式打印机主要应用于特殊材质上的打印，如油性纸、复写纸等。

4）打印机的最大分辨率是衡量打印机打印质量的重要指标，它决定了打印机打印图像时所能表现的精细程度。打印分辨率通常以“点/英寸”（即dot per inch，dpi）表示。

学习助手

不是每种打印需求都需要高精度分辨率。一般的文本打印，600dpi就足够了。而对于照片打印，要想较好地表现丰富的色彩层次和平滑的中间过渡，则需要1200dpi以上的打印分辨率。

5）打印机的打印速度主要分为彩色文稿打印速度和黑白文稿打印速度，分别表示打印不同文本的速度。速度越快越好。

6）打印机的工作噪声主要以分贝（dB）为单位。噪声越低越好。

任务实施

子俊根据客户的需求，为其推荐了EPSON（爱普生）LQ-630K金装财务版针式打印机（80列平推式），如图6-11所示。

图6-11　EPSON（爱普生）LQ-630K金装财务版针式打印机

课外作业

一、理论填空题

1．选择音箱主要考虑的因素包括品牌、音箱系统，________、频率响应范围、________等。

2．现在市场上常见的音箱品牌有________、________、________、________、山水、轻骑兵、雅兰仕、冲击波等。

3．音箱系统其实就是音箱支持的声道数，常见的有________音箱、________音箱、________音箱、________音箱、7.1音箱等。

4．现在市场上音箱的材质主要有________和________两种。

5．常见音箱的功率有两种：一种是________；另一种是________。

6．音箱的频率响应范围是指最低有效声音频率到最高有效声音频率的区间，单位为Hz。一般来说，频率响应范围在________就足够了。低于________或高于________，人耳无法听到。

7．宽带路由器根据其是否支持无线功能，分为________路由器和________路由器。

8．宽带路由器的品牌主要有________、Netgear、DrayTek等国际品牌和________、________、磊科等国产品牌。

9．挑选宽带路由器时，主要考虑的因素包括处理器主频、________、________和LAN口数和功能。

10．路由器的________是路由器理论上每秒能够传输的数据量，常见的有________。

11．宽带路由器的常见功能有________、________、（NAT）功能、动态主机配置协议（DHCP）功能、__________等。在选择宽带路由器时，功能的选择根据实际需要来，并不是功能越多越好。

12．现在选择打印机要考虑的因素包括品牌、类型、_________、打印速度及_________。

13．打印机的品牌主要有__________、__________、__________、__________等。

14．打印机类型按照打印原理分为__________、__________及__________。

15．打印机的__________是衡量打印机打印质量的重要指标，它决定了打印机打印图像时所能表现的__________。打印分辨率通常以“__________”表示。

16．打印机的打印速度主要分为__________打印速度和__________打印速度，分别表示打印不同文本的速度。速度越快越好。

17．打印机的工作噪声主要以__________为单位，噪声越低越好。

二、实践应用题

1．一位客户对于音频的效果非常在意，由于工作的原因，他经常在外出差，因此想要选择一款移动音箱，要求音效要好。请同学们给他推荐几款产品，并说明推荐理由。

2．通过网络查询，总结无线路由标准有哪些，并简述它们的优、缺点。

3．客户是一位创业公司老板，需要在办公室中安装一台用于打印相关标书的激光打印机。请同学们给他推荐一款打印机，并说明推荐理由。

三、课外拓展题

1．请同学们以小组为单位，上网查询小米路由是如何实现智能家居应用的，并通过PPT进行展示。

2．请同学们以小组为单位，上网查询打印机的连供的实现，并通过PPT进行展示。在条件允许的情况下，可以构建实际环境。

项目7　撰写计算机配置单

项目难度：★★★★☆

项目课时：2学时

角色职业岗位：IT产品销售

项目描述

随着炎炎夏日的到来，子俊实习都快一年了。这个月子俊有两件高兴的事情：一是顺利拿到了毕业证书，二是业绩稳中有升。业绩的提升主要得益于有老顾客推荐朋友找子俊配置整机了。

在本项目中，客户是位财经学院大一新生，预算6000元左右，打算配置一台可用于炒股、学习、上网、玩游戏等似乎全能的计算机，同时要求显卡不能太差。需要子俊给出配置单和相应的报价。

项目分析

撰写配置单看似就是将计算机相关硬件简单罗列出来，其实这个过程并不简单。首先需要和客户充分沟通，了解客户的实际需求、资金预算、品牌喜好等等；其次需要对众多硬件设备的性能参数、兼容性、价格有充分了解，要参考网络主流硬件配置单，并根据客户需求进行分析验证，选择合适的计算机硬件。由此可见，撰写计算机配置单是一个厚积薄发的一个过程。本项目分解为如下3个子任务（见表7-1）。

表7-1　任务单

1	客户沟通与需求分析
2	综合考虑并确定配件型号
3	撰写并生成配置单

匠心养成·炼铸专业核心素养

沟通交流、批判求真

项目实施

任务1　客户沟通与需求分析

扫描二维码观看视频

任务分析

沟通是人与人之间交往过程中一个重要的活动。特别在商务贸易领域，大至商务谈判，小至街头讨价还价，这些均是沟通。沟通既可以让卖家清晰地了解买家的真实需求，也可以让买家了解卖家的情况。在本任务中，子俊通过沟通了解客户的真实需求与喜好；客户通过沟通了解子俊的专业程度，从而决定对子俊的信任度。

理论知识

通过沟通需要了解客户配置计算机的真实用途、准确的资金预算额、相关品牌的喜好程度等。

大国奋进·感悟中国科技发展

联想收购了IBM个人电脑事业部

1984年，“联想”诞生。创业初期，联想靠着给IBM、惠普、SUN等国外品牌做分销、代理起步。

1992年为了加大IT行业对外开放，国家取消了个人电脑进口批文，跨国品牌进入中国市场。它们实力雄厚，联想在遭遇挑战的同时也初次有了与国际化厂商同场竞技的机会。当时的联想并没有选择退守继续做国外厂商代理，而是坚持自有品牌之路。通过组织架构调整和建立自己的分销网络，最终在市场竞争中取得了胜利。到1997年，联想成为了中国PC市场第一。

中国最大的电脑制造商联想集团2004年12月8日在北京与美国IBM公司正式签约，联想以总计12.5亿美元收购IBM全球的台式、笔记本电脑及其研发、采购业务，IBM公司将拥有联想18.5%左右的股份。

联想作为中国最早一批国际化的企业之一，发展成了一家全球化管理和运作的世界500强公司。2013年，联想成为了全球PC冠军。

现今联想集团是一家成立于中国、业务遍及180个市场的全球化科技公司。根据知名调研机构Canalys的统计数据显示，联想电脑在2021年第二季度的出货量达到2000万台，同比增长14.7%，市场份额达到24.3%，力压惠普、戴尔、苹果等一众美国企业，连续多个季度夺得世界第一大电脑厂商的宝座。

任务实施

1）通过详细的沟通，子俊了解到客户对于所要配置的计算机在游戏性能方面的要求较高。

2）通过沟通发现，对于AMD和Intel两大品牌，客户更偏爱于Intel的产品。

3）通过沟通发现，客户的预算并不很紧张，初步定为5000元左右，主要根据实际的配置与性能需求进行调整。

任务2　综合考虑并确定配件型号

任务分析

确定配件型号除了考验子俊自身的专业能力，还需要他充分考虑配件的性能以及各配件间的兼容性，同时还要兼顾价格因素。这是个相对复杂的过程。

理论知识

1）确定整机配件的一般思路如下。

① 确定CPU型号。

② 确定主板芯片组，确定相关品牌和型号的主板。

③ 确定显卡型号。

④ 确定内存、硬盘型号。

⑤ 确定主机箱与电源。

⑥ 确定显示器及键盘、鼠标。

2）在确定整机配件的过程中，一定要充分考虑相关设备间的兼容性问题。常见的兼容性问题如下。

① CPU、内存条与主板之间总线接口的兼容性问题。

② 显卡与主板之间总线接口的兼容性问题。

③ 显卡芯片与主板芯片组之间的兼容性的问题。

④ 机箱架构与主板架构之间的兼容性问题。

⑤ 电源与整机功耗之间的兼容性问题。

⑥ 电源接口数量与整机需求的兼容性问题。

3）在整机配件的过程中，需要适当平衡各产品之间的定位问题。

任务实施

1）考虑到客户对Intel产品的钟爱以及6000元左右的预算，子俊推荐使用Intel 酷睿i5 4590的CPU，它是一款Intel 22nm生产工艺、4核、主频达到3.3GHz的LGA1150接口处理器，如图7-1所示。

图7-1 Intel酷睿i5 4590 CPU

2）根据CPU的选择型号，子俊综合考虑后选择性价比高的B85芯片组主板，推荐使用华硕B85-PRO GAMER。它是一款配备了等效八相供电，标准的ATX架构设计，支持最多4条内存、支持LGA1150接口，支持PCI-E3.0，支持4个USB3.0接口的高性价比主板，而且是大品牌华硕出品，板材质量有保障，如图7-2所示。

3）由于主板选择为Intel芯片组，因此在选择显卡时建议考虑NVIDIA的显示芯片。这里子俊推荐选择了NVIDIA GeForce GTX960的七彩虹iGame960 烈焰战神U显卡，如图7-3所示。

图7-2 华硕B85-PRO GAMER 主板

图7-3 七彩虹iGame960烈焰战神U显卡

4）根据最终的预算，子俊暂时选择的内存是金士顿 4GB DDR3 1600 1根。如果资金宽裕，子俊建议客户选择两根4GB内存，构建双通道共8GB的内存组。如图7-4所示。

图7-4 金士顿 4GB DDR3 1600内存

5）同样考虑预算和性价比，硬盘考虑选择希捷Barracuda 1TB 64M SATA3单碟硬盘，如图7-5所示。同样，如果资金允许，则可以考虑选配一块128GB的固态硬盘，推荐威刚SP600（128GB），可以大幅度提高计算机性能，如图7-6所示。

图7-5 希捷Barracuda 1TB 64M SATA3单碟硬盘

图7-6 威刚SP600（128GB）固态硬盘

6）机箱选择的是至睿极光AR51，它是一款ATX架构的机箱，与主板是兼容适用的，如图7-7所示。电源选择的是一款额定功率为600W的航嘉多核WD600，如图7-8所示。

图7-7 至睿极光AR51机箱

图7-8 航嘉多核WD600电源

7）显示器选择的是三星S24D360HL，其显示屏尺寸为24in、16:9的显示比例，分辨率为1920×1080，如图7-9所示。

8）键盘和鼠标选择的是罗技MK365无线键盘鼠标套装，即2.4GHz无线、薄膜式机械轴键盘和光电鼠标，如图7-10所示。

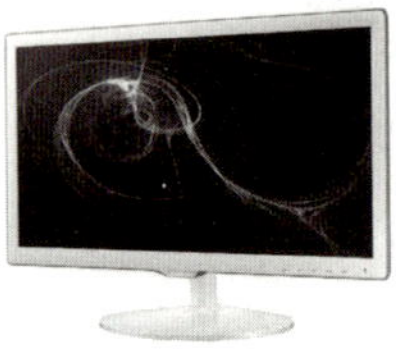

图7-9 三星S24D360HL显示器

图7-10 罗技MK365无线键盘鼠标套装

任务3 撰写并生成配置单

任务分析

配置单其实是一定格式的表格，其中包括了硬件的相关主要信息，用于给客户提供参考。在本任务中，子俊将完成配置单的书写。

理论知识

配置单一般包括配件名称、品牌类型、数量、单价、价格总计等项目，见表7-2。

表7-2 配置单

配置清单			
配件	品牌型号	数量	单价

任务实施

同客户最后沟通后，子俊确认了最终的配置清单，见如表7-3所示。

表7-3 具体配置单

配置清单			
配件	品牌型号	数量	单价
CPU	Intel酷睿i5 4590	1	￥1359
主板	华硕B85-PRO GAMER	1	￥799
内存	金士顿 DDR3 4GB 1600	2	￥190
机械硬盘	希捷Barracuda 1TB 64M SATA3单碟	1	￥329
固态硬盘	威刚SP600（128GB）	1	￥329
显卡	七彩虹 iGame 960 烈焰战神U	1	￥1349
机箱	至睿 极光AR51白	1	￥239
电源	航嘉多核WD600	1	￥369
显示器	三星S24D360HL	1	￥899
键鼠套装	罗技MK365无线键鼠套装	1	￥269
键盘			
鼠标			
音箱			
散热系统			
声卡			
耳机			
价格总计：￥6131			

课外作业

一、理论填空题

1．确定整机配件的一般思路如下。

1）____。

2）____。

3）____。

4）____。

5）____。

6）____。

2．在确定整机配件的过程中，一定要充分考虑相关设备间的兼容性问题。常见的兼容性问题如下。

1）____。

2）____。

3）____。

4）____。

5）____。

6）____。

二、实践应用题

客户是一位动画设计师，在工作中需要经常使用3ds MAX、Maya、AE等大型软件，现在想要配置一台能够流畅运行相关软件完成工作的台式机。希望同学们根据在本项目中所学的知识，为该用户准备配置单，并给出配置说明。

项目8　安装台式计算机硬件（一）

项目难度：★★★★☆

项目课时：4学时

角色职业岗位：IT产品销售与装机员

项目描述

自从拿到毕业证书，公司提高了子俊的薪资待遇。同时，公司为了提升员工专业能力及节约人力成本，门店不再设专职装机员，改由门店销售完成这部分工作。这给了子俊发挥专业特长的机会。

在本项目中，一位客户选购了一块Intel的酷睿i5 2320盒装CPU，一款华硕P8P67主板，同时选购了两根金士顿DDR 3 4GB 1600内存，需要应用内存双通道技术，同时需要连接好机箱面板跳线，请子俊帮助完成相关部件的安装。

项目分析

装机是一项对于动手能力要求很高的工作，不仅需要相关专业理论知识，还要求充分掌握相关操作规范和流程。操作过程中需要注意施工安全与设备安全。本项目分解成如下5个子任务（见表8-1）。

表8-1　任务单

1	装机前的准备
2	安装CPU与散热风扇
3	安装内存条
4	连接机箱面板跳线到主板
5	安装主板到机箱内

匠心养成·炼铸专业核心素养

规则意识、安全意识

项目实施

扫描二维码观看视频

任务1　装机前的准备

任务分析

终于有机会动手操作计算机硬件了，是不是既紧张又期待？不过为了有效提高操作的效率和保障硬件的安全，需要在动手操作之前做些准备工作。俗话说，“工欲善其事，必先利其器”，下面就来看看需要准备些什么吧。

理论知识

1）为了有效提高工作效率，装机操作之前需要做一些准备工作——主要是准备操作工具和准备安装配件。

2）准备装机必需的工具，如十字螺钉旋具、一字螺钉旋具、尖嘴钳、镊子、散热硅胶、电源插座等。

3）整理工作台，准备计算机配件，如CPU、散热风扇、内存条、主板等部件以及固定主板的铜柱、螺钉等。

4）为了保证电子器件的安全，操作前需要释放人体身上的静电——可以通过佩戴静电手环（见图8-1），或者用手触摸金属导电体来释放静电。

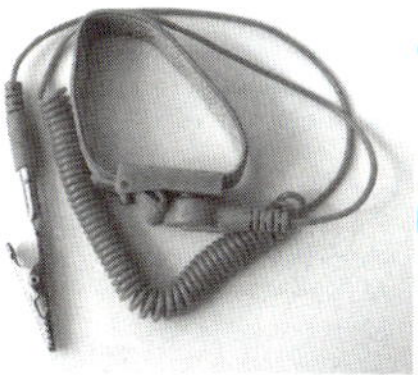

图8-1 静电手环

硬派词汇

静电就是一种处于静止状态的电荷或者说不流动的电荷（流动的电荷就形成了电流）。例如北方的冬天天气干燥，人体容易带上静电，当接触他人或金属导电体时就会出现放电现象。

硬派词汇

静电手环是由导电松紧带、活动按扣儿、弹簧PU线、保护电阻及插头或鳄鱼夹组成的，是一种通过释放人体所存留的静电来起到保护人体作用的小型设备。

学习助手

释放静电这一环节是必需的，因为电子产品容易受静电干扰而影响品质，严重的情况下，静电能轻松地击穿电子器件，造成电子配件的损坏。

大国奋进·感悟中国科技发展

中国芯，中国梦：国产CPU芯片迅速崛起，奋起直追

国外的计算机诞生与研究比我国早，巨大的时间差使国外芯片企业占据了全球市场，同时垄断了相关技术。随着我国对芯片产业的扶持力度加大，我们国产CPU芯片产业也已经踏上了从无到有，从有到优的提升之路。

我国第一台数字电子计算机103机1958年在中科院计算所诞生，1965年自主研发晶体管109机诞生，1968年小规模集成电路106机诞生；2001年我们国家相继推出了泰山计划、863计划，催生了一批国产CPU品牌，2002年“龙芯一号”（代号X1A50）研发完成，这也是我们国家首枚拥有自主知识产权的通用高性能微处理芯片。

在经历数十年的艰辛探索后，国产CPU芯片产业已初具规模，并涌现出一批领军企业。我们根据CPU指令集体系进行分类：复杂指令集（CISC）下，以X86架构为主，国内代表厂商包括海光、兆芯；精简指令集（RISC）下，涉及ARM架构、MIPS架构、Alpha架构等，国内代表厂商包括鲲鹏（ARM）、飞腾（ARM）、龙芯（MIPS）、申威（Alpha）等。

随着人工智能、5G、边缘计算、区块链等技术环境的发展，国产CPU芯片技术已然成为信息技术和产业发展的基石。我们国家对国产CPU芯片相关领域的支持力度正在逐步增加，对CPU相关元器件研发资金支持以及财税优惠也正在稳步推进，另外一大批国产CPU芯片厂商在工艺、性能、生态建设等方面也在不断取得突破，未来国产CPU芯片发展潜力巨大，市场规模非常可观。

任务实施

子骏通过触摸金属导电体释放了静电，并准备好了相关工具和硬件配件，如图8-2和图8-3所示。

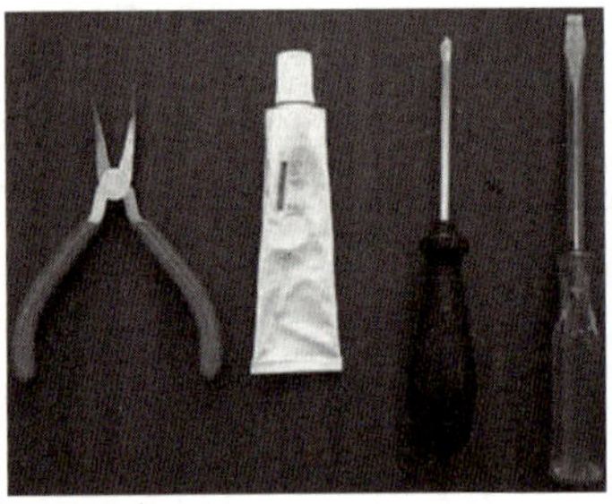

图8-2　准备的工具

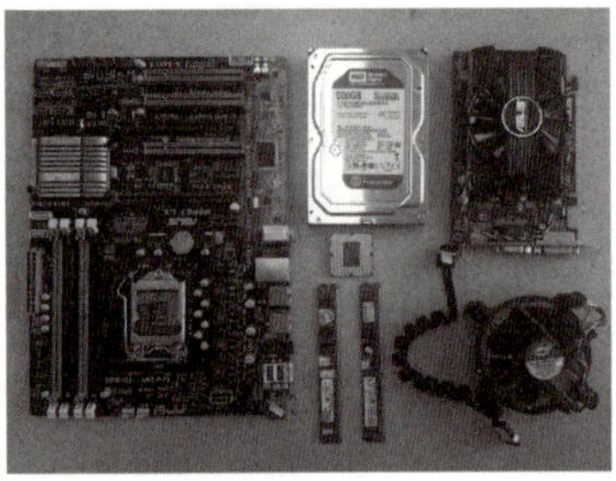

图8-3　准备的配件

任务2　安装CPU与散热风扇

任务分析

进入实际操作的环节，首先安装计算机的“大脑”—— CPU。在本任务中，只要掌握CPU与散热风扇的安装要点，就可以轻松完成安装。

理论知识

1）在安装计算机的过程中，CPU、风扇、内存条、主板、机箱面板跳线的安装顺序是：①安装CPU；②安装CPU散热风扇；③安装内存条；④连接机箱面板跳线；⑤安装主板。

2）现今市场上主流的CPU接口有Intel的LGA115X系列（见图8-4），如LGA1150接口、LGA1155接口、LGA1156接口等；AMD的AM3+接口、AM3接口等。具体参考项目2与项目3。

图8-4　Intel LGA115X系列CPU接口

3）安装CPU的关键技巧是观察CPU接口与插槽的防插错设计，并正确匹配安装，如图8-5和图8-6所示。

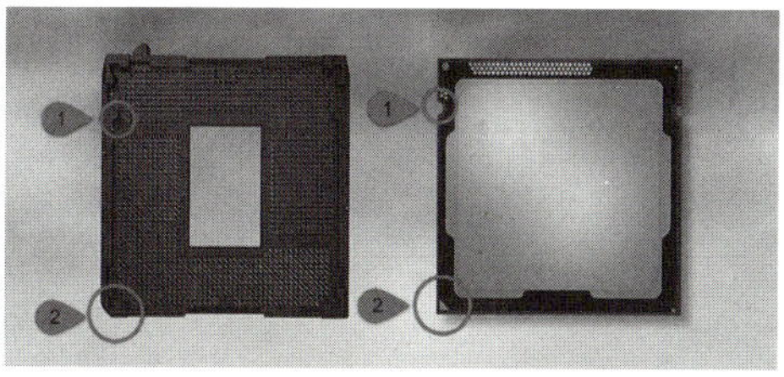

图8-5　Intel LGA115X系列CPU接口的防插错设计

图8-6　AMD AM3+接口CPU防插错设计

观察思考

请同学们观察图8-5和图8-6中的防插错设计，总结两类CPU安装的技术要点。

4）CPU的安装操作基本类似，就AMD的CPU与Intel的CPU安装操作对比而言，Intel的安装稍显复杂些。Intel LGA115X接口系列的CPU安装流程有：①拨开拉杆；②打开承载板；③取下插槽保护盖；④安装CPU；⑤放下承载板并压下拉杆，如图8-7～图8-9以及图8-12和图8-13所示。

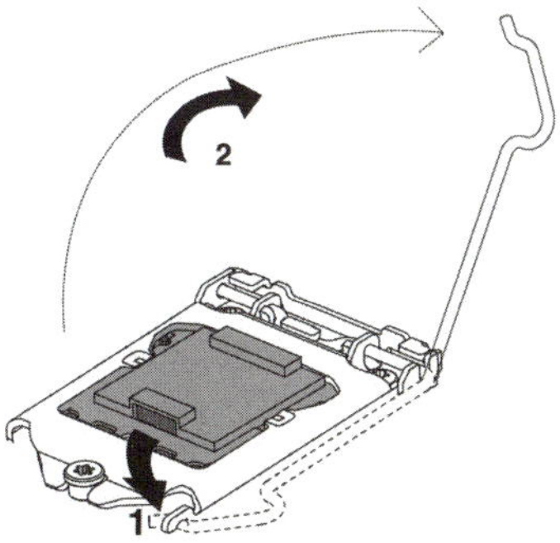

图8-7　拨开拉杆

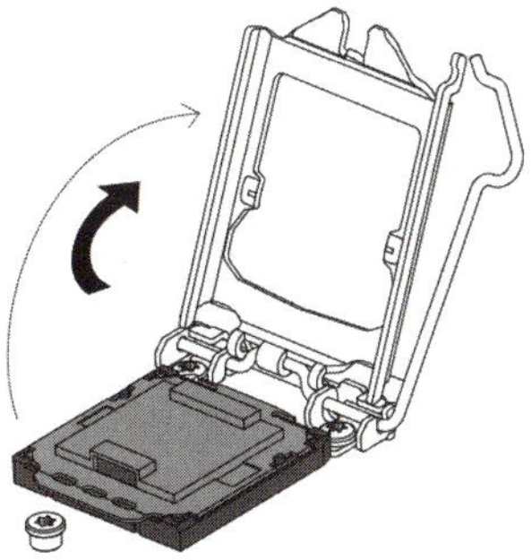

图8-8　打开承载板

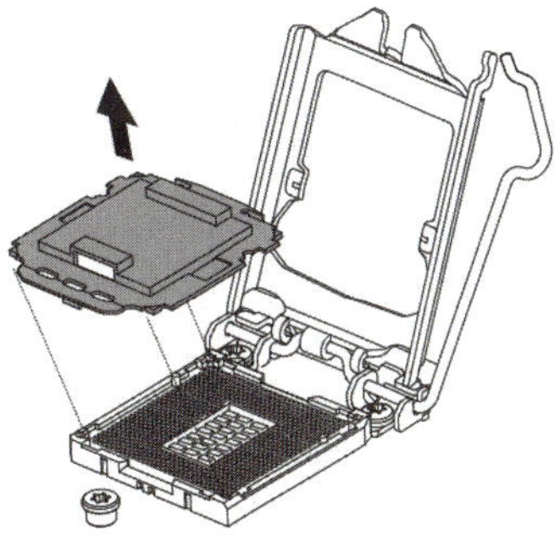

图8-9　取下插槽保护盖

学习助手

在安装CPU的过程中，不要触摸插槽触头或CPU底部触点，如图8-10和图8-11所示。

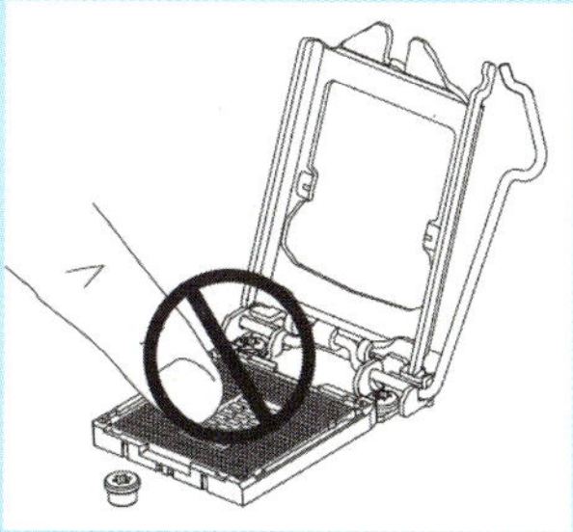

图8-10　勿触摸插槽触头

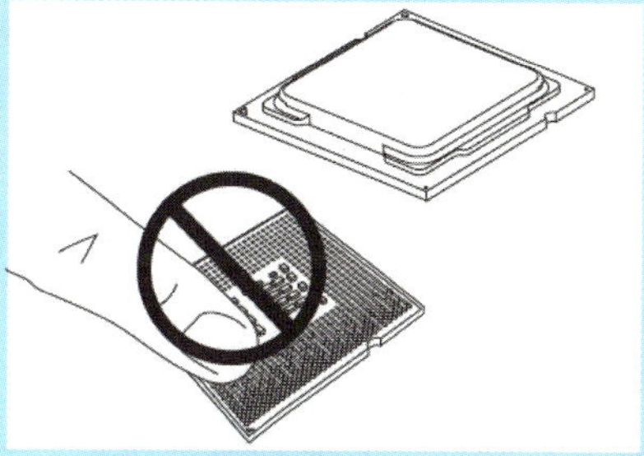

图8-11　勿触摸CPU底部触点

学习助手

安装CPU时用拇指和食指捏住处理器，确保插槽的凹口与处理器的缺口对齐。将处理器垂直放入插槽，或者将处理器滑入插槽。轻轻地放开处理器，确保其在插槽中正确就位。

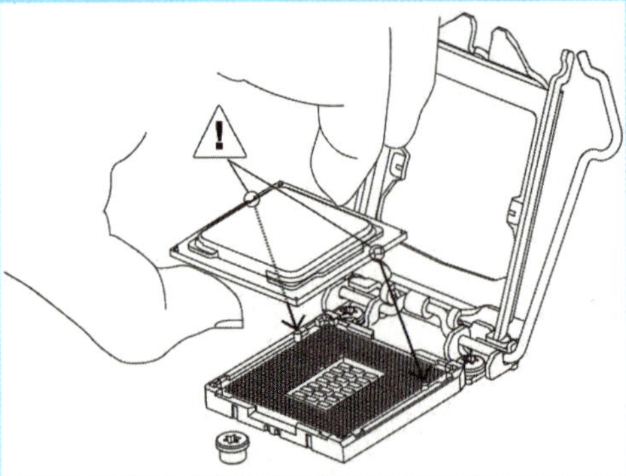

图8-12　安装CPU

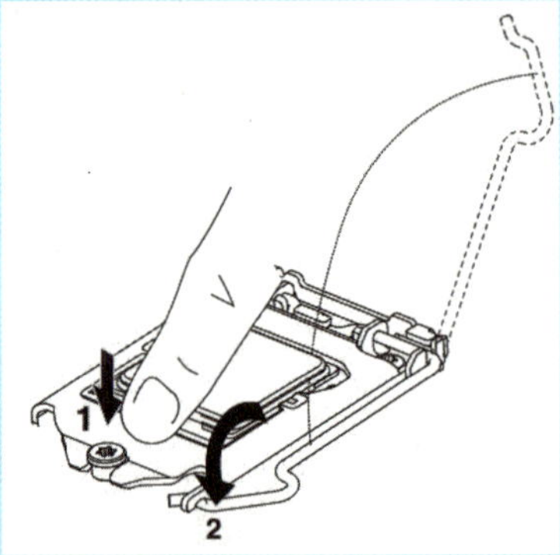

图8-13　放下承载板并压下拉杆

5）为了让CPU在一定温度以内稳定地工作，需要让CPU工作产生的热量及时散出，这时就需要安装CPU散热风扇，如图8-17所示。

硬派词汇

散热风扇（Cooling Fans）是一种通过风扇转动，造成空气流动，从而传递CPU工作产生的热量设备。现在市场上常见的有风冷散热风扇和水冷散热风扇。

6）为了让CPU与风扇的散热片之间更好地进行热传导，需要涂抹散热硅胶。

硬派词汇

散热硅胶是一款低热阻及高导热性能、高柔软性的导热材料。该材料具有的高柔软性可以减少元器件间所需的压力，同时覆盖住微观不平整的表面，从而使元器件充分接触而提高热传导效率，特别适合空间受限的热传导需求。

7）安装散热风扇的关键是观察各种散热风扇的固定方式，并连接电源插头。在本项目中，以Intel原装散热风扇作为范例。其安装步骤如下。

①将风扇-散热器放置到主板上，并将扣具与各孔对齐，如图8-14所示。

② 按住风扇散热器，并以间隔的方式按下每个扣件的顶部，顺序可以参考图8-15中的序号顺序，并轻轻地向上拉每个扣具，确保所有四个扣件均已牢固地连接。

学习助手

在按下每个扣具时，会听到“咔嗒”一声。如果有一个扣具未能牢固连接，则会影响风扇散热器和CPU之间的封接质量，并可能会导致处理器操作不稳定。

③连接风扇电源线到主板上CPU_FAN接口，如图8-16所示。

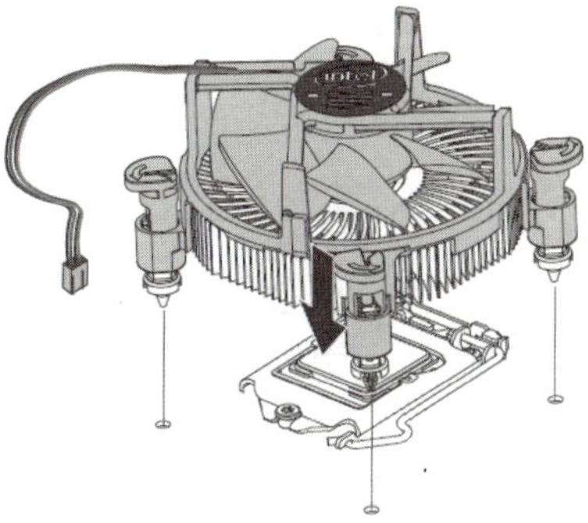

图8-14　扣具与各孔完全对齐

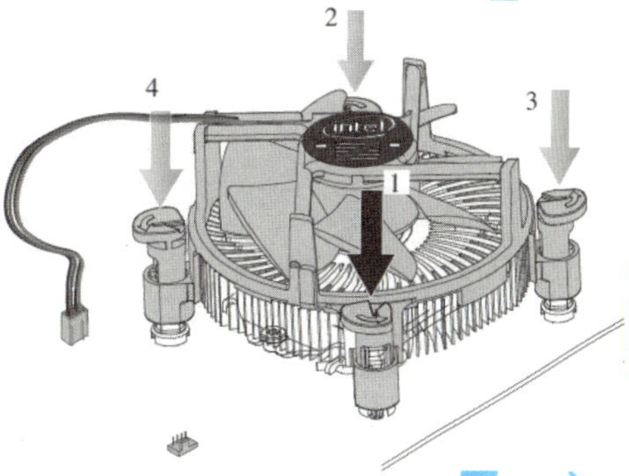

图8-15　下压扣具固定

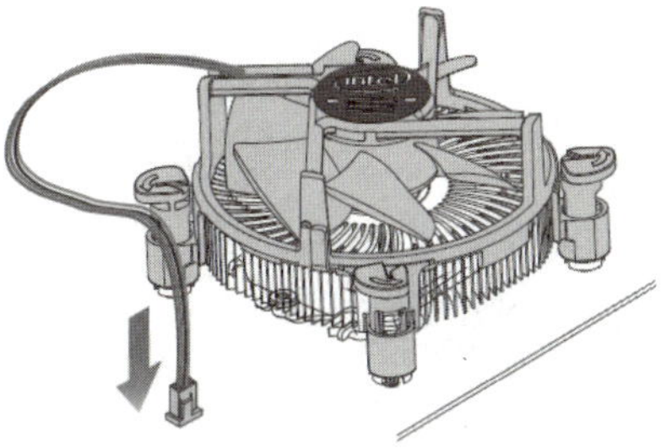

图8-16　连接风扇

图8-17　CPU散热风扇安装效果图

学习助手

在连接电源线的过程中，如果4针CPU风扇接头不可用，则可将处理器4线风扇电缆连接器连接到主板的3针CPU风扇接头上。

任务实施

1）取出主板，准备好CPU。取出主板，将主板轻轻放置在安装台上；准备好CPU，放置在旁边，如图8-18和图8-19所示。

图8-18　取出主板

图8-19　准备的CPU

2）拔开主板上CPU插槽的拉杆，打开挡板，如图8-20和图8-21所示。

图8-20　拔开拉杆

图8-21　打开挡板

3）观察缺口。观察CPU上的缺口位置和CPU插槽上的缺口位置，如图8-22所示。

图8-22　匹配CPU与插槽的缺口

4）安装CPU。将CPU放置在CPU插槽中，如图8-23所示。

图8-23　安装CPU

学习助手

插入CPU时要对准缺口，垂直放入CPU插槽中，要注意这时是让CPU自由落入插槽，不要施加过多外力，以免对CPU造成损伤。

5）拔下挡板，并压下插槽拉杆卡到CPU插槽上的卡扣上，如图8-24和图8-25所示。

图8-24　拔下挡板

图8-25　压下拉杆

6）在CPU与散热风扇上均匀涂抹硅胶，如图8-26所示。

图8-26　涂抹硅胶

学习助手

以往安装好CPU后，在安装散热风扇前，需要在CPU上涂抹一层散热硅胶，而现今散热硅胶均整合到散热风扇的构成中去了。一般不再需要单独涂抹硅胶。

7）安装CPU散热风扇，整个过程如图8-27～图8-32所示。

图8-27　CPU散热风扇

图8-28　对齐主板孔

图8-29　按下锁扣1

图8-30　按下锁扣2

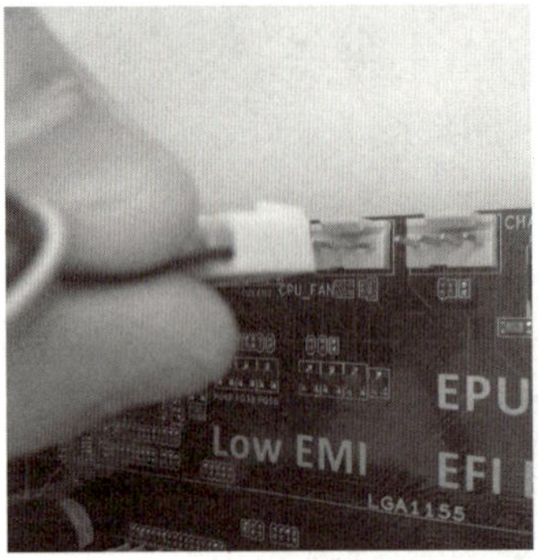

图8-31　连接散热风扇电源线

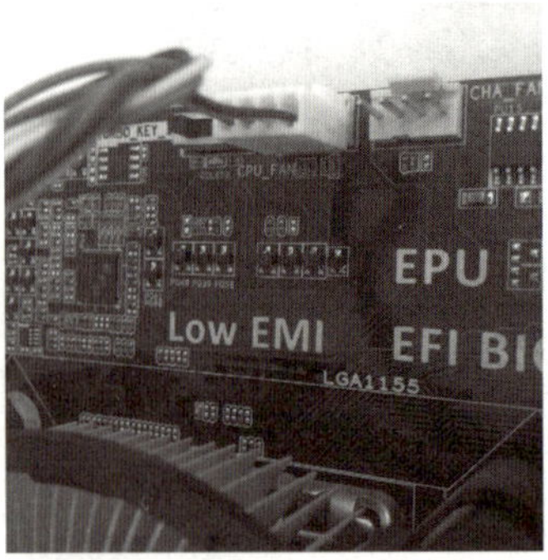

图8-32　完成电源线连接

任务3　安装内存条

任务分析

完成CPU与散热风扇的安装，是否觉得很有成就感？在本任务中，不仅完成安装内存的操作，还需要了解内存双通道技术和掌握双通道构成的方法。

理论知识

1）现今市场上主流内存条类型有DDR 4、DDR 3等，具体参考项目2与项目3。

2）安装内存条的关键是防插错缺口（卡口）的匹配，并卡紧内存条，如图8-33所示。

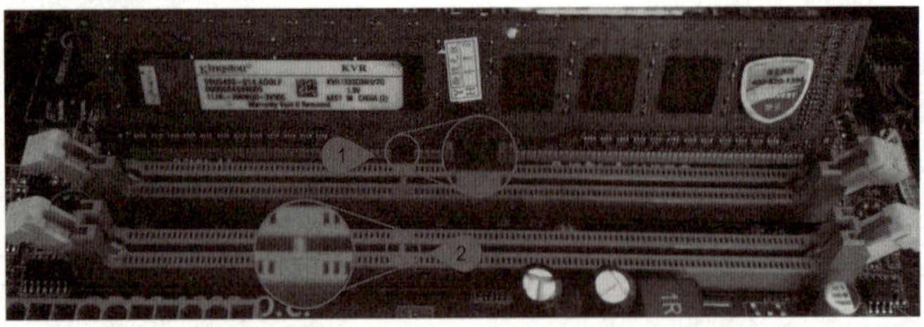

图8-33　内存条的防插错设计

3）安装内存条的步骤如下。

①拨开内存插槽两边的卡子。

②观察内存条与插槽的防插错设计。

③安装内存条。

④ 检查内存两边卡口是否卡紧。

任务实施

1）打开内存卡扣。将内存插槽两端的白色卡子向两边扳动至135°左右，如图8-34所示。

图8-34　打开内存卡扣

2）观察并对齐内存缺口与插槽卡口，如图8-35所示。

图8-35　观察防插错设计

3）在内存条两端均匀用力按下，安装内存条，如图8-36所示。

图8-36　下压内存条

4）检查卡扣是否卡紧。检查内存插槽两端卡口是否与内存条卡紧，如图8-37和图8-38所示。

图8-37　安装完成效果

图8-38　检查卡口是否卡紧

5）实现内存条的双通道技术，需要主板具备至少4个内存插槽（一般会用两色区别）。在同种颜色的内存插槽中，接入内存，就构成了内存双通道，如图8-39所示。

图8-39　内存双通道

学习助手

很多人认为构建内存双通道必须使用同品牌、同型号、同频率的内存。这种认识存在一定的误区。主要是早期技术不成熟，对构建双通道的内存要求比较严苛，才让大家产生了这样的印象。随着技术的不断发展，现在已经没有这些限制了。

任务4　连接机箱面板跳线到主板

扫描二维码观看视频

任务分析

看见机箱面板上延伸出来的各种接线，是否有种错综复杂的感觉？不用紧张，其实它们是用来控制机箱上各种开关、指示灯与接口的跳线，只要将它们正确连接到主板，就大功告成了。

理论知识

1）常见机箱面板跳线主要有总电源接线、重启线、硬盘指示灯跳线、电源指示灯跳线、报警喇叭跳线、前置USB接口跳线、前置音频接口跳线等，如图8-40～图8-43所示。

图8-40　开机重启及各指示灯跳线

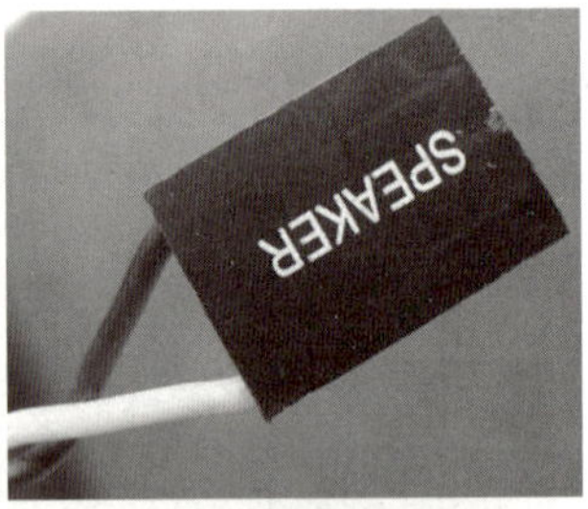

图8-41　开机报警喇叭跳线

图8-42　前置USB接口跳线

图8-43　前置音频接口跳线

硬派词汇

跳线是连接电路板两需求点的金属连接线，主要用于调整设备上不同电信号的通断关系，并以此调节设备的工作状态，如确定主板电压、驱动器的主从关系等。

2）各种接线对应的字母标识和功能见表8-2。

表8-2 各种接线对应的字母标识和功能

中文名称	英文标识	功能	正负区分
电源开关跳线	POWER SW；M/B SW	连接机箱前面的开机按钮	无正负
重启开关跳线	RESET SW；RESET；RST；RS；RE等	连接机箱前面的重启按钮	无正负
电源指示灯	POWER LED；PW LED；PWR LED；PLED+和PLED−等	连接电源指示灯	有正负
硬盘指示灯	HDD LED；HD；IDE_LED+和IDE_LDE−等	连接硬盘指示灯	有正负
扬声器	SPEAKER	连接主板工作异常报警器	有正负
前置USB接口	USB	连接机箱面板前置USB接口	有正负
前置音频接口	AUDIO；HD AUDIO；AC’97	连接机箱面板前置音频接口	有正负

学习助手

连接跳线时，要注意正负极，若将电源、硬盘指示灯正负极接反，则灯将不亮；若将扬声器、前置音频线正负极接反，则将不会发声。

3）目前主板市场上最流行的开关/复位/电源灯/硬盘灯/跳线插槽的跳线分布图如图8-44所示。

学习助手

在主板上跳线插槽的两端总是有一端会有较粗的印刷框，如图8-44所示，跳线的一号针就在这个位置。

4）对于跳线的连接，只要对应好主板上的英文标识，注意正负极即可。跳线示意图如图8-45所示。

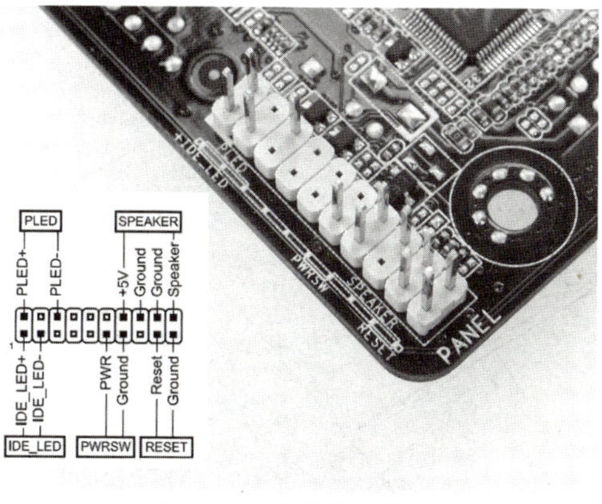

图8-44 跳线分布图

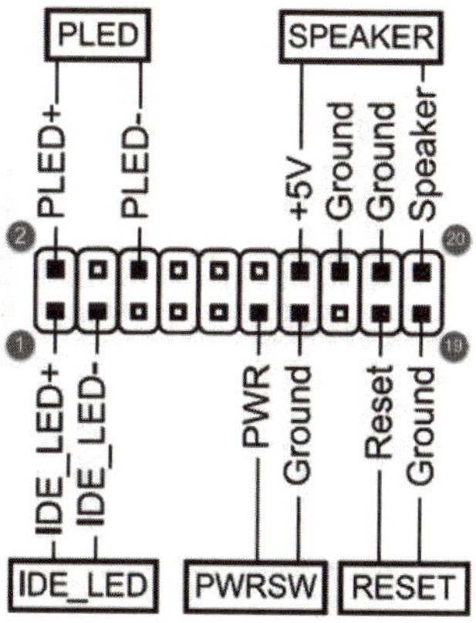

图8-45 跳线示意图

学习助手

在连接跳线的过程中，区分正负极的一般原则是：彩线为正，黑白线为负。如果主板上没有标注正负极，则连接的原则是正极线指向一号针。

5）扬声器（Speaker）跳线是一个4Pin的跳线（也只有它是4Pin），连接时只要注意英文标识匹配，正负极正确就可以，如图8-45所示。

6）现在市场上大多的前置USB接口跳线和前置音频线都进行了整合。在主板上，USB跳线接口和音频跳线接口都采用9Pin跳线接口。但USB跳线接口缺的是第9Pin，音频跳线接口缺的是第8Pin，如图8-46和图8-47所示。

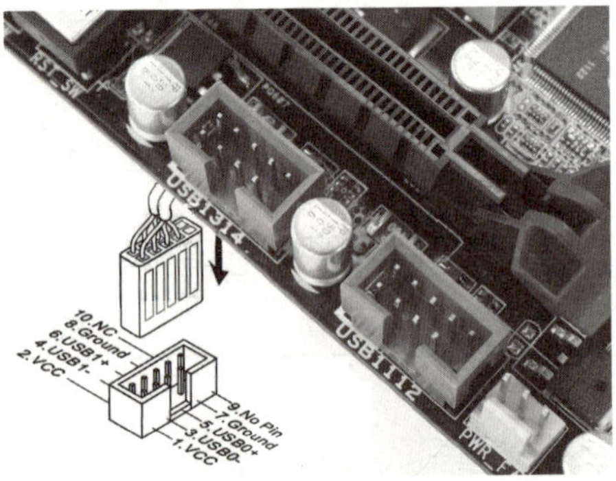

图8-46　USB 9Pin跳线接口

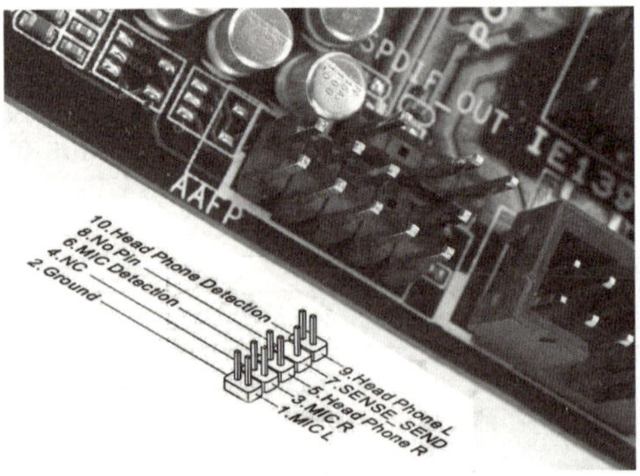

图8-47　音频8Pin跳线接口

学习助手

前置USB和前置音频跳线的一号针的确定方法同上面介绍的方法一样。在连接跳线时，只要注意缺针位置的对应即可。

学习助手

由于主板的品牌和型号比较多，因此在实际工作中要灵活应用上面介绍的方法解决问题。如果遇到特殊型号的主板，则可以参考主板说明书来完成工作。

任务实施

1）连接电源指示灯跳线至主板，如图8-48和图8-49所示。

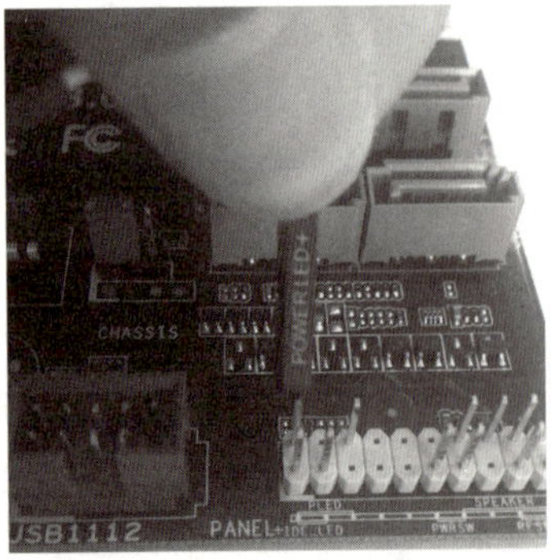

图8-48　连接电源指示灯正极

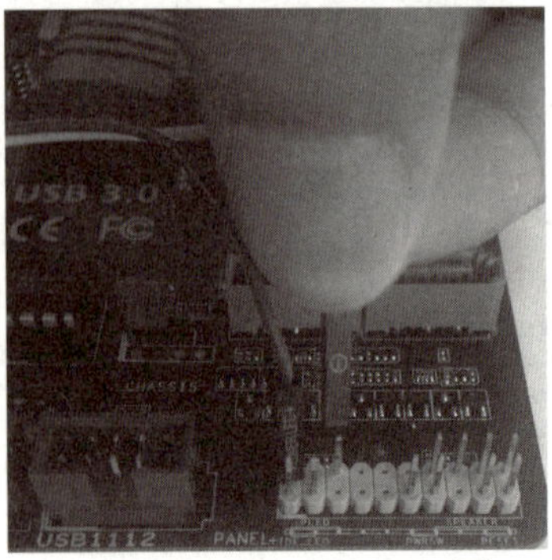

图8-49　连接电源指示灯负极

2）连接硬盘指示灯跳线至主板，如图8-50和图8-51所示。

图8-50　连接硬盘指示灯1

图8-51　连接硬盘指示灯2

3）连接电源开关跳线至主板，如图8-52和图8-53所示。

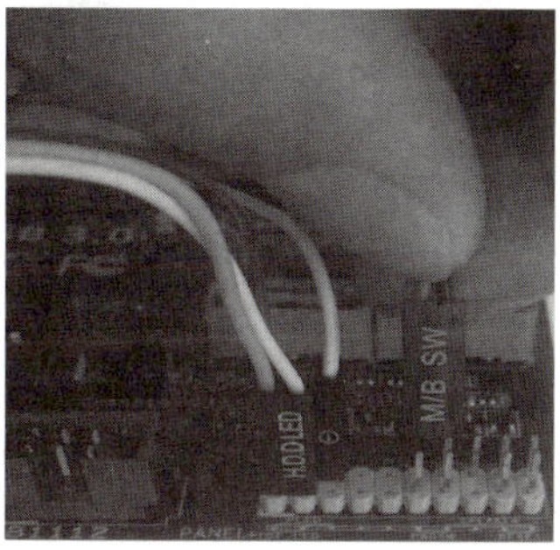

图8-52　连接电源开关跳线1

图8-53　连接电源开关跳线2

4）连接重启开关跳线至主板，如图8-54和图8-55所示。

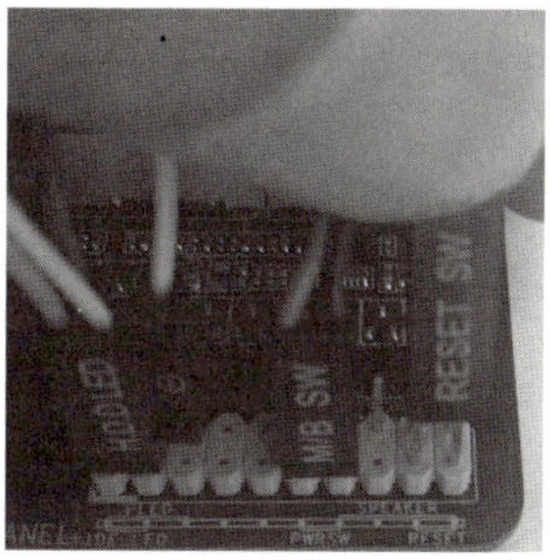

图8-54　连接重启开关跳线1

图8-55　连接重启开关跳线2

5）连接机箱前置USB接口跳线至主板，如图8-56和图8-57所示。

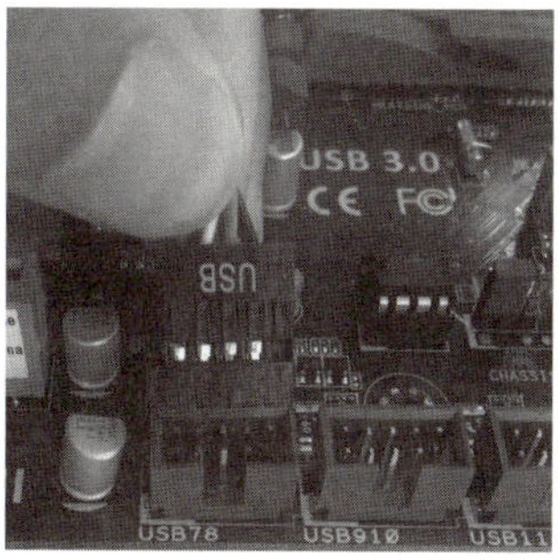

图8-56　连接前置USB接口跳线1

图8-57　连接前置USB接口跳线2

6）连接机箱前置音频接口跳线至主板，如图8-58和图8-59所示。

图8-58　连接前置音频跳线1

图8-59　连接前置音频跳线2

任务5　安装主板到机箱内

任务分析

主板是计算机的“骨架”，此时已经在其外围搭建好了CPU和内存条，接下来应用机箱将它保护起来—— 安装主板到机箱内。

理论知识

1）关于主板与机箱架构的相关理论知识，请参考项目4和项目5的内容。

2）主板安装的基本操作步骤如下。

①打开机箱盖板，根据主板的螺孔位置，机箱内安装垫脚螺母。

②为机箱更换主板原配挡板。

学习助手

很多同学可能认为一般机箱上已经有了挡板，是否有更换的必要。因为机箱上的挡板和主板侧面的接口并不一定匹配，所以只有使用主板包装中附带的原配挡板，才能更好地匹配主板接口。

③ 匹配接口位置，将主板放置到机箱内。

④ 拧紧螺钉，固定主板。

任务实施

1）观察主板板型结构，将机箱提供的主板垫脚螺母安装到机箱主板托架内需要的位置，如图8-60所示。

2）将机箱上的挡板更换为主板包装中附带的原配挡板，如图8-61和图8-62所示。

3）将主板装入机箱，并用螺钉固定，如图8-63和图8-64所示。

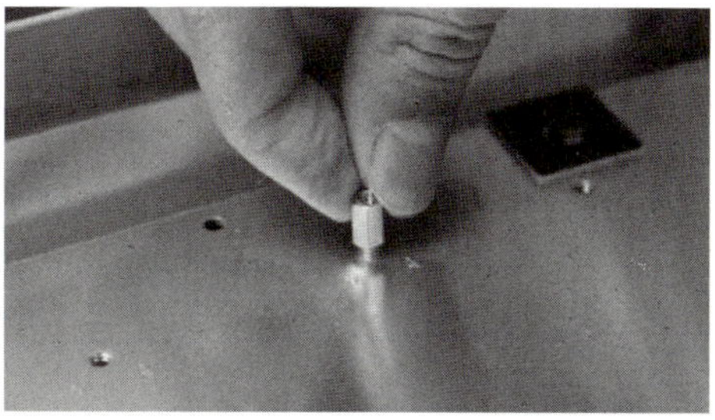

图8-60　安装垫脚螺母

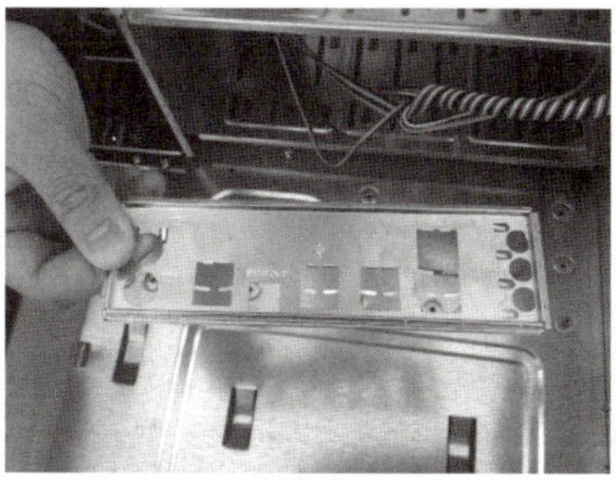

图8-61　更换挡板

图8-62　安装原配挡板

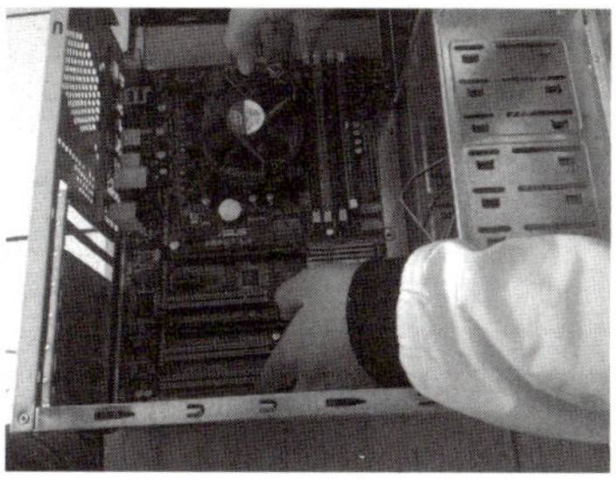

图8-63　将主板装入机箱

图8-64　固定主板

学习助手

固定主板时，要将主板接口对准挡板，并且要轻拿轻放，对准螺孔。固定螺钉时，一般要遵循“对角优先”和“先松后紧”的原则。

课外作业

一、理论填空题

1．装机前需要做好哪些准备工作？

1）____。

2）____。

3）____。

2．在安装计算机的过程中，CPU、风扇、内存条、主板、机箱面板跳线的安装顺序是：①__________；②__________；③__________；④__________；⑤__________。

3．安装CPU的关键技巧是____。

4. 为下面列出的Intel CPU的安装步骤进行排序，构成正确的CPU安装步骤。

__________打开承载板。

__________放下承载板压下拉杆。

__________取下插槽保护盖。

__________拨开拉杆。

__________安装CPU。

5. 简述Intel散热风扇的安装步骤。

1）____。

2）____。

3）____。

6. 现今市场上主流内存条类型有__________、__________等。

7. 安装内存条的关键是____。

8. 具体安装内存条的步骤可以分为以下几步。

1）______________________________。

2）______________________________。

3）______________________________。

4）______________________________。

9. 常见机箱面板跳线主要有__________接口跳线、__________线、__________接口跳线、__________接口跳线、报警扬声器接口跳线、USB接口跳线、音频接口跳线等。

10. POWER SW是__________接线；RST是__________接线；PW LED是__________接线；HDD LED是__________接线；SPEAKER是__________接线；HD AUDIO是__________接线。

11. 扬声器（Speaker）跳线是一个__________Pin的跳线接口，前置USB接口线和前置音频线都采用__________Pin的跳线接口。

12. 主板安装的基本操作步骤如下。

1）____。

2）____。

3）____。

4）____。

二、实践应用题

1. 请同学们通过网络了解AMD AM3+插槽的CPU安装技巧，并通过Word文档形成图文报告。

2. 完成台式机内存条的拆装操作。可以在自己或者同学的台式计算机上进行该操作，并通过Word文档形成图文报告（注意用电安全及设备安全）。

3．通过实际观察，了解自己或者同学的台式计算机中机箱面板跳线的连接情况，并通过Word文档形成图文报告（注意用电安全及设备安全）。

4．有条件的情况下，在实训室中完成CPU、内存条、主板及相关机箱面板跳线的连接与安装（注意用电安全及设备安全）。

三、课外拓展题

1．通过上网查询，了解水冷散热器的品牌、工作原理及安装方法，并通过Word文档形成图文报告。

2．通过网上查询，了解笔记本式计算机内存条与台式计算机内存条的区别，掌握笔记本式计算机内存条的安装方法，并通过Word文档形成图文报告。

3．在市场上的笔记本式计算机中，常出现低压版的内存条。它与正常内存条有什么不同之处？为何要选择低压版内存条？请同学们上网查询相关资料后，回答以上问题。

项目9　安装台式计算机硬件（二）

项目难度： ★★★★☆
项目课时： 4学时
角色职业岗位： IT产品销售与装机员

项目描述

在公司新规定实施的半个多月里，子俊通过自己的钻研和前辈的指导，基本掌握了台式计算机硬件的安装技巧。在这个过程里，子俊通过若干次为客户安装计算机，使得自己的操作越来越娴熟，安装速度也越来越快。在本项目中，子俊将独立完成客户下列部件的安装。

1）客户购买了两块1TB容量的SATA接口硬盘，需要完成双硬盘的安装。

2）客户购买了两块显卡，希望构建双显卡“交火”（多张显卡同时在一部计算机上并排使用，可增加运算效能），完成显卡安装。

3）为客户安装主机电源、连接数据线与电源线、连接其他外部设备接线。

项目分析

在本项目中，主要完成硬盘、电源、显卡及各种连接线的安装。这些部件的安装看似简单，但子俊在开始接触时，花费了不少时间查找资料和向前辈请教。特别是对于双硬盘与双显卡等个性需求，要勇于探索，敢于尝试。根据一般的安装顺序，本项目分解成如下5个子任务。

任务单

1	安装双硬盘
2	安装主机电源
3	安装显卡
4	连接数据线与电源线
5	连接外部设备接线

匠心养成·炼铸专业核心素养

勇于探索

项目实施

任务1　安装双硬盘

扫描二维码观看视频

任务分析

硬盘是计算机数据存储的“仓库”，任务要求安装两块1TB的硬盘，把“仓库”扩大一倍。

理论知识

1）关于硬盘的认识、接口类型等知识，请参考项目1和项目2。

2）硬盘安装的一般步骤如下。

①将硬盘安装到机箱内的硬盘托架上，并对准硬盘托架上的固定螺孔，如图9-1所示。

② 拧紧螺钉，将硬盘固定在硬盘托架上，完成硬盘的安装，如图9-2所示。

图9-1　放置硬盘至托架

图9-2　固定硬盘

学习助手

由于普通硬盘的盘片在高速转动时会产生一定的抖动，为了硬盘在机箱内稳定地工作，在固定硬盘螺钉时，不可偷懒只固定两颗螺钉，一定要固定两侧全部螺钉（共4颗）。

大国奋进·感悟中国科技发展

国产存储芯片强者：从0起步，4年追上三星，拿下全球4%的份额

长江存储成立于2016年。当时国内成立了长鑫存储、长江存储、福建晋华这三大内存中心，长江存储主攻NAND闪存芯片，用于手机、电脑等存储产品。2017年，长江存储才研发出第一代32层的MLC产品，当时是严重落后于三星、SK海力士、美光等厂商的，毕竟这些厂商已经有几十年的历史，而长江存储是完全从0开始。

2018年，长江存储得到了一个弯道超车的机会，推出了Xtacking技术，这个技术相当于一种3D技术，能够在同样的芯片面积内，塞进更多的晶体管，从而提高NAND闪存的容量等。2019年，长江存储推出了64层TLC技术。2020年，长江存储推出了128层TLC和QLC技术。2021年，长江存储的128层堆叠的TLC产品全面量产，并获得了大量SSD厂商的支持，比如海康威视、紫光、阿斯加特等。

从测试的结果来看，使用长江存储128层堆叠产品的SSD产品，毫不逊色于三星、SK海力士等同样128层TCL的产品，性能水平基本一致。甚至连Techinsights的评测专家都表示，长江存储的128层工艺在容量、位密度和I/O速度方面实现了行业领先的新标准。

所以长江存储的全球市场份额，也迅速地从2017年时的0%到了2021年的4%，再到2022年预计的7%。

长江存储是真正的中国芯，它的崛起意味着国内可以少进口存储芯片，减少对三星、

SK海力士、美光的依赖。通过长江存储，也证明，只要肯干，所谓的落后、起步晚都不是借口，在芯片领域中国企业一样可以追上全球巨头。

任务实施

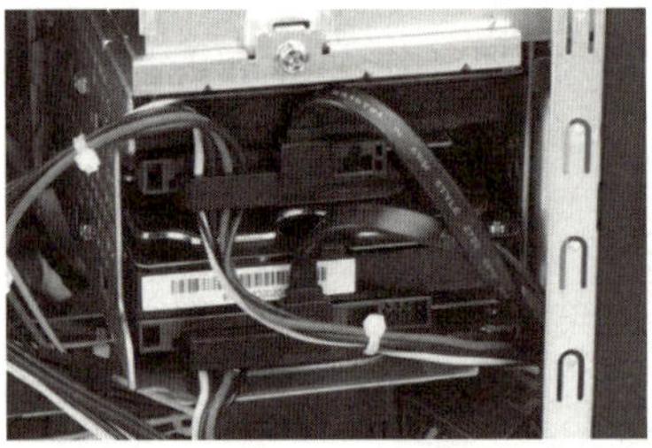

图9-3　串口双硬盘安装

学习助手

由于串口双硬盘安装不像IDE硬盘需要区分主盘与从盘，因此只需要分别给硬盘连接好电源线与数据线即可。如图9-3所示。

任务2　安装主机电源

任务分析

主机电源是整个计算机的电能来源。只有安装好电源，才能为计算机各部件进行统一供电。虽然安装的过程略显简单，但仍然有一些技巧。接下来跟随子俊一起完成这个任务吧。

扫描二维码观看视频

理论知识

1）了解电源的外形和结构，具体参考项目1。

2）了解电源的各类电源线接口，具体参考项目5。

3）安装电源的一般步骤如下。

①观察机箱与电源，确定电源的安装位置与方向。

②将电源装入机箱，并对准机箱与电源螺孔，如图9-4所示。

③拧紧螺钉，完成电源的固定安装，如图9-5所示。

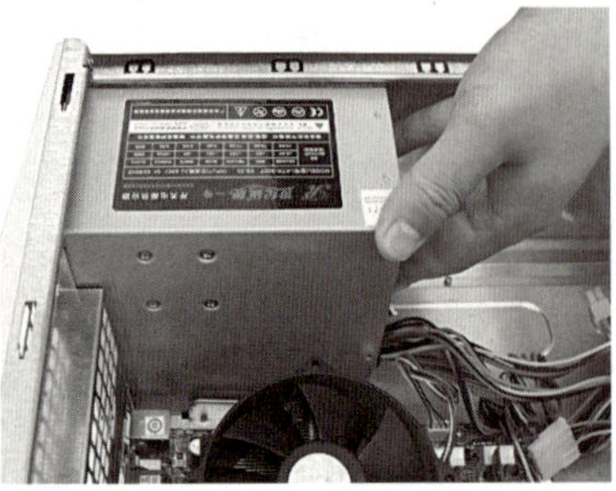

图9-4　安装电源

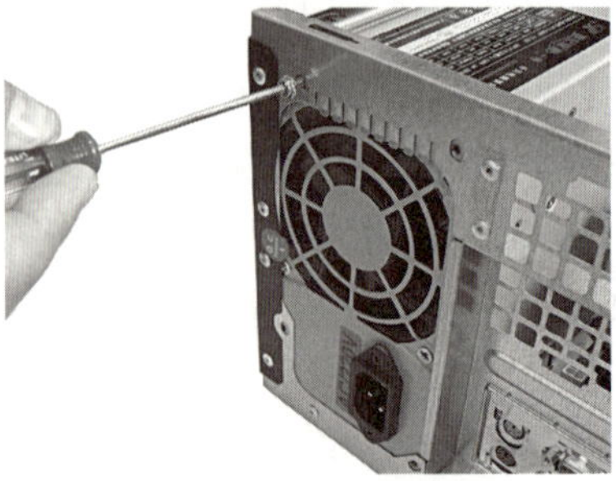

图9-5　固定电源

任务实施

子俊根据客户的需求完成主机电源的安装。

任务3 安装显卡

任务分析

安装双显卡并完成“交火”技术是现今在游戏发烧友中非常流行的配置。通过两块显卡的共同工作，使得游戏画面质地更细腻、运行更加流畅、特效显示更加完美。很多人是否忍不住也想要准备升级显卡了？不要着急，先来了解本任务是如何实现双显卡“交火”技术的。

理论知识

1）了解显卡的外形结构，接口类型等知识，参考项目1和项目4。

2）安装显卡的一般步骤如下。

①拆卸扩展挡板，如图9-6所示。

②观察显卡接口类型，如图9-7所示。

③对准相应插槽，安装显卡，如图9-8所示。

④固定显卡，如图9-9所示。

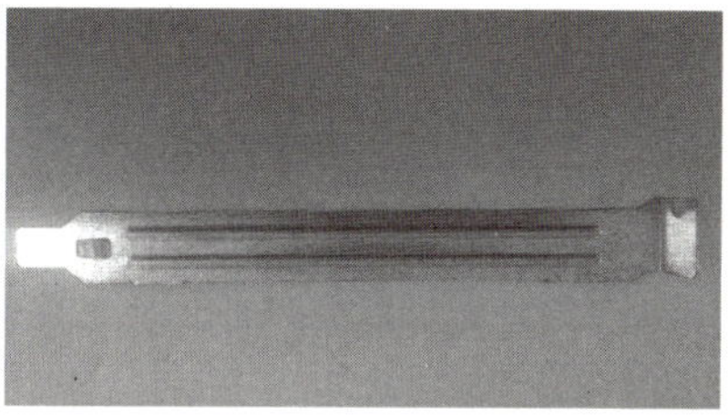

图9-6 拆卸扩展挡板

图9-7 观察显卡接口类型

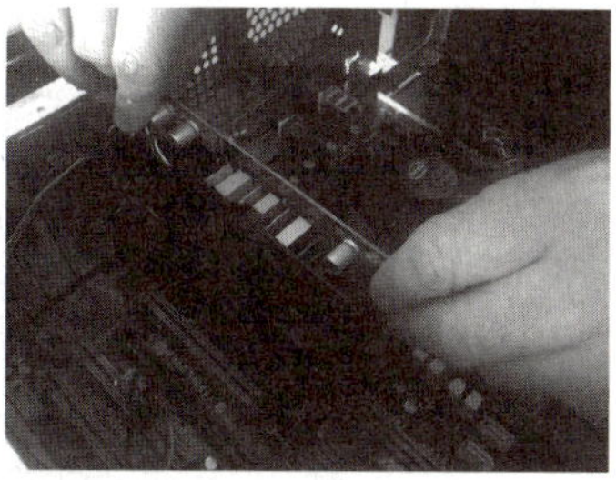

图9-8 安装显卡

图9-9 固定显卡

3）流行的显卡技术有“交火”技术、SLI技术等。

硬派词汇

交火（Cross Fire）技术是ATI公司的一项多重GPU技术。它可以支持多块显卡同时在一台计算机上并行使用，从而增加运算效能，提高显示效果。Cross Fire技术于2005年6月1日在Computex Taipei 2005正式发布，并已经过了多次修订。

硬派词汇

可升级连接接口（SLI）技术是英伟达公司的专利技术。它通过一种特殊的接口连接方式，在支持双PCI Express X 16的主板上，同时使用两块同型号的PCI-E显卡。从而有效地提高了计算机整体的显示效能。

任务实施

1）将显卡分别安装在主板PCI-E X16插槽中，如图9-10所示。

2）连接显卡供电线路。将电源的PCI-E供电线与显卡相对应接口进行连接，如图9-11所示。

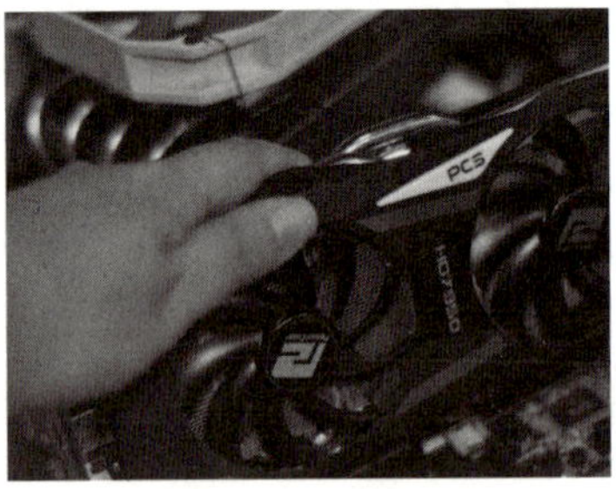

图9-10 安装显卡

图9-11 连接显卡供电线路

学习助手

在该显卡的“交火”中，需要4个PCI-E供电线接口。如果你的电源只支持两个PCI-E供电线，那么将无法组建双显卡“交火”系统。因此，在构建“交火”前，需要考虑电源的兼容情况。

3）准备Cross Fire桥接配件。该配件是随显卡附赠，可在显卡包装盒里找到，如图9-12所示。

4）将Cross Fire桥接配件分别安装在两块显卡的对应接口上，如图9-13所示。

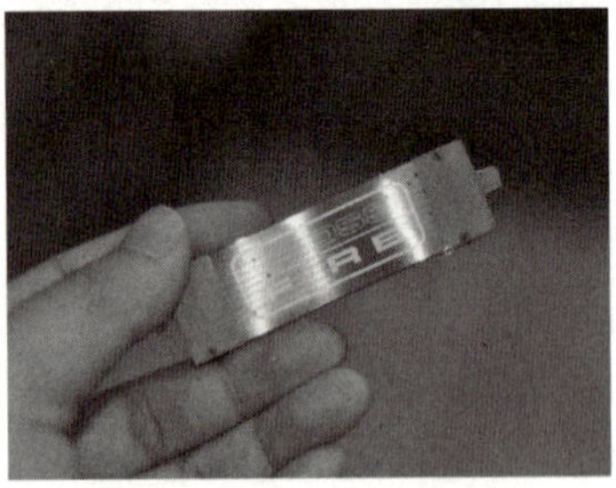

图9-12 准备桥接配件

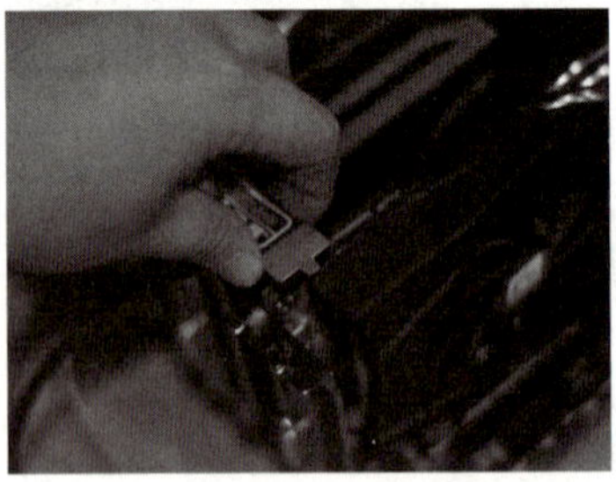

图9-13 连接桥接配件

学习助手

由于桥接配件长度有限，因此如果主板有多个PCI-E X16插槽，则需要考虑两块显卡之间的距离。不能出现因距离相隔太远而导致桥接配件无法连接的情况。

5）固定显卡。

任务4　连接数据线与电源线

扫描二维码观看视频

任务分析

数据线是计算机传输数据的“高速公路”，电源线是连接各设备的“供电网络”。只有连接好数据线和电源线，计算机中的各部件才能正常工作。在本任务中，子俊需要完成计算机各部件之间数据线与电源线的连接。

理论知识

1）了解和认识各类数据线及电源接口，具体参考项目2。

2）一般需要连接数据线的硬件有硬盘、主板等。

3）常见的需要电源供电的硬件设备有主板、CPU、硬盘等。

4）常见SATA接口硬盘数据线连接方法如图9-14和图9-15所示。

图9-14　连接主板SATA接口

图9-15　连接硬盘SATA数据线接口

5）常见的电源线连接方法如图9-16～图9-19所示。

图9-16　连接串口电源线

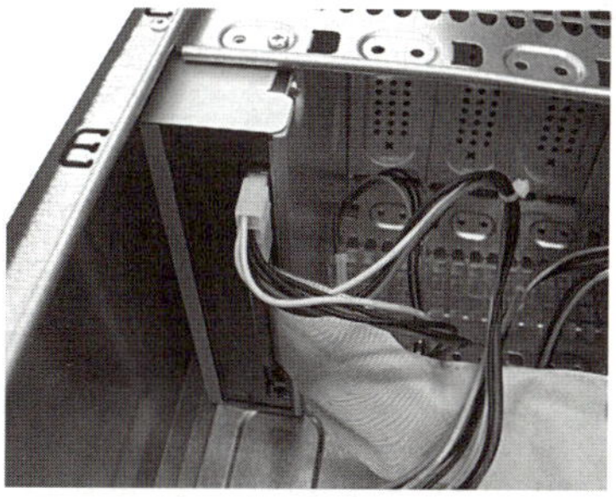

图9-17　连接并口电源线

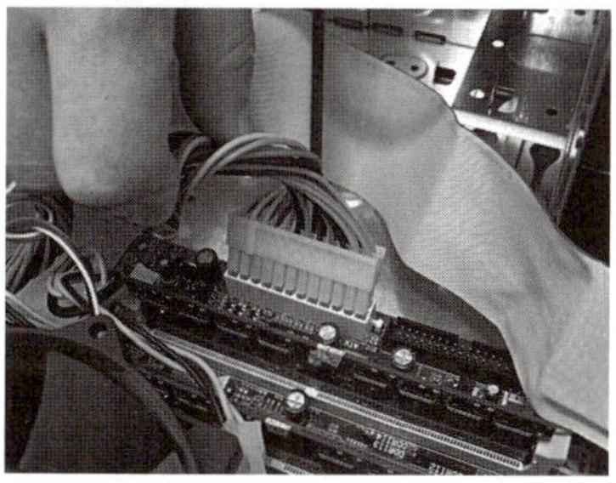

图9-18　连接主板电源线

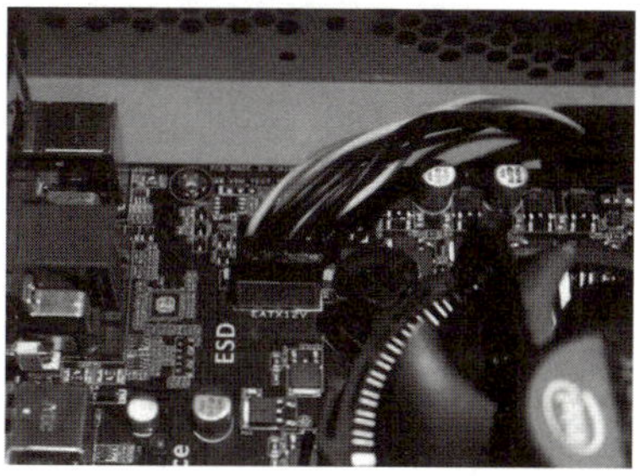

图9-19　连接CPU供电线

任务实施

子俊根据实际需求为客户的计算机器连接各数据线与电源线。

任务5　连接外部设备接线

任务分析

主机内的硬件设备各类线路连接好之后，还要同外部设备进行连接，如显示器、键盘鼠标、打印机等。在本任务中，子俊将完成计算机其他外部设备之间的接线连接。

理论知识

1）了解各类连接线的外形、接口等知识，具体参考项目2。

2）常见的外部设备接线有显示器与显卡的连接线、键盘鼠标与主板的连接线、耳机音箱与声卡的连接线、主机电源的220V供电线等。

3）常见的显示器与显卡的连接线有VGA线、DVI线、HDMI线等，如图9-20～图9-22所示。

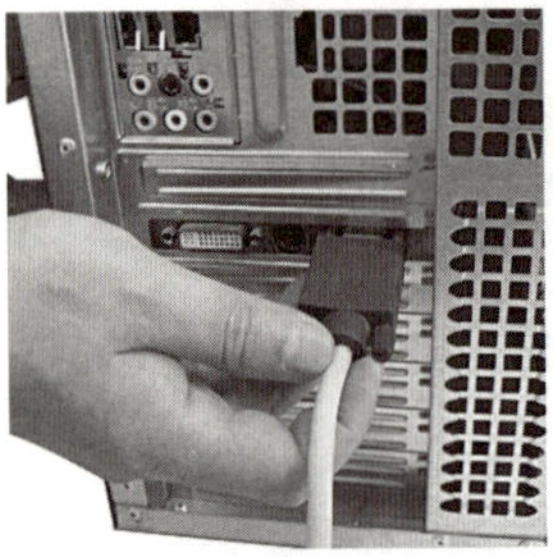

图9-20　连接VGA线

图9-21　连接DVI线

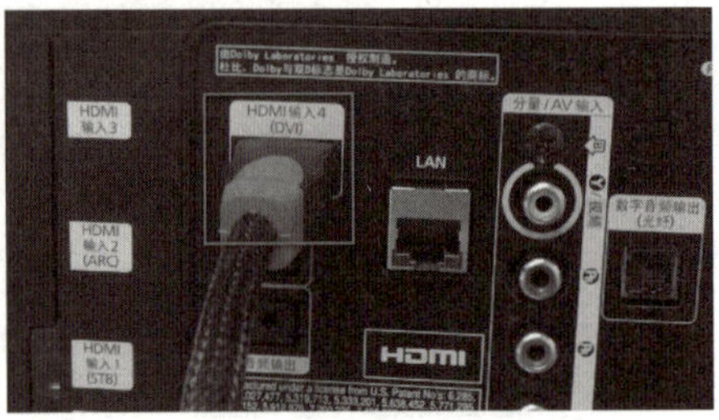

图9-22　连接HDMI线

学习助手

各种接口的连接线均有防插错设计，连接时仔细些，均不会有太大难度。但VGA与DVI接头两侧均有固定螺母，需要拧紧固定。

4）常见的键盘鼠标接口有PS/2接口和USB接口。其连线如图9-23和图9-24所示。

图9-23　连接PS/2接口键盘线

图9-24　连接USB接口鼠标线

学习助手

对于PS/2接口的键盘和鼠标，一般键盘使用紫色接口，鼠标使用绿色接口。

5）常见的连接音频输出线如图9-25所示；网线连接如图9-26所示。

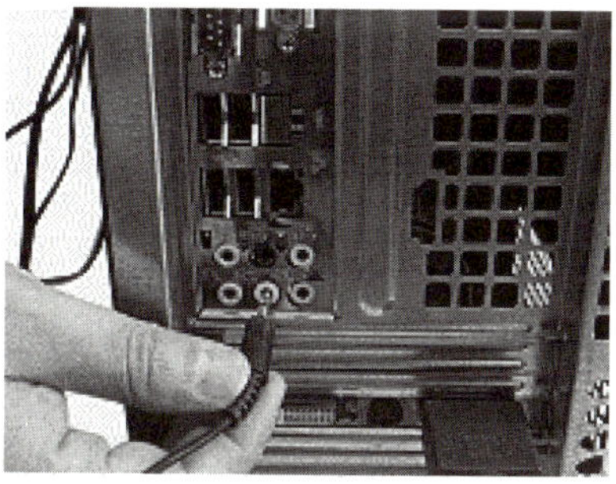

图9-25 连接音频输出线

图9-26 网线连接

6）计算机主机220V电源供电线的连接如图9-27和图9-28所示。

图9-27 计算机主机电源供电线

图9-28 连接主机电源供电线

7）最后盖上主机侧面板，完成计算机硬件的组装。

任务实施

子俊根据客户的需求，指导客户进行外部连接线的连接，并为客户安装打包好各部件，以便客户回家后连接使用。

课外作业

一、理论填空题

1．安装硬盘的一般步骤如下。

1）____。

2）____。

2．硬盘IDE接口一般称之为__________口；硬盘SATA接口一般称之为__________口。

3．安装电源的一般步骤如下。

1）____。

2）____。

3）____。

4．安装显卡的一般步骤如下。

1）____。

2）____。

3）____。

4）____。

5．现今支持双显卡的技术有__________技术与__________技术。

6．主机中常见的需要连接数据线的设备有__________、__________、__________。

7．常见的需要电源供电的硬件设备有__________、__________、__________等。

8．现今常见的数据线是__________接口的数据线。

9．常见的外部设备接线有____________、____________、耳机音箱与声卡的连接线、__________等。

10．常见的显示器与显卡的连接线有__________线、__________线、__________线等。

二、实践应用题

1．如果条件允许，在老师的指导下，完成老旧计算机主机的拆装训练，熟悉主机拆装的流程与注意点。

1）主机的安装流程是：

2）主机的拆卸流程是：

3）操作的安全要点有：

2．在条件允许的情况下，以小组为单位完成自己或者同学主机的拆装操作，并通过Word文档形成图文报告。（注意用电安全与设备安全）

三、课外拓展题

请同学们调研双显卡技术Cross Fire与SLI，了解它们的起源、发展及特点，掌握实践中这两种技术的实现与效果。以小组为单位，最终形成PPT调研报告，并进行汇报。

项目10　升级笔记本式计算机的硬件

项目难度：★★★☆☆

项目课时：2学时

角色职业岗位：IT产品销售与技术员

项目描述

公司随着业务的发展，取得了联想笔记本式计算机的区域代理权。子俊所在的门店也开始销售联想各系列笔记本式计算机。随着近年来内存与固态硬盘的价格下降，许多追求高性能的用户开始有了升级笔记本式计算机的需求。子俊在工作过程中就遇到了一些有升级需求的客户。常见的典型升级需求如下。

1）客户觉得笔记本式计算机中标配的内存较小，需要添加一根4GB内存，以使笔记本式计算机拥有8GB的内存。通过这样提高内存的方式，有效提高笔记本式计算机的性能。

2）客户觉得机械硬盘存取数据的能力较慢，随着固态硬盘的价格下降，他们想将操作系统、应用软件安装到固态硬盘，从而大幅提高笔记本式计算机的性能。而机械硬盘就让其专门承担数据存储的功能，即构建SSD与HDD双硬盘的存储架构。

项目分析

现今是电子产品高速发展的时代，IT硬件产品更新换代周期越来越短。“升级”在IT产品爱好者中间是个永恒的话题。无论是内存的升级，还是当前固态硬盘的升级热，都是通过硬件升级来使硬件性能得以大幅提高。针对一些老旧笔记本升级的时候，要有创新意识，利用创新思维实现个性需求的升级。本项目主要介绍笔记本式计算机的常见硬件升级。本项目分解成如下3个子任务。

任务单

1	准备工具与拆解外壳
2	升级笔记本式计算机的内存
3	升级硬盘位固态硬盘

匠心养成·炼铸专业核心素养

创新意识

项目实施

任务1　准备工具与拆解外壳

扫描二维码观看视频

任务分析

笔记本式计算机与台式机相比，受到体积与空间的影响，其机体外壳设计上更加缜密。在进行拆解时不如台式机那样简单。在拆解过程中需要使用一些专用工具，以免对其塑料外壳造成伤害。在本任务中，子俊需要为笔记本式计算机的硬件升级准备好工具，并拆解其外壳。

理论知识

1）俗话说，“工欲善其事，必先利其器”，拆装笔记本式计算机同样需要专用的工具，比如专用螺钉旋具和各种批头、镊子、撬棒或拆机片、屏幕吸盘等。使用这些专用工具，可以有效提高操作的效率和安全性，起到事半功倍的效果，如图10-1所示。

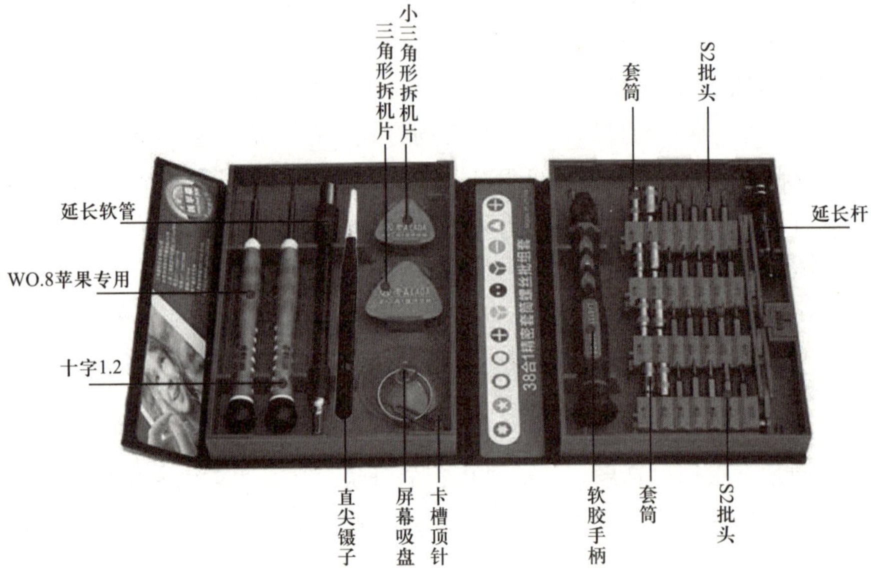

图10-1　拆卸专用工具箱

2）拆解外壳是对笔记本式计算机内部操作的第一步，各品牌笔记本式计算机之间的拆解方式略有差异，但基本操作大同小异。

3）常见的拆解外壳步骤如下。

①关机并切断电源，取出电池。

学习助手

对于老款笔记本式计算机，关机后需要卸下电池，并再按一下开机按钮，放空余电；对于新款笔记本式计算机，将电池整合到笔记本内部，拆开外壳后，优先拆解电池。

②查找固定螺钉，并拆解螺钉。

学习助手

拆解外壳螺钉，需要参考官方操作指南，因为有些是明装螺钉，有些则因为设计原因，采用暗装螺钉。这个是需要特别关注的，否则会给拆解带来阻碍。

③用撬棒拆解外壳。

学习助手

在设计外壳时，为取得更好的固定效果，四周均采用塑料卡扣来固定外壳。拆解时需要使用撬棒或拆机片进行拆解，避免对外壳造成损坏。

4）拆解外壳后，笔记本式计算机的内部布局如图10-2所示。其中各标注的部件为：①散热风扇、②内存条、③无线模块、④主板、⑤硬盘、⑥电池。

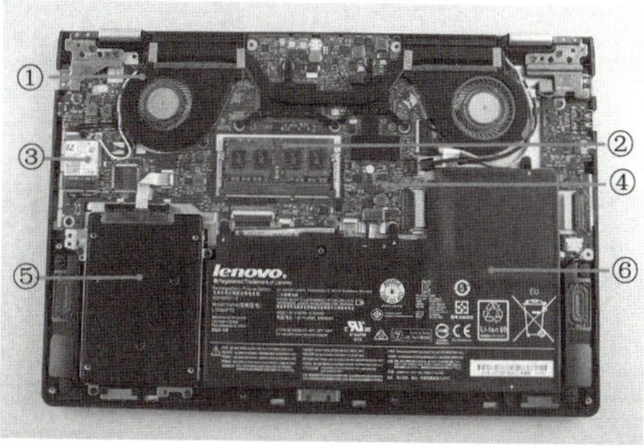

图10-2 笔记本式计算机的内部布局

大国奋进·感悟中国科技发展

量子计算机——九章与祖冲之

量子计算机是一种可以实现量子计算的机器，它通过量子力学规律以实现数学和逻辑运算，处理和储存信息。

2017年，潘建伟团队构建了世界首台超越早期经典计算机（ENIAC）的光量子计算原型机。2020年12月4日，中国科学技术大学宣布该校潘建伟等人成功构建76个光子的量子计算原型机“九章”，其输出量子态空间规模达到了10^{30}。同天，国际学术期刊《科学》发表了该成果，审稿人评价这是“一个最先进的实验”“一个重大成就”。

2021年10月26日，中国的量子计算机研究再次取得突破，“九章”和“祖冲之号”两台量子计算机升级了。九章二号的多光子量子干涉线路与探测到的光子数都有增加，前者从以前的100维度增加到了144维度，还具备了相位可编程功能，在高斯玻色取样方面的处理速度要比超级计算机快亿亿亿倍。

我国在量子技术领域取得了巨大的技术突破，远远不止量子计算机，而且量子通信、量子雷达、量子无人机，包括量子芯片，都成为中国在这一技术领域的最新成果，可以说西方国家至今还没有摸透相关技术，而中国却已经进入实用阶段。另外，百度公司之前发布了“乾始”量子计算机，及全球第1个全平台量子计算软硬件一体化方案“量羲”。

任务2　升级笔记本式计算机的内存

任务分析

现今应用软件特别是游戏软件对于计算机内存的需求越来越大，从早期的1GB、2GB，到现今的4GB、8GB甚至16GB。正因如此，再加之内存价格的持续降低，造成内存升级的是现今普遍存在的现象。在本任务中，子俊将完成笔记本式计算机的内存升级安装。

理论知识

1）根据内存适用的计算机类型，可以分为台式机内存与笔记本式计算机内存，两者在外形上有细微差别，如图10-3和图10-4所示。

图10-3　台式机内存

图10-4　笔记本式计算机内存

观察思考

笔记本式计算机内存同台式机内存之间有何区别？

2）由于笔记本式计算机追求更高的空间利用率，因此在安装后内存基本呈平躺状态，如图10-5所示。

3）笔记本式计算机内存条的拆卸方法如下。

①同时向两侧拨开内存拉杆，如图10-6所示。

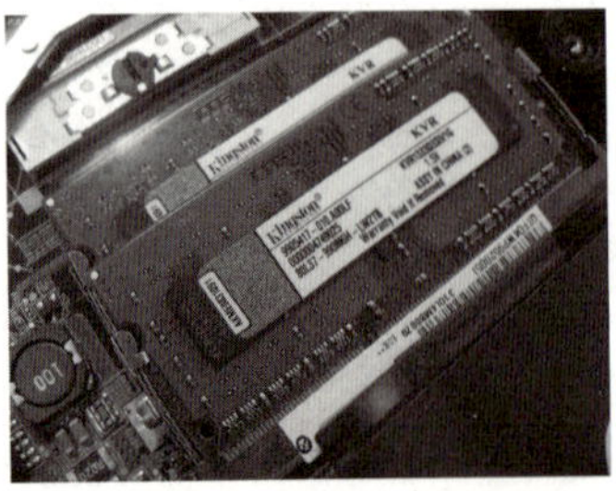

图10-5　笔记本式计算机内存的安装状态

图10-6　内存拆卸示意图1

②内存会自动弹出，如图10-7所示。

③向外取出内存条，取出后的内存条如图10-8所示。

图10-7　内存拆卸示意图2

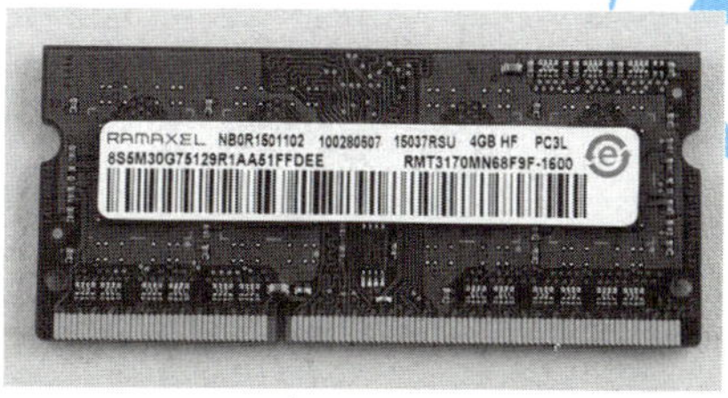

图10-8　笔记本式计算机内存条

4）笔记本式计算机内存条的安装方法如下。

① 观察内存条插槽中凸出卡子的位置，如图10-9所示。

② 内存条上的缺槽对准凸出的卡子，插入内存条，并下压固定，如图10-10所示。

图10-9　观察凸出卡子位置

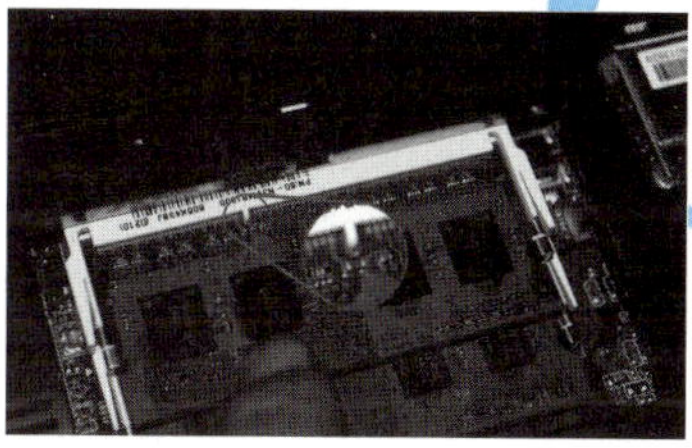

图10-10　插入内存条

任务实施

1）了解客户笔记本式计算机的品牌与型号，并查询该款其具体的内存插槽参数。

2）确定内存升级方案。

3）安装并升级内存。

任务3　升级硬盘位固态硬盘

任务分析

固态硬盘的出色性能造就了现今市场上的固态热。但由于其价格仍然较高，用户在升级固态硬盘时需要考虑性价比。在本任务中，子俊将采用“SSD+HDD”的方式，来为用户构建高性价比的硬盘。

理论知识

1）现今市场上常见的固态硬盘有三种类型：一是mSata接口的卡式固态硬盘，如图10-11所示；二是SATA接口的盒式固态硬盘，如图10-12所示；三是M2（NGFF）接口的卡式固态硬盘，如图10-13所示。

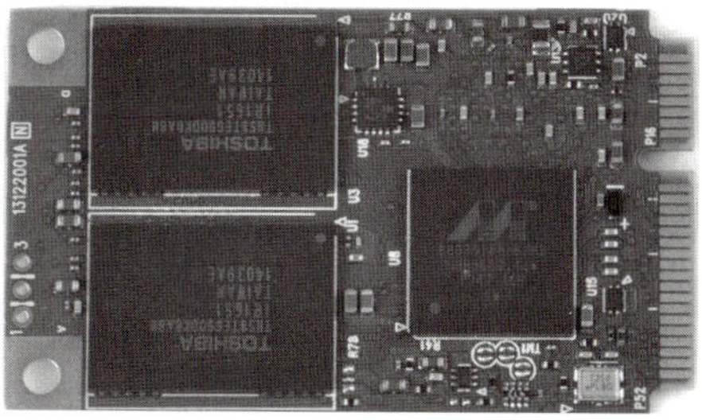

图10-11　mSata接口的卡式固态硬盘

图10-12　SATA接口的盒式固态硬盘

图10-13 M2（NGFF）接口的卡式固态硬盘

学习助手

三种类型的SSD均可以用来对笔记本式计算机的硬盘进行升级，只是使用mSata接口的固态硬盘前，一定要判断其主板上是否预留空闲的mSata接口，同时要判断空间是否足够，选择全高mSata固态硬盘（见图10-11）还是选择半高mSata固态硬盘（见图10-14）更合适。

图10-14 半高mSata固态硬盘

2）现今市场上普通用户用来升级的固态硬盘大多为2.5in（1in=2.54cm）、SATA接口的固态硬盘，由于其与普通笔记本式计算机硬盘的尺寸与接口一致，因此升级为固定硬盘时直接更换原机械硬盘即可。

学习助手

固态硬盘的速度快是其最大优势，但容量小、价格高；机械硬盘速度虽然慢，但容量大、价格低。在硬件升级中，如何做到“鱼与熊掌兼得”呢？如果笔记本式计算机有光驱位，则一般通过使用光驱位硬盘托架来解决，如图10-15所示。

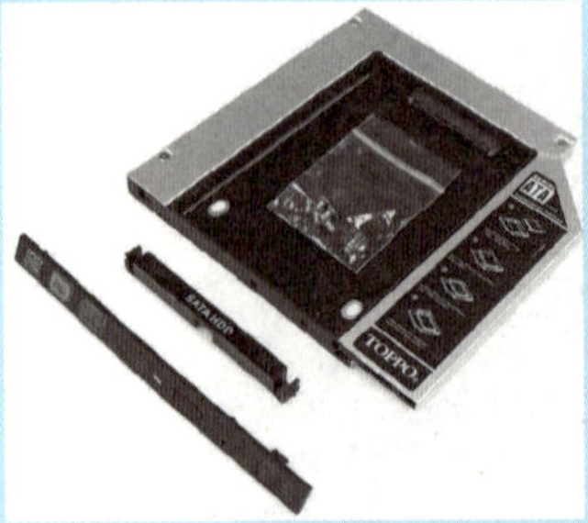

图10-15 光驱位硬盘托架

3）一般笔记本式计算机硬盘的拆卸方法如下。

①拆卸硬盘托架上的固定螺钉，如图10-16①处所示。

②沿着图10-16中②处所示的方向，拔出硬盘。

③拆卸后的硬盘如图10-17所示。

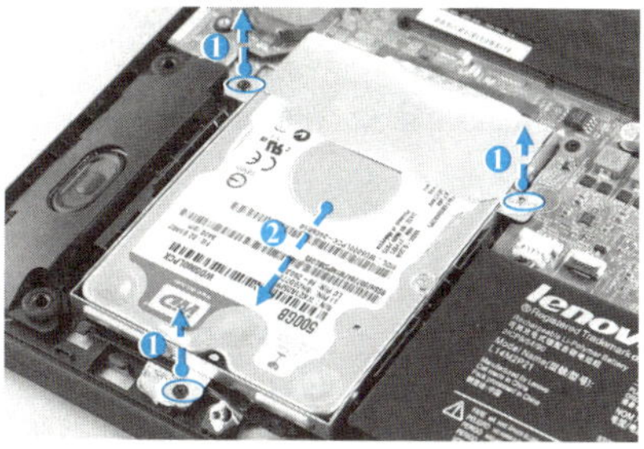

图10-16　硬盘拆卸示意图

图10-17　拆卸后的硬盘

4）笔记本式计算机硬盘的安装方法如下。

笔记本式计算机硬盘的安装方法是拆卸的反向过程，基本操作是类似的。

①观察硬盘插槽与硬盘接口，如图10-18所示。

图10-18　硬盘插槽与硬盘接口

②安装硬盘。

学习助手

由于SATA接口采用了单面横插式的设计，再加上现今大多数笔记本均将机身接口设计到机身内部，因此安装硬盘时只要安装方向正确，就能轻松完成安装。

③拧紧硬盘的固定螺钉。

任务实施

1）了解客户笔记本式计算机的品牌与型号，并查询其所支持的硬盘插槽参数。

2）确定硬盘升级方案。

3）安装并升级硬盘。

①拆卸硬盘，如图10-19所示。

②将固态硬盘安装并固定到硬盘位，如图10-20和图10-21所示。

③将拆下来的机械硬盘固定到光驱托架中，最后固定光驱托架，如图10-22所示。

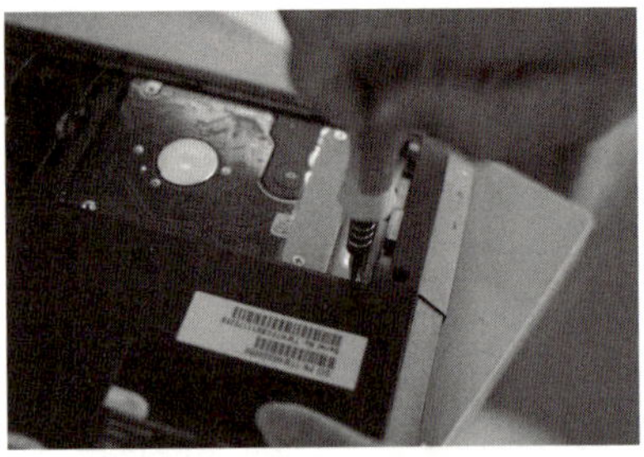

图10-19　拆卸硬盘

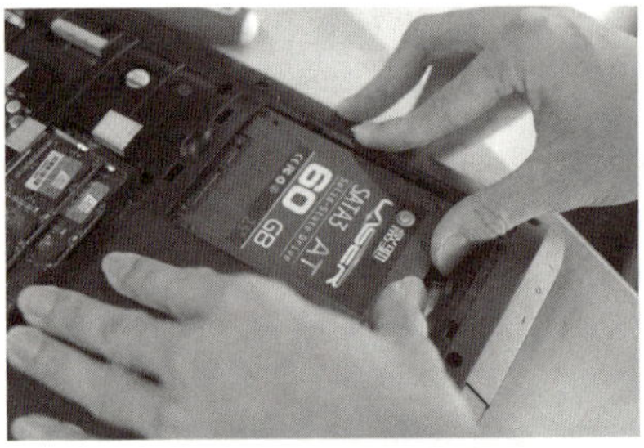

图10-20　安装固态硬盘

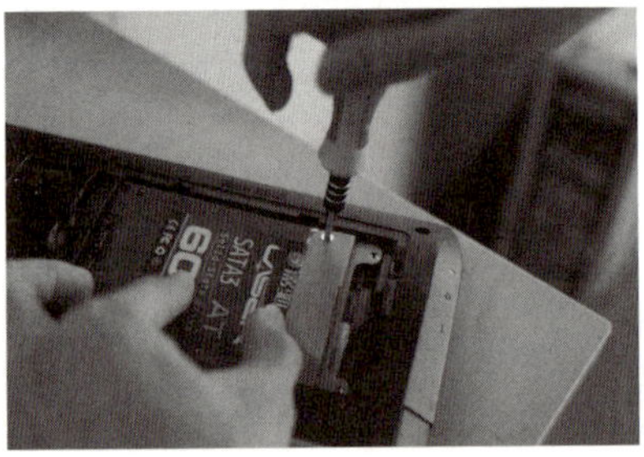

图10-21　固定固态硬盘

图10-22　将机械硬盘安装至光驱托架

课外作业

一、理论填空题

1．拆解笔记本式计算机外壳的步骤如下。

1）________________________________。

2）________________________________。

3）________________________________。

2．拆解外壳后，其内部布局，如图10-23所示。

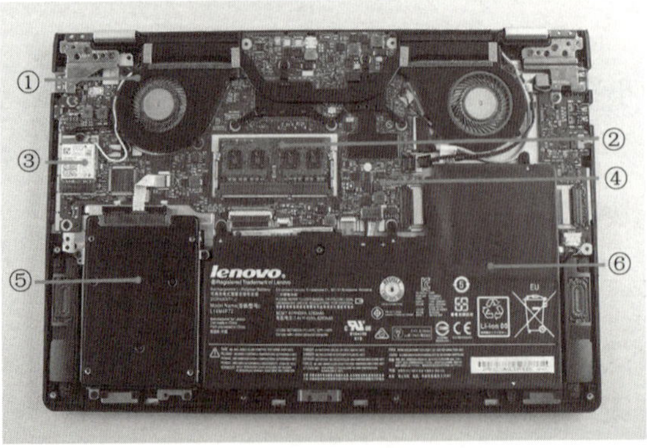

图10-23　笔记本式计算机内部布局

其中各标注的部件为：①____________②____________③____________④____________⑤____________⑥____________。

3．笔记本式计算机内存条的拆卸方法如下。

1）____。

2）____。

3）____。

4．笔记本式计算机内存的安装方法如下。

1）____。

2）____。

5．现今市场上常见的固态硬盘有三种类型：一是____________的卡式固态硬盘；二是__________接口的卡式固态硬盘；三是__________的盒式固态硬盘。

6．一般笔记本式计算机硬盘的拆卸方法如下。

1）____。

2）____。

3）____。

7．一般笔记本式计算机硬盘的安装方法如下。

1）____。

2）____。

3）____。

二、实践应用题

1．在经济条件允许的情况下，尝试分析自己的笔记本式计算机是否有升级内存条的需要和操作条件。如果条件允许，那么完成内存条的升级，并通过Word文档形成图文报告（注意用电安全与设备安全）。

2．在经济条件允许的情况下，尝试分析自己的笔记本式计算机是否有升级硬盘的需要和操作条件。如果条件允许，那么完成固态硬盘的升级，并通过Word文档形成图文报告（注意用电安全与设备安全）。

三、课外拓展题

以小组为单位，调研机械硬盘与固态硬盘各自的特点，对它们在实际使用中的数据存取性能进行分析与对比，并通过PPT进行展示与汇报。

项目11　设置UEFI/Legacy模式BIOS

项目难度：★★★★☆

项目课时：4学时

角色职业岗位：IT产品销售与技术员

项目描述

凭借上学时的专业基础，加上这段时间实践，子俊成长得非常快。从一名新人到合格的销售与技术员，子俊只用了几个月，并且在上个月被店长推荐为门店的优秀员工。同时，计算机技术是在不断发展的，只有坚持学习新知识，才能让自己始终跟随时代的步伐。UEFI BIOS的出现让子俊重新审视自己的专业状态。下面是他遇到的关于BIOS的一些典型案例。

1）客户需要在UEFI/Legacy两种模式的BIOS之间切换。

2）客户需要在两种BIOS模式下设置计算机的第一启动项。

3）客户需要开启计算机中诸如AHCI、超线程、睿频等技术功能。

4）客户需要实现CPU与内存超频的设置。

项目分析

BIOS因其对底层硬件的控制和管理，一直给人以神秘的感觉。其实当你清楚地意识到需要对硬件进行哪些控制、并准确地知道如何操作时，BIOS其实就成了操作的工具。随着UEFI的流行，相关的硬件控制操作越来越简单。但随着计算机技术的不断更迭，需要不断学习，敢于实践尝试，才能跟上技术发展的潮流。本项目将介绍BIOS的相关操作，并将常见的操作分解成如下5个子任务。

任务单

1	进入BIOS设置界面
2	UEFI/Legacy BIOS模式切换
3	设置系统以U盘作为第一启动项
4	开启AHCI功能、超线程技术及睿频技术
5	设置CPU与内存的超频

匠心养成·炼铸专业核心素养

坚持学习、敢于实践

项目实施

任务1　进入BIOS设置界面

扫描二维码观看视频

任务分析

BIOS一般是集成在主板上的。根据不同主板品牌或者不同笔记本式计算机品牌，它们都定义了自己进入BIOS的快捷键。因此进入BIOS设置界面，就会有很多种方式。本任务就是要找出进入BIOS的常见方式和方法。

理论知识

1）现在常见的BIOS有两大类型：一种是传统的BIOS（Legacy BIOS）；另一种是最新的BIOS（UEFI BIOS）。目前已经有越来越多计算机开始使用UEFI BIOS，它将是未来的主流趋势。

硬派词汇

BIOS是只读存储器基本输入/输出系统的简写，是被固化到计算机一块只读存储芯片上的一组程序，为计算机提供最低级的、最直接的硬件控制。

硬派词汇

UEFI即"统一的可扩展固件接口"（Unified Extensible Firmware Interface），是一种详细描述类型接口的标准。这种接口用于操作系统自动从预启动的操作环境加载到一种操作系统上。

2）常见的Legacy BIOS有AMI BIOS、Award BIOS和Phoenix BIOS三种。Award BIOS在台式计算机中比较普及，Phoenix BIOS在笔记本式计算机中比较普及。

3）现在的UEFI BIOS一般有两种状态：一种是3D BIOS状态；另一种是高级设置状态。

4）常见的BIOS设置程序进入方式如下。

①Award BIOS：按<Del>键或<Ctrl+Alt+Esc>组合键。

②AMI BIOS：按<Del>键或<Esc>键。

③ Phoenix BIOS：按<F2>键或<Ctrl+Alt+S>组合键。

④ UEFI BIOS：按<Del>键或者<F2>。

学习助手

开机启动后，进入BIOS的快捷键与计算机的品牌、主板的品牌有关，所以每台机器进入BIOS的方法各有不同。

大国奋进·感悟中国科技发展

获图灵奖的中国计算机科学家姚期智

姚期智，1946年出生于上海，祖籍是湖北省孝感市。为了追求更好的学习环境，他的家人在1967年将他送到了美国，他也是不负家人的期望考上了美国哈佛大学。

1998年姚期智以卓越的科学成就当选了美国科学院院士。2000年被评为美国科学与艺术学院院士。在2000年的时候，姚期智又获得了计算机领域的国际最高奖图灵奖。

姚期智虽然在美国受到了莫大的荣誉，但是他并没有忘记自己的初心，也没有忘记自己是中国人。

当我国向海外科学家发出号召，希望他们可以带着学习的知识回到祖国，投身到国家建设中的时候，姚期智毫不犹豫地辞去了普林斯顿大学终身教授的职务，卖掉了美国的房子，表示自己将回到中国，这次是永远。

2004年，他决定接受清华大学的邀请，回国任全职教授，将全部的精力投入对中国学生培养上来。

2011年，他在清华大学创建了国内首个交叉信息研究院，推动中国理论计算机科学量子信息科学等信息科学发展，中国的计算机教育与世界领先水平逐渐同步。

2017年姚期智放弃美国国籍，获得中国国籍，正式转为中国科学院院士。

姚期智的归来，填补了国内计算机学科的空白，在计算机安全领域，提出了著名的“姚氏百万富翁问题”，为中国在量子计算等领域做出了突出贡献。

姚期智带动了很多海外优秀学者回国参与人才培养，逐渐地在中国形成培养国际化人才的优秀氛围，这对中国发展来讲，影响深远。

任务实施

参考主板品牌与计算机品牌，在开机后，按相应的快捷键进入BIOS设置主界面，如图11-1～图11-4所示。

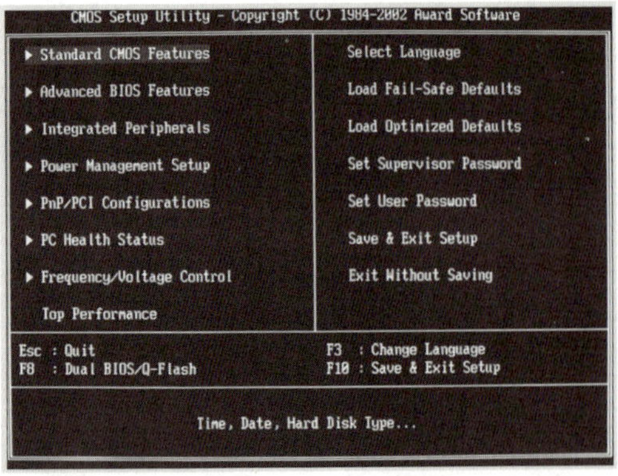

图11-1　Award BIOS主界面

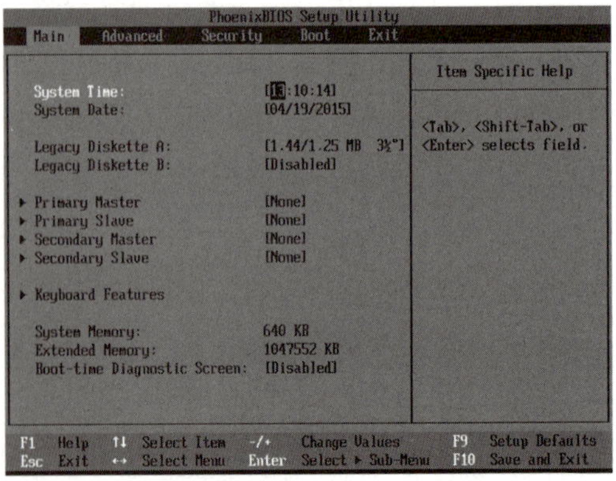

图11-2　Phoenix BIOS主界面

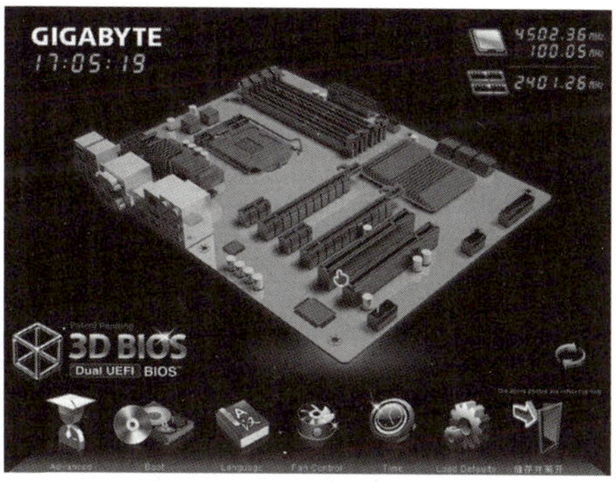

图11-3　3D BIOS主界面

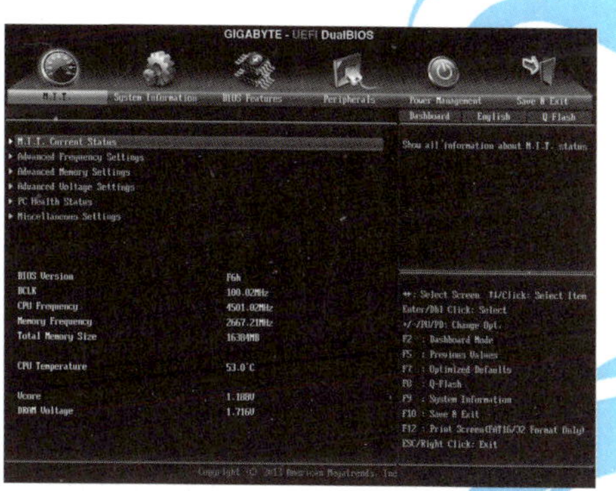

图11-4　UEFI BIOS主界面

任务2　UEFI/Legacy BIOS模式切换

任务分析

UEFI的兴起指明了一个发展方向，但新旧事物的更替，是有一定的过程的，就目前来看，两种模式的BIOS还将共存相当长的一段时间。在实践中就会出现对两种模式各有需求的情况。如何实现两者间的自由切换，就是本任务需要解决的问题。

理论知识

1）UEFI BIOS的兴起是大势所趋，Legacy BIOS的淘汰也仅仅是时间问题，然而在当下这样一个过渡期，它们仍将在市场上共存一段时间。

2）为了兼顾客户的使用习惯，现在市场上有很多主板兼容支持Legacy BIOS与UEFI BIOS两种模式。

3）现今市场上的主板有的默认Legacy BIOS模式启动，有的默认UEFI BIOS模式启动，这就需要用户根据自身的实际需要进行选择和切换。

4）市场上常见的UEFI BIOS绝大多数是64位环境，因此UEFI BIOS模式下只支持64位的操作系统。微软Windows 8以上64位操作系统对UEFI BIOS模式是完全兼容的。微软Windows 7 64位系统对于UEFI BIOS模式不完全兼容。

5）在UEFI模式下安装Windows 7 64位系统一般需要开启CSM功能。对于出厂预装Windows 8的计算机在BIOS中还要将“OS Optimal Default”项设置为“Disabled”。对于个别型号计算机在UEFI BIOS中强制关闭CSM的情况，就只能通过“Boot Mode”设置为“Legacy Only”来解决了。

硬派词汇

兼容性支持模块（Compatibility support Module，CSM）专为兼容只能在Legacy模式下工作的设备以及不支持或不能完全支持UEFI的操作系统而设置。

任务实施

1）在出现启动画面时，按相应的快捷键，进入BIOS设置界面。

2）首先进入“Exit”选项卡，将“OS Optimal Defaults”项设置为“Disabled”，如图11-5所示。

3）切换到“Startup”选项卡，将“CSM”项设置为“Enabled”，开启兼容性支持模块，如图11-6所示。

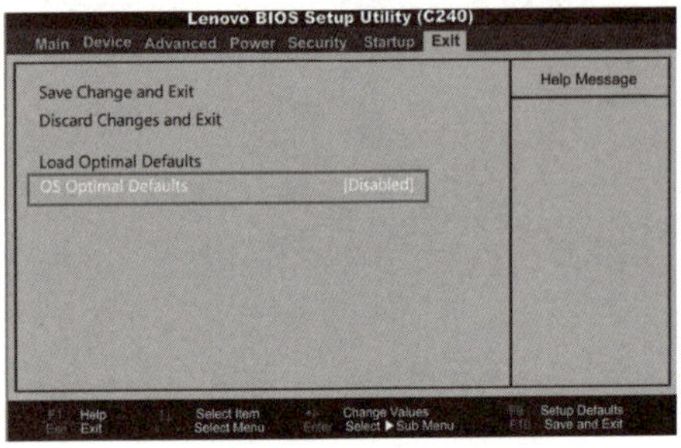

图11-5　系统默认设置

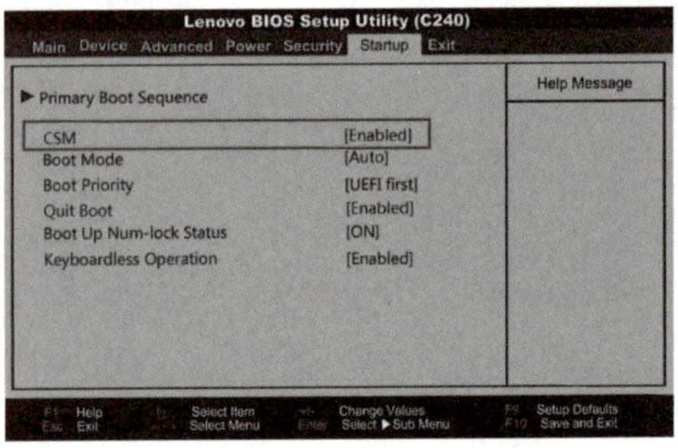

图11-6　【CSM】选项

4）在“Startup”选项卡下将“Boot Mode”设置为“Legacy Only”，完成Legacy BIOS的切换，如图11-7所示。

图11-7　【Boot Mode】选项

学习助手

在将Legacy BIOS模式切换成UEFI BIOS模式时，除了上面的逆向操作外，建议还要开启SECURE BOOT功能项。

硬派词汇

SECURE BOOT是Windows 8中增加的一个新的安全功能。Secure Boot内置于UEFI BIOS中，用来对抗感染MBR、BIOS的恶意软件。Windows 8默认使用Secure Boot，在启动过程中，任何要加载的模块必须签名（强制的），UEFI固件会予以验证，没有签名或者无法验证的，将不会加载。

任务3　设置系统以U盘作为第一启动项

任务分析

计算机的第一启动项设置决定着哪个部件将获得启动计算机的优先权。在实践中，根据不同的工作情境，将对相关硬件分配启动权。在默认情况下，优先启动权是分配给硬盘的。而最常见的优先权更改，是将第一启动权分配给U盘，从而通过U盘来实现对计算机的维护。本任务就是要完成对U盘第一启动权的分配。

扫描二维码观看视频

理论知识

1）计算机中常见的存储介质有光盘、U盘、固态硬盘、普通硬盘等。计算机在启动时会根据设置依次选择相关介质启动系统。

2）计算机在启动时，如果前一设备无法启动系统，会顺延尝试从下一驱动器进行启动。计算机系统默认从硬盘启动计算机。

3）设置系统的第一启动项，是为了后期在维护计算机系统时，可以直接从具备维护功能的光盘、U盘、硬盘启动计算机。现在常见的是设置U盘作为第一启动项。

任务实施

1）在传统BIOS中设置U盘作为第一启动项。

① 在出现启动画面时，按相应的快捷键，进入BIOS设置界面（参考任务1），如图11-8所示。

② 通过左、右方向键，切换到“Boot”选项卡，如图11-9所示。在该选项卡下，通过上、下方向键选择启动项设备，通过加、减键移动启动设备的位置。要设置U盘启动，一般选择“USB HDD”项，并将其移动到最上方。

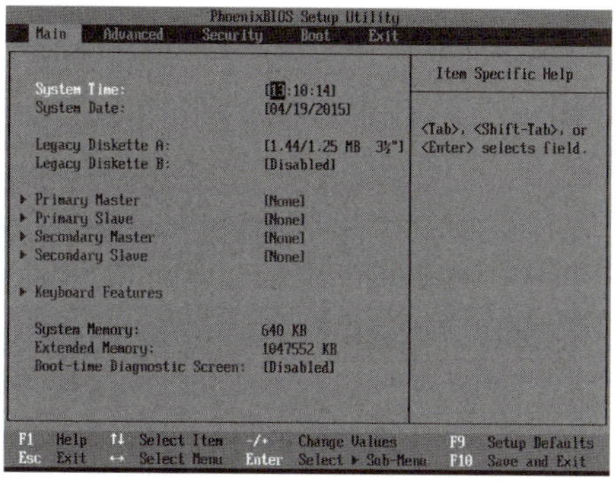

图11-8　进入BIOS设置界面

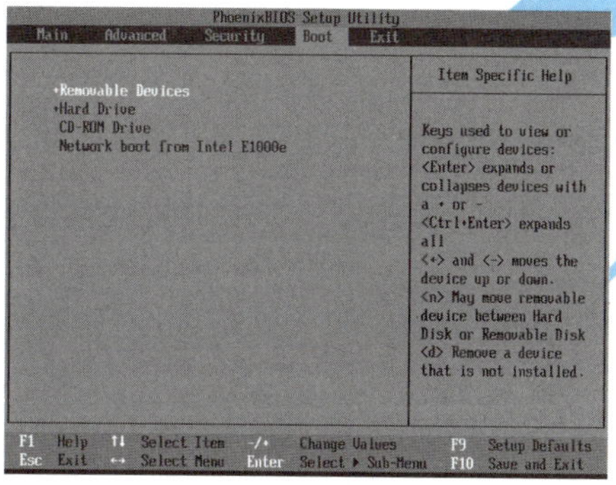

图11-9　进入【Boot】选项卡

学习助手

在设置U盘启动项时，需要在启动机器前将U盘连接到计算机主机。这样在“Boot”选项卡中才会出现U盘的选项。

③ 按<F10>键，保存并且退出BIOS设置。

2）在UEFI BIOS中设置U盘作为第一启动项。

① 在出现启动画面时，按相应的快捷键，进入BIOS设置界面。

② 切换到“BIOS功能”选项卡，在“选择启动优先顺序”项目下修改“启动优先权M1”，选择“General USB Flash Disk 1.00”项，如图11-10所示。

③ 按<F10>键，保存并且退出BIOS设置。

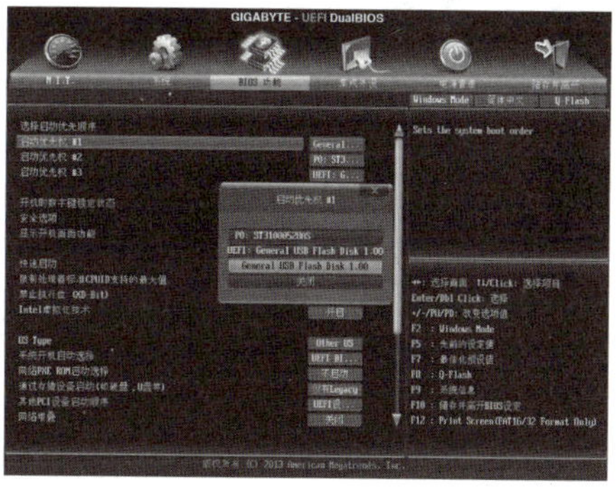

图11-10　设置U盘作为第一启动项

任务4　开启AHCI功能、超线程技术及睿频技术

任务分析

随着科技的不断发展以及制造工艺的日益精密，有关计算机硬件产品的新技术也层出不穷。然而这些新技术有些是默认开启的，有些是需要用户自行开启。本任务就是通过BIOS检查底层硬件来开启硬件自带的新技术、新功能。

理论知识

1）随着科技的不断发展，计算机硬件及相关技术也得到了长足的发展，比如Intel CPU普遍支持超线程技术、睿频技术等；SATA接口也得到了普及。

硬派词汇

超线程技术就是利用特殊的硬件指令，把两个逻辑内核模拟成两个物理芯片，让单个处理器都能使用线程级并行计算，进而兼容多线程操作系统和软件，减少CPU的闲置时间，提高CPU的运行效率。

硬派词汇

睿频技术是Intel在最新酷睿i系列CPU中加入的新技术。该技术使得CPU可以在某一范围内根据处理数据需要自动调整主频。它是基于Nehalem架构的电源管理技术，通过分析当前CPU的负载情况，智能地完全关闭一些用不上的核心，把能源留给正在使用的核心，并使它们运行在更高的频率，进一步提升性能；相反，需要多个核心时，动态开启相应的核心，智能调整频率。

2）虽然计算机硬件支持新技术，但并不一定默认情况下就开启，需要进行相关设置后才支持。

3）现今主流硬盘都是SATA接口硬盘，而硬盘的数据传送方式有两种，分别为并行传送（IDE）和串行传送（AHCI）。为了充分发挥串口硬盘的传输性能，需要将BIOS的硬盘模式设置为AHCI。

硬派词汇

串行ATA高级主控接口（Serial ATA Advanced Host Controller Interface）是在Intel的指导下，由多家公司联合研发的接口标准，它允许存储驱动程序启用高级串行ATA功能，如本机命令队列和热插拔。其研发小组成员主要包括Intel、AMD、戴尔、Marvell、迈拓、微软、Red Hat、希捷和StorageGear等著名企业。

学习助手

按照经验一般会在安装操作系统之前在BIOS中将硬盘模式设置为AHCI，因为安装操作系统后再调整会比较麻烦。

任务实施

1）开启AHCI功能。

① 进入BIOS设置界面。

② 选择“集成外设”选项卡中的“SATA配置”项，如图11-11所示。

③ 双击进入后，将“SATA模式选择”项设置为“AHCI模式”，如图11-12所示。

④ 按<F10>键，保存并且退出BIOS设置。

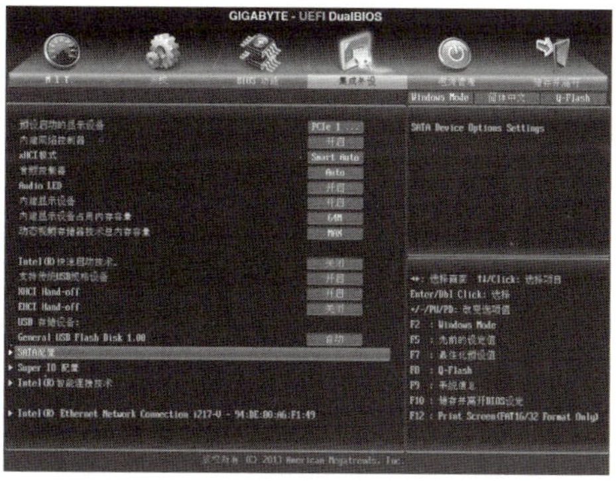

图11-11　选择【SATA配置】项

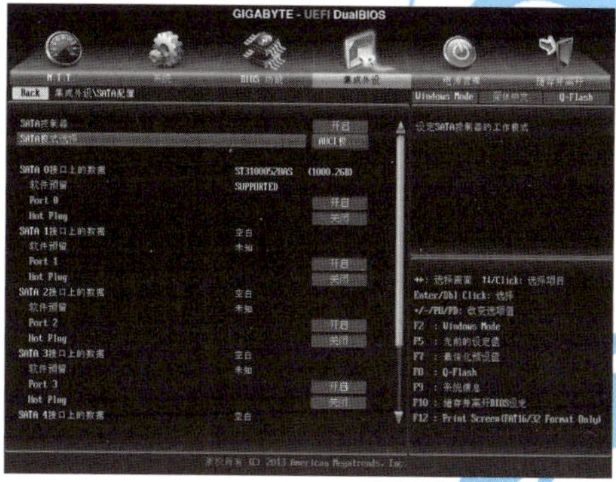

图11-12　设置SATA模式为AHCI

2）开启CPU超线程技术和睿频技术。

① 进入BIOS设置界面。

② 选择并双击“M.I.T.\高级频率设定”选项卡下的“高级CPU核心功能设定”选项，如图11-13所示。

③ 选择“Hyper-Threading技术”选项，并将该项的状态设置为“开启”，这样就完成了对CPU的超线程功能的启用，如图11-14所示。

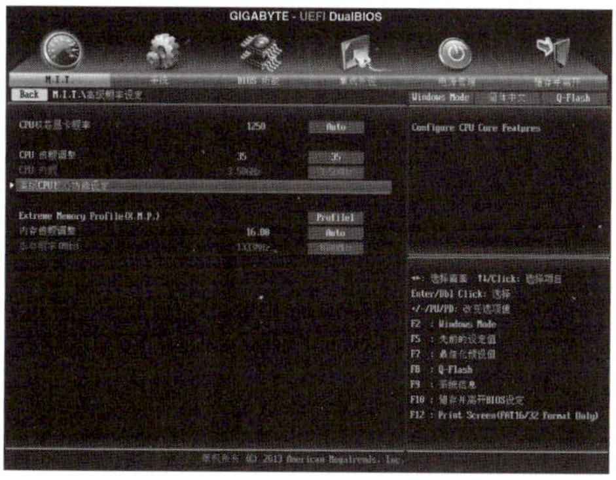

图11-13　选择高级CPU核心功能设定

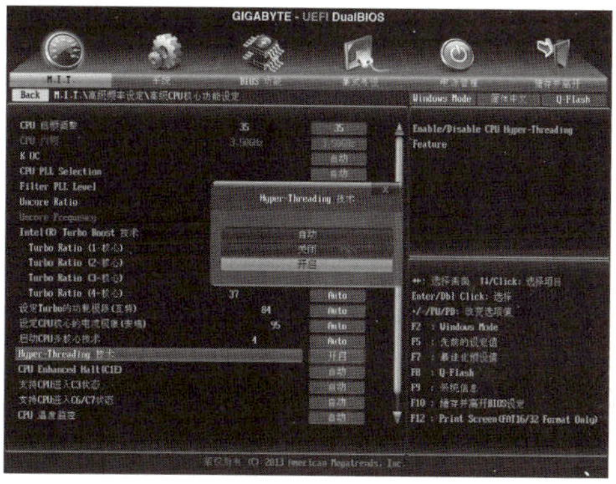

图11-14　开启超线程功能

④ 选择“Intel（R）Turbo Boost技术”选项，并将其状态设置为“开启”，这样就完成了对CPU睿频技术的开启，如图11-15所示。

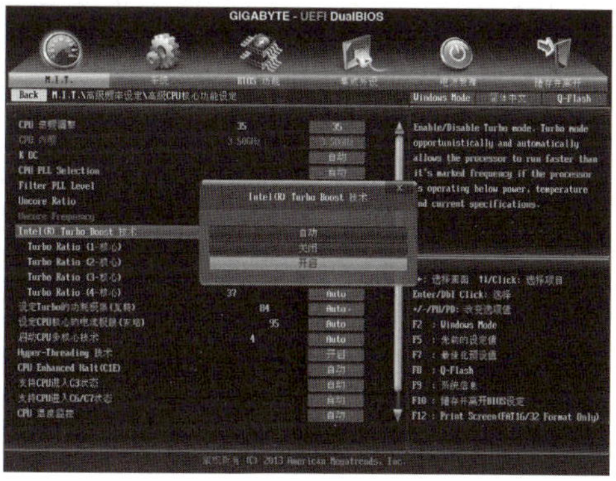

图11-15　开启睿频技术

3）按<F10>键，保存并且退出BIOS设置。

扫描二维码观看视频

任务5　设置CPU与内存的超频

任务分析

超频对于计算机硬件极客们来说是最常见的事情，他们是要物尽其用，充分挖掘硬件的最大潜能。那么，如何最大限度地发挥硬件性能，又保证硬件的使用安全呢？这就是本任务和大家一起探讨的问题。

理论知识

1）CPU、内存、显卡等芯片都有自己的工作频率，相关的知识请参考项目3与项目4。

2）很多DIY发烧友为了发挥计算机的最大性能，喜欢对计算机进行超频，常见的是对CPU、显卡、内存等硬件进行超频。

硬派词汇

超频（**Over Clock**）是一种通过调整硬件设置、提高芯片的主频来获得超过额定频率性能的技术手段。

3）超频技术的实现需要CPU、内存、主板等硬件本身的支持，在具体实践中有时也需要升级BIOS来支持超级技术。

任务实施

1）设置CPU超频。

① 进入BIOS设置界面，如图11-16所示。

② 切换到“M.I.T”选项卡，选择“高级频率设定”选项，进入频率设置界面。选中“Performance Upgrade”选项，即可按照百分比提升CPU频率，如图11-17所示。

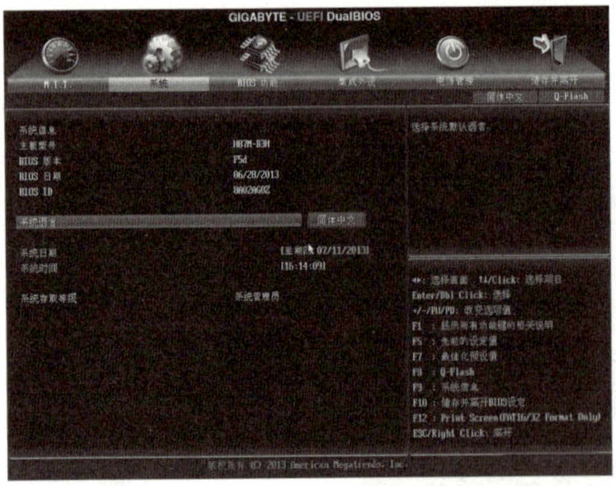

图11-16　BIOS设置界面

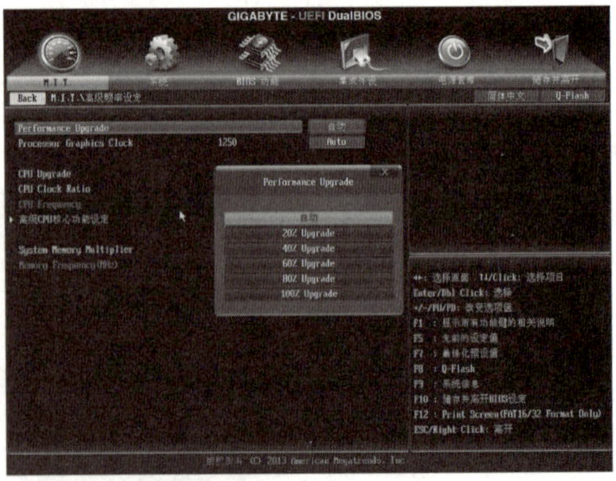

图11-17　频率提升百分比选项界面

③ 选择“CPU Upgrade”选项，即可按照一些指定的频率来提高CPU频率，如图11-18所示。

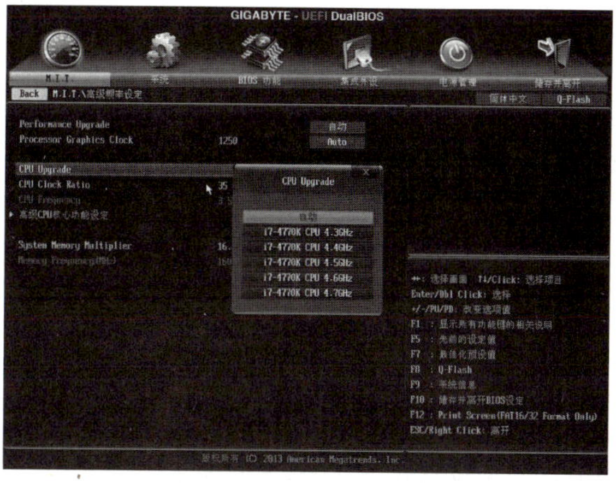

图11-18 CPU主频选择界面

学习助手

"Performance Upgrade"项与"CPU Upgrade"选项是将BIOS升级到F5d版本后增加的选项。在升级前CPU的倍频被锁定在8和39之间。可以通过技嘉自带的APP Center应用中心的@Bios软件来升级BIOS版本。

④ 选择"高级CPU核心功能设定"选项，进入高级设定界面，通过设置"CPU Clock Ratio"选项来提高CPU的倍频。本任务中，将倍频设置为"42"，主频自动调整为"4.2GHz"，如图11-19的A标注处所示。

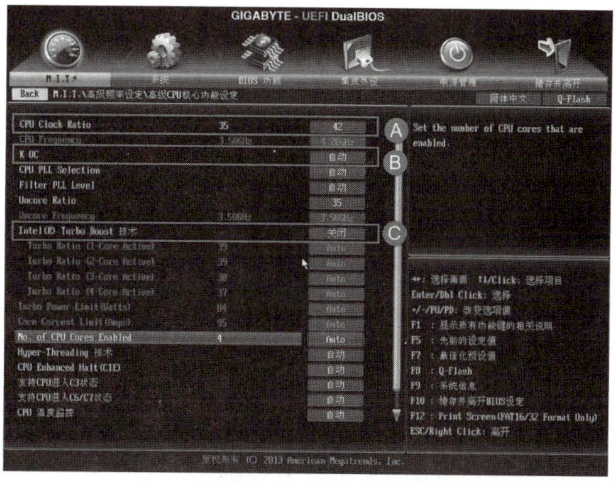

图11-19 高级CPU核心功能设定界面

学习助手

由于已经手动对CPU进行超频，因此需要关闭CPU自身具有类似功能的智能调频技术——睿频技术，如图11-19的C标注处所示。

学习助手

Intel酷睿i系列的CPU中，最后带“K”字母的型号，是表示支持超频功能的，如本任务中的Intel酷睿i7 4770K CPU。在BIOS中，超频的开关控制项为“K OC”，如图11-19所示的B标注处所示。

2）设置内存超频。

① 切换到“M.I.T”选项卡，选择“Advanced Memory Settings”选项，进入高级内存设置界面，如图11-20所示。

② 选择“Extreme Memory Profile（X.M.P）”选项，将其值由“Disabled”设置为“Profile1”，开启XMP内存的超频功能，如图11-21所示。

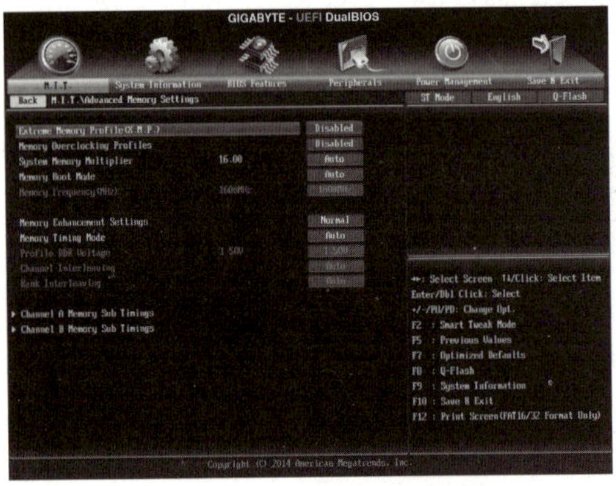

图11-20　高级内存设置界面

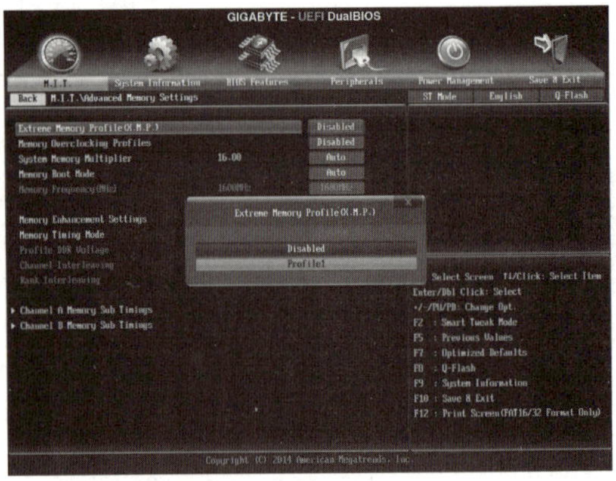

图11-21　开启XMP内存的超频功能

③ 设置完成后，发现“Memory Frequency”自动超频到“2400MHz”，如图11-22的A标注处所示，同时自动将电压调整为“1.65V”，如图11-22的B标注处所示。

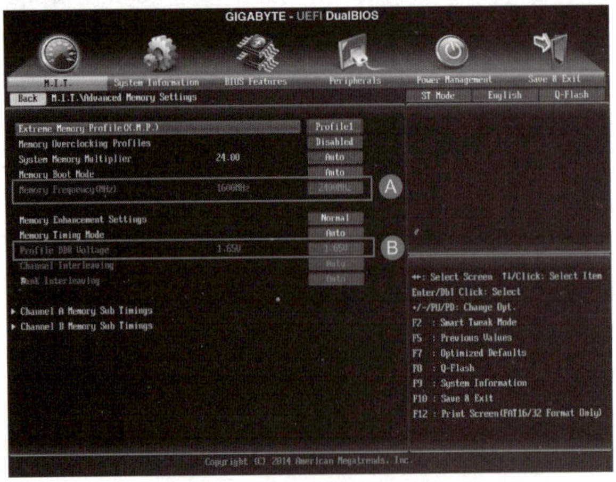

图11-22　高级内存设置完成界面

④ 按<F10>键，保存并且退出BIOS设置。

课外作业

一、实践应用题

1．请同学们观察自己或者亲戚朋友的计算机，判断其BIOS的类型，并独立尝试进入BIOS界面。通过Word文档形成图文报告，用以记录操作的全过程。

2．请同学们找一台支持UEFI BIOS的计算机，完成UEFI BIOS与Legacy BIOS之间的相互切换。通过Word文档形成图文报告，用以记录各自操作的全过程。

3．请同学们观察自己身边能够接触到的计算机，判断其是否支持睿频技术、超线程技术。判断CPU与内存是否支持超频。如果支持，查看该主板BIOS中是如何设置实现这些技术的。通过Word文档形成图文报告，用以记录各自操作的全过程。

4．请同学们观察自己身边能够接触到的计算机，了解其支持哪些第一启动项的设置。通过Word文档形成图文报告。

二、课外拓展题

1．请各位同学通过网络查询，了解在BIOS中是如何设置BIOS密码的。了解BIOS密码有哪些类型。它们之间的区别有哪些。同时研究BIOS密码有哪些方法可以破解。计算机系统还有哪些更加安全的加密方式。以小组为单位，通过PPT进行展示汇报。

2．请同学们上网查询有关虚拟机的资料，并安装创建一个虚拟机，在虚拟机中模拟完成BIOS的相关设置。以小组为单位，通过Word文档形成图文报告。

项目12　使用磁盘精灵分区与格式化

项目难度：★★★★☆
项目课时：4学时
角色职业岗位：IT产品销售与技术员

项目描述

伴随着计算机新产品、新技术、新系统的不断涌现，子俊发现在学校所学的知识已经远远不能满足现实工作中的技术需求，需要自己沉下心来，对新知识、新技术进行钻研。就拿硬盘来说，最常见的是主引导记录（Master Boot Record，MBR）分区表结构，现今在新模式下，新的操作系统下已经使用GPT分区表结构了。对于硬盘的分区与格式化，常见的典型操作如下。

1）客户要将硬盘平均分成4个分区，分别为C盘（系统盘）、D盘（软件盘）、E盘（文档盘）及F盘（娱乐盘）。磁盘格式为NTFS。其中C盘系统盘为主分区。

2）客户完成系统安装后，觉得C盘空间偏小，需要在不损坏现有文件结构的情况下，将E盘中的一部分多余空间分配给C盘。

3）客户在UEFI BIOS模式下，安装Windows 8.1操作系统，需要将现有MBR分区表结构转换为GPT分区表结构，并完成分区与格式化。

项目分析

硬盘作为计算机数据存储的“仓库”，只有在进行有序的规划和清理之后才可以进行使用。对硬盘这样的规划与清理就是分区与格式化。本项目就是使用DiskGenius磁盘精灵软件，来实现硬盘的分区与格式化。在操作过程中，需要子俊专注细致，避免对磁盘数据造成损害。本项目分解成如下3个子任务。

任务单

1	快速分区与格式化
2	无损调整硬盘分区容量
3	完成MBR分区表向GTP分区表转换

匠心养成·炼铸专业核心素养

专注细致

项目实施

任务1　快速分区与格式化

扫描二维码观看视频

任务分析

MBR分区表下的磁盘分区与格式化是计算机中最常见的一种方式，也是大家最为熟悉的一种方式。本任务就是通过磁盘精灵软件，用最简单的方法，最快速地完成快速分区与格式化操作。

理论知识

1）计算机硬盘一般只有在进行分区与格式化之后，才能正常存取数据。

2）计算机硬盘的分区有主分区、扩展分区、逻辑分区三种不同的类型。逻辑分区是在扩展分区的基础之上进行划分的分区，如图12-1所示。

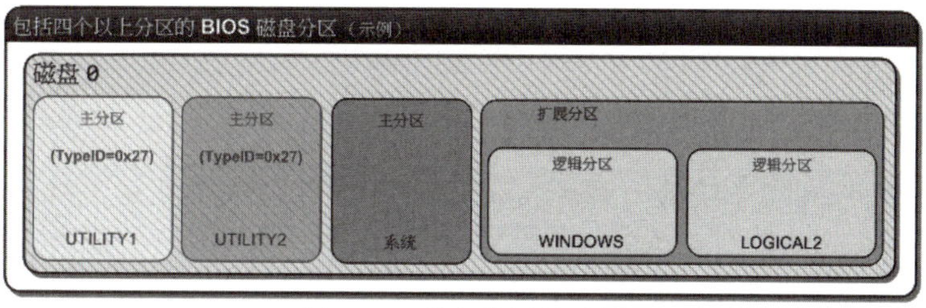

图12-1　磁盘分区关系图

硬派词汇

主分区是指直接建立在硬盘上、一般用于安装及启动操作系统的分区。由于MBR分区表的限制，一个硬盘上最多只能建立四个主分区，或三个主分区和一个扩展分区，支持硬盘的最大容量为2.1TB。

硬派词汇

扩展分区是指专门用于包含逻辑分区的一种特殊主分区。它不能用于直接存储数据，只有在扩展分区内建立若干个逻辑分区后，才能在逻辑分区内存储数据。

硬派词汇

逻辑分区是指建立于扩展分区内部的分区。它没有数量限制，在操作系统中，常见的D、E、F盘等一般情况下就是逻辑分区。

学习助手

3）计算机的格式化分为两类：高级格式化和低级格式化。

硬派词汇

高级格式化是指清除磁盘上的数据，生成引导信息，初始化FAT表，标注逻辑坏道。

硬派词汇

低级格式化是指将空白的磁盘划分出柱面和磁道，再将磁道划分为若干个扇区，将每个扇区又划分出标识部分ID、间隔区GAP和数据区DATA等。

学习助手

低级格式化一般在硬盘出厂前完成，它是一种有损操作，会影响硬盘的寿命，因此要谨慎使用。

4）分区容量的计算公式是：

$$M=(G-1)\times 4+1024\times G$$

式中，G表示想要分的容量，单位为GB；M为需要输入的具体容量值，单位为MB。

5）不同的操作系统都有自己的一套文件系统格式，Windows使用的文件系统主要有FAT、FAT32、NTFS等；Linux操作系统文件系统主要有ext、ext2、ext3、JFS、XFS、ReiserFS等。

学习助手

FAT32格式支持大容量硬盘，最大支持2TB；NTFS格式更突出系统的稳定性和安全性。一般情况下，建议选择NTFS格式。

6）现今常用的磁盘分区工具有磁盘精灵（Diskgenius）、DM、PQ等，但是磁盘精灵的图形化界面及其便捷、实用的功能让其成为分区工具的首选。

大国奋进·感悟中国科技发展

磁芯存储器的发明者——王安博士

磁芯存储器是随机存取计算机存储器的主要形式，通常被称为核心存储器。它存在了20年，是由华裔王安博士发明的。

王安，1920年2月7日生于上海，江苏昆山人。1940年毕业于交通大学（今西安交通大学、上海交通大学前身）电机工程专业，1945年作为中国高级工程技术人员被派往美国深造，同年秋进入哈佛大学学习。1948年获哈佛大学应用物理学博士学位，同年加入霍华德·艾肯（Howard Aiken）的“哈佛计算机实验室”，参与“马克4型”电脑的研制。不久，他发明“磁芯记忆体”（即磁芯存储器），大大提高了电脑的贮存能力，改变了计算机产业的历史。1949年10月21日，王安向专利局申请了“磁芯存储器”的专利。1956年，他将磁芯存储器的专利权卖给国际商用机器（IBM）公司，获利50万美元。

他将50万美元全部投入电脑技术研究上面，相继研发出自动打字机、纸孔式记录仪、无线电打字印刷机。1964年，他创立的王安电脑公司的重磅产品“洛赛”台式电脑上市，并取得了巨大成功。美国许多企业都配备了“洛赛”电脑，王安这个名字开始逐渐被美国人所熟知。不过，这些成功并不能让王安感到满足，因为他的目标是要在高科技领域击败如日中天的“蓝色巨人”——IBM。此后，王安在计算机领域和IBM正式展开角逐。其中，王安公司推出的1200型计算机和WPS处理机都以绝对优势打败了IBM的同类产品。

至1986年前后，王安公司达到了它的鼎盛时期，年收入达30亿美元，在美国《幸福》杂志所排列的500家大企业中名列146位，在世界各地雇用了3.15万名员工。而王安本人，也以20亿美元的个人财富跻身美国十大富豪之列。

任务实施

1）双击磁盘精灵快捷图标，如图12-2所示，进入磁盘精灵主界面，如图12-3所示。

图12-2　磁盘精灵快捷图标

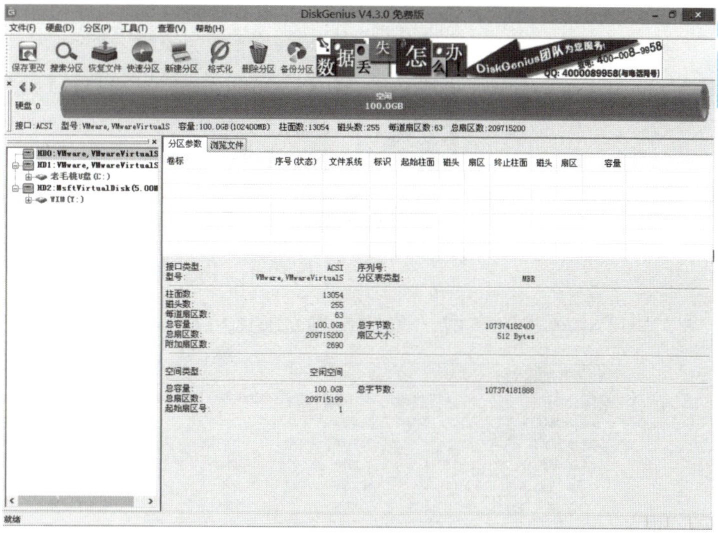

图12-3　磁盘精灵主界面

2）单击工具栏中的“快速分区”，如图12-4所示。

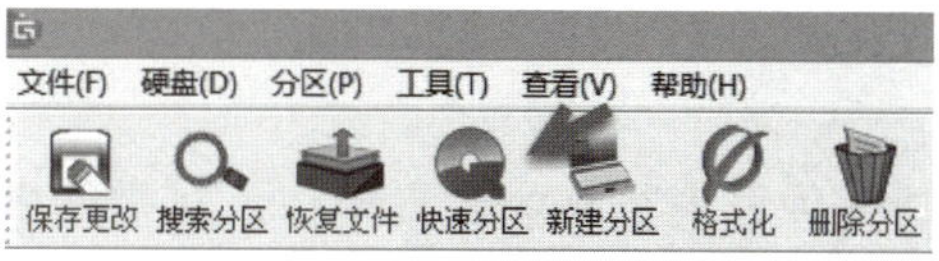

图12-4　单击“快速分区”

3）在“快速分区”对话框中，设置分区数目、文件系统格式、容量、卷标及磁盘分区类型，如图12-5所示。

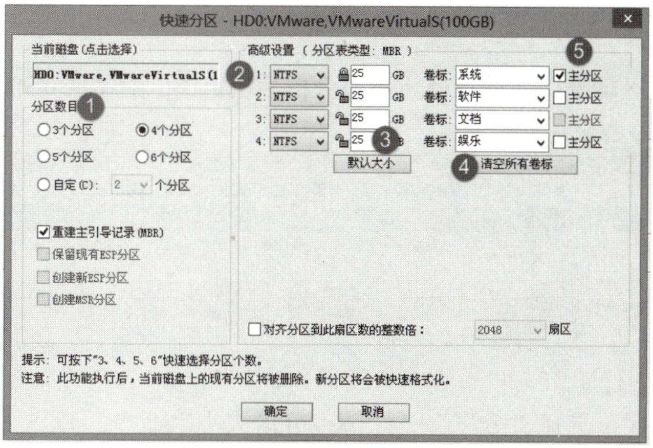

图12-5 【快速分区】对话框

观察思考

在图12-5中，为什么在磁盘分区类型设置区域？为什么只有三个主分区复选框可以选中？

4）单击“确定”按钮，开始自动分区并格式化，如图12-6所示。

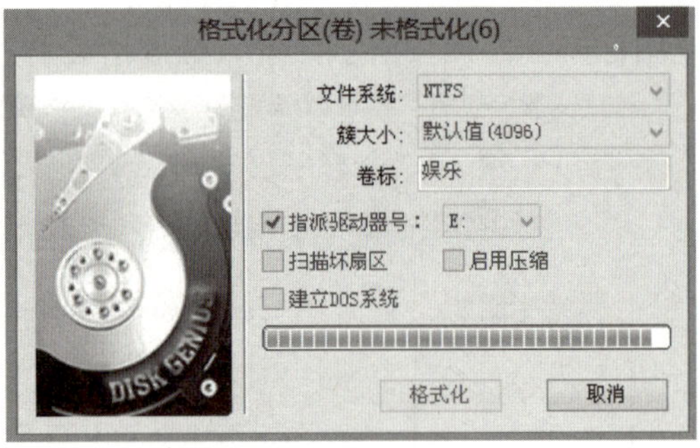

图12-6 格式化界面

5）分区并格式化完成，分区参数如图12-7所示。

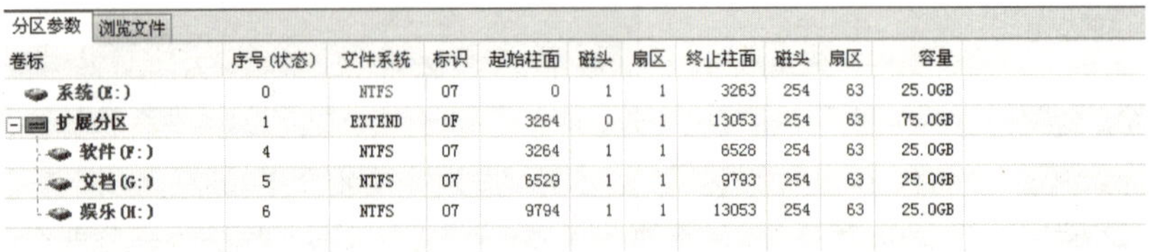

分区参数 | 浏览文件

卷标	序号(状态)	文件系统	标识	起始柱面	磁头	扇区	终止柱面	磁头	扇区	容量
系统(E:)	0	NTFS	07	0	1	1	3263	254	63	25.0GB
扩展分区	1	EXTEND	0F	3264	0	1	13053	254	63	75.0GB
软件(F:)	4	NTFS	07	3264	1	1	6528	254	63	25.0GB
文档(G:)	5	NTFS	07	6529	1	1	9793	254	63	25.0GB
娱乐(H:)	6	NTFS	07	9794	1	1	13053	254	63	25.0GB

图12-7 分区参数

任务2 无损调整硬盘分区容量

任务分析

扫描二维码观看视频

对硬盘进行无损调整是一种要求较高的硬盘操作，在需要操作过程中不损坏硬盘中的原有数据、操作系统等，只是对磁盘中的空闲空间进行重新分配。不过，好在磁盘精灵这款软件很好地支持无损操作。本任务就向大家介绍无损调整硬盘容量的方法。

任务实施

1）查看现有分区情况，如图12-8所示，分析后决定由E盘调整30GB的空间给C盘。

分区参数 | 浏览文件

卷标	序号(状态)	文件系统	标识	起始柱面	磁头	扇区	终止柱面	磁头	扇区	容量
系统(C:)	0	NTFS	07	0	1	1	1305	254	63	10.0GB
扩展分区	1	EXTEND	0F	1306	0	1	13053	254	63	90.0GB
软件(D:)	4	NTFS	07	1306	1	1	6527	254	63	40.0GB
娱乐(E:)	5	NTFS	07	6528	1	1	13053	254	63	50.0GB

图12-8 分区参数

2）选中C盘分区，选择“分区”→“调整分区大小”命令，弹出“调整分区容量”对话框，如图12-9和图12-10所示。

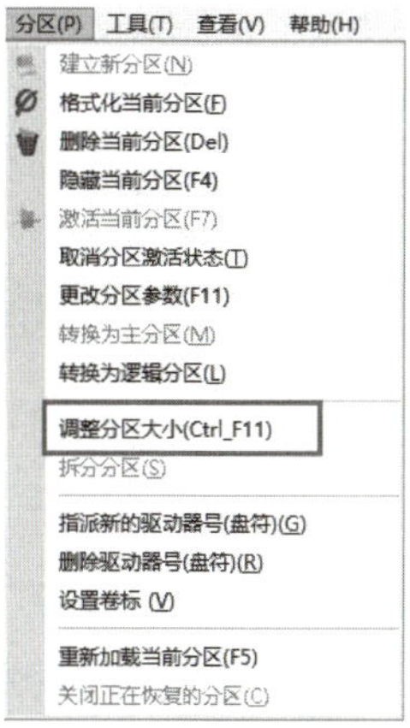

图12-9　【分区菜单】

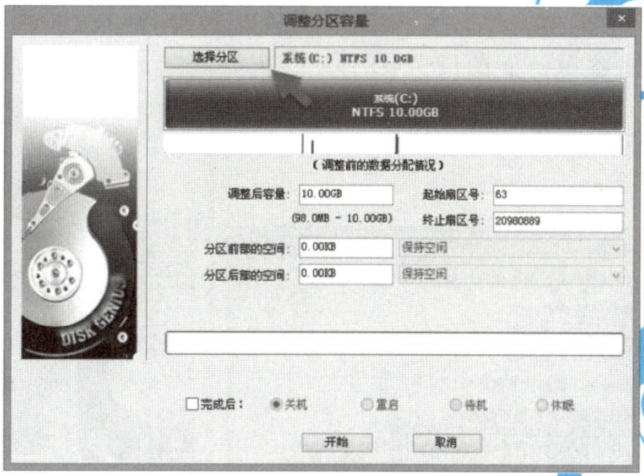

图12-10　【调整分区容量】对话框

3）单击“选择分区”按钮，在“选择分区”对话框中选择E盘所在的区域，如图12-11所示。

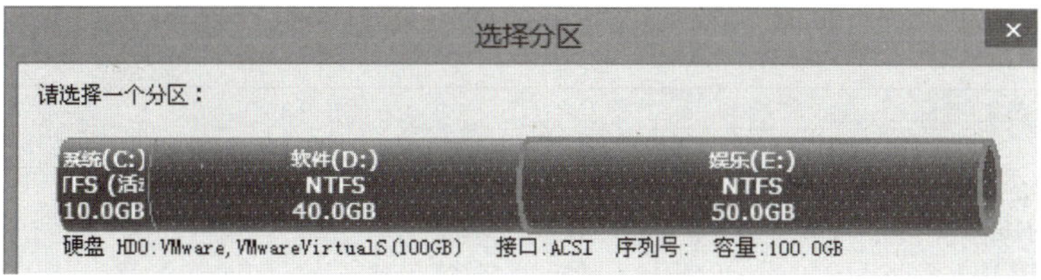

图12-11　分区选择界面

4）单击“确定”按钮，进入E盘容量调整界面，如图12-12所示。调整操作如下：①容量手柄向右拉，释放空间；②设置调整后E盘容量；③设置E盘前的空间30GB；④设置E盘后的空间为20GB；⑤将E盘前面释放的空间给C盘。

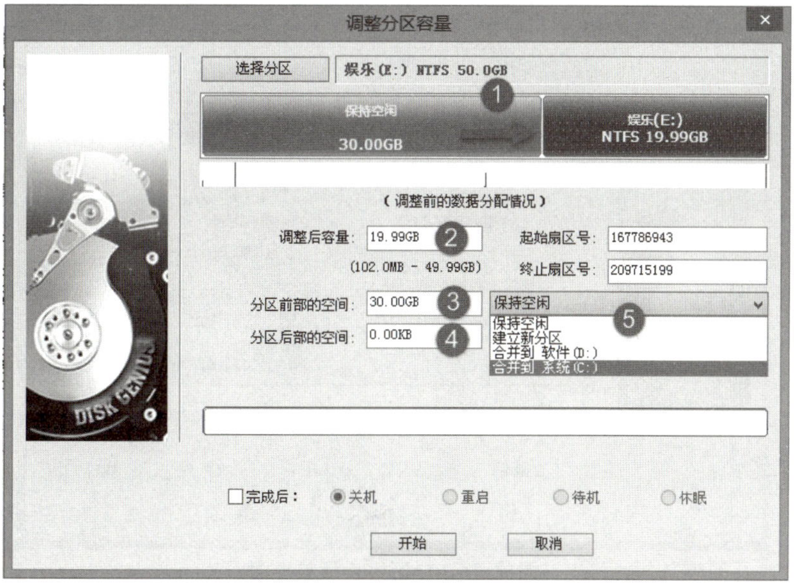

图12-12　容量调整界面

5）单击“确定”按钮，弹出确认与警告窗口，如图12-13所示，单击“是”按钮，开始调整分区容量，如图12-14所示。

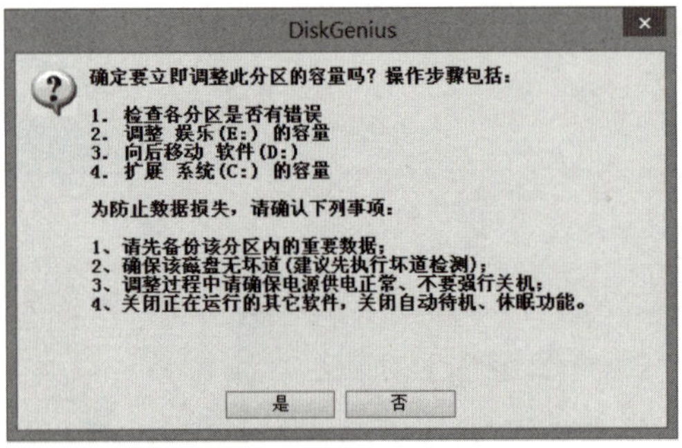

图12-13　确认与警告窗口

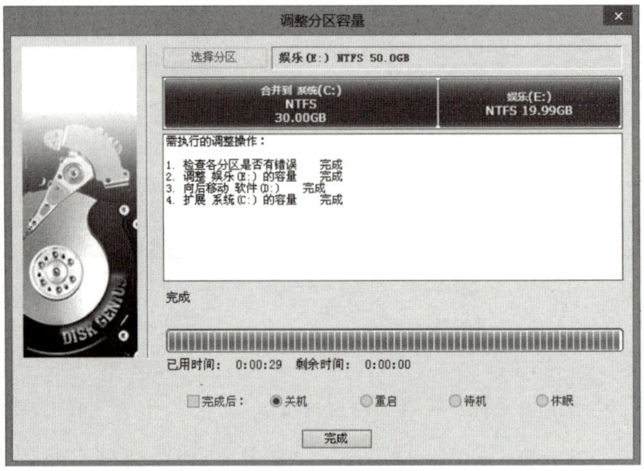

图12-14　分区调整界面

6）调整分区完成后，查看调整后的分区情况，如图12-15所示。

分区参数　浏览文件

卷标	序号(状态)	文件系统	标识	起始柱面	磁头	扇区	终止柱面	磁头	扇区	容量
系统(C:)	0	NTFS	07	0	1	1	5222	63	51	40.0GB
扩展分区	1	EXTEND	0F	5222	63	52	13054	42	44	60.0GB
软件(D:)	4	NTFS	07	5222	64	52	10444	63	51	40.0GB
娱乐(E:)	5	NTFS	07	10444	64	52	13054	42	44	20.0GB

图12-15　调整后分区参数

7）用类似的方法，将D盘调整10GB的空间给E盘，如图12-16所示。

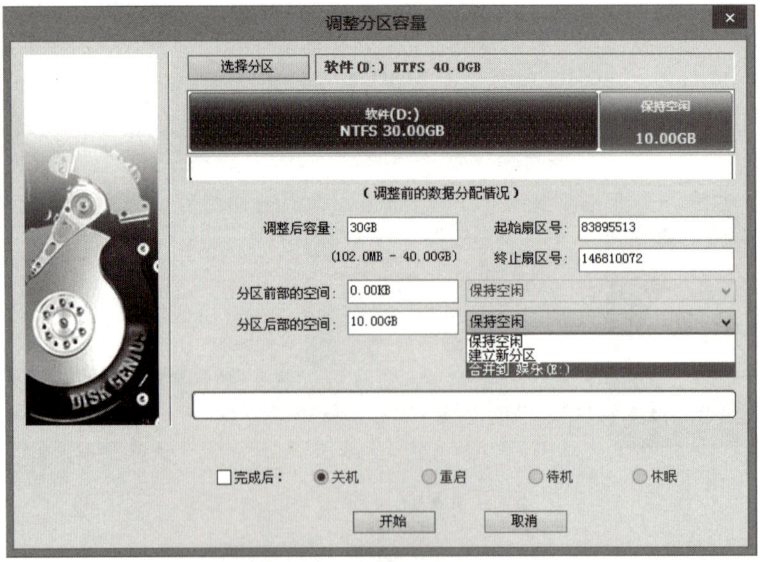

图12-16　分区容量调整界面

8）调整完成后，查看最终的分区结果，如图12-17所示。

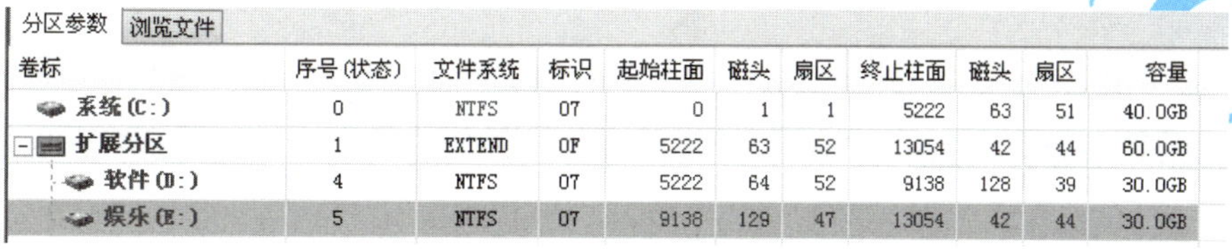

卷标	序号(状态)	文件系统	标识	起始柱面	磁头	扇区	终止柱面	磁头	扇区	容量
系统(C:)	0	NTFS	07	0	1	1	5222	63	51	40.0GB
扩展分区	1	EXTEND	0F	5222	63	52	13054	42	44	60.0GB
软件(D:)	4	NTFS	07	5222	64	52	9138	128	39	30.0GB
娱乐(E:)	5	NTFS	07	9138	129	47	13054	42	44	30.0GB

图12-17　分区结果

任务3　完成MBR分区表向GTP分区表转换

扫描二维码观看视频

任务分析

与前面介绍的Legacy BIOS与UEFI BIOS一样，这两种分区表结构也将共存相当长一段时间。目前对两种分区表均有其各自的市场需求，两者之间的相互转换也将是子俊会遇到的实践问题。本任务将介绍MBR分区表转换为GTP分区表的方法。

理论知识

1）上个任务介绍了两种类型的BIOS，这两种BIOS都有其对应的分区方案，Legacy BIOS对应的分区方案为“MBR”，而UEFI BIOS对应的分区方案为“GPT”。

硬派词汇

GPT（GUID Partition Table）即全局唯一标识分区表。与MBR最大4个分区表项的限制相比，GPT对分区数量没有限制，但对于Windows操作系统最大支持128个GPT分区，GPT可管理硬盘大小达到了18EB。只有基于UEFI平台的主板才支持GPT 分区引导启动。

2）默认UEFI磁盘分区一般由EFI系统分区、MSR和主分区构成，如图12-18所示。

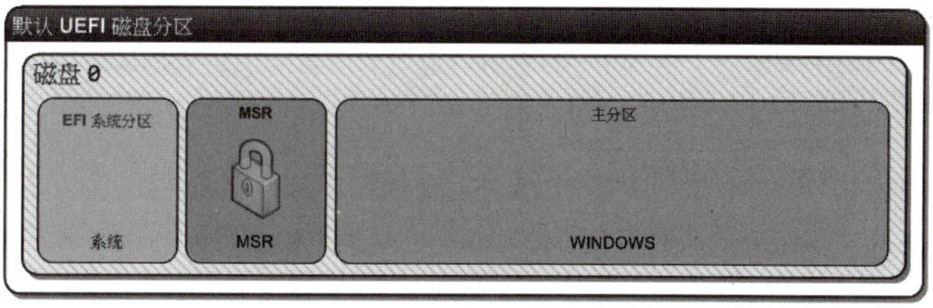

图12-18　UEFI磁盘分区示意图

硬派词汇

EFI系统分区（EFI System Partition，ESP）用于支持UEFI BIOS模式的计算机从ESP启动操作系统，分区内存放引导管理程序、驱动程序、系统维护工具等。

学习助手

ESP是一个FAT格式的分区，但其分区标识却是一个特别的标识（EF），EFI规范的这一规定使得ESP在Windows下一般是不可见的。

硬派词汇

微软保留分区（**Microsoft Reserved Partition，MSR**）是GPT磁盘上用于保留空间以备用的分区，例如在将磁盘转换为动态磁盘时需要使用这些分区空间。一般预留为128MB。

学习助手

在GTP分区方案中可以有多个主分区，不会再有扩展分区和逻辑分区的概念。

任务实施

1）删除MBR分区表下的所有分区，如图12-19所示。

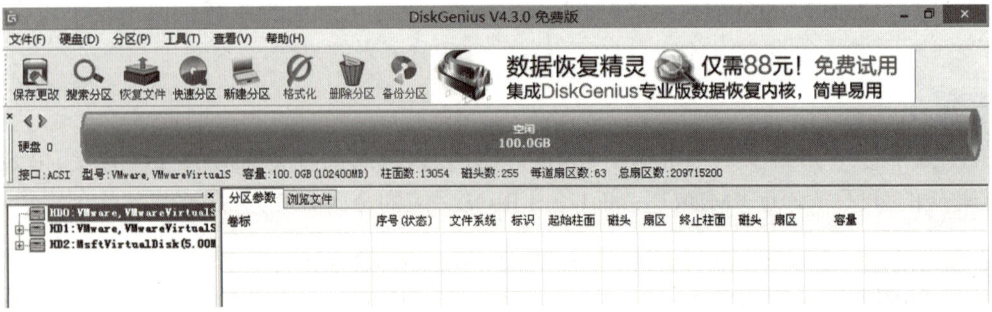

图12-19　删除分区

2）选择“硬盘”→“转换分区表类型为GUID格式”命令，如图12-20所示。这时会弹出确认分区表格式转换的对话框，如图12-21所示。

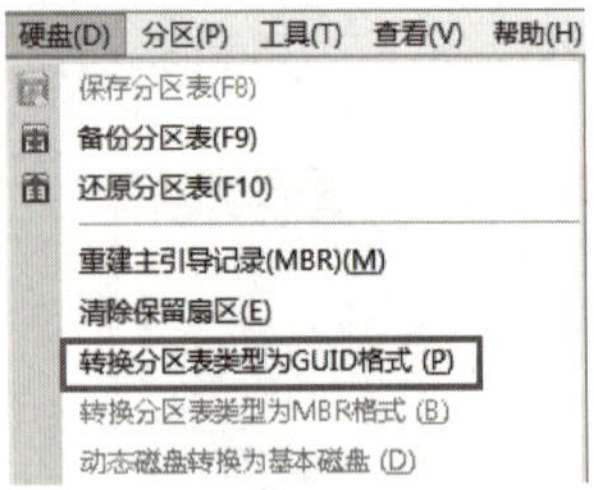

图12-20　转换分区表类型

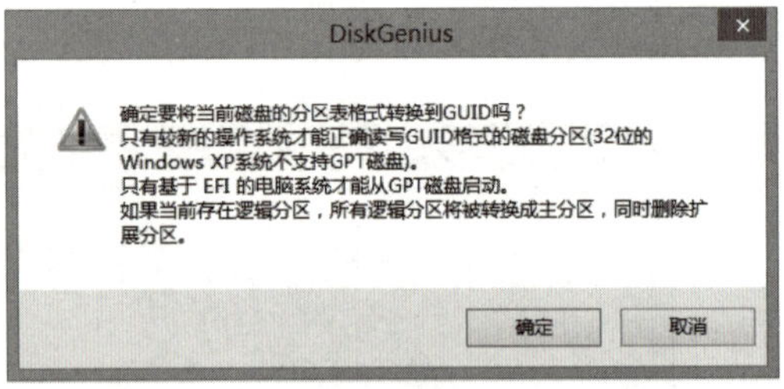

图12-21　确认分区表格式转换对话框

学习助手

如果在没有删除分区的情况下直接进行GUID格式转换，会出现图12-22所示的无法转换的对话框。

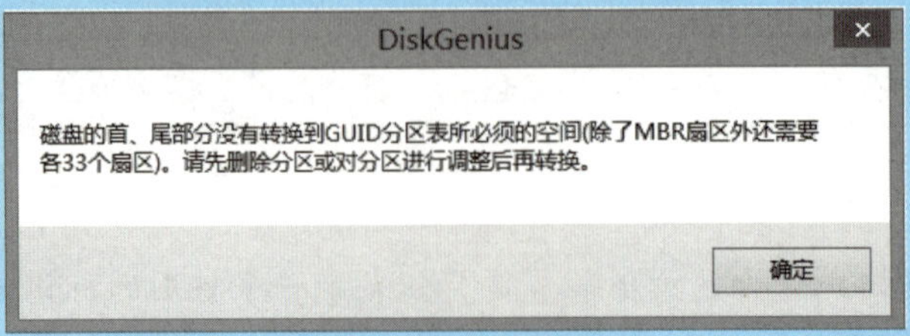

图12-22　无法转换提示

3）单击“确定”按钮，完成分区表格式转换。单击工具栏中的“新建分区”按钮开始创建分区，如图12-23所示。

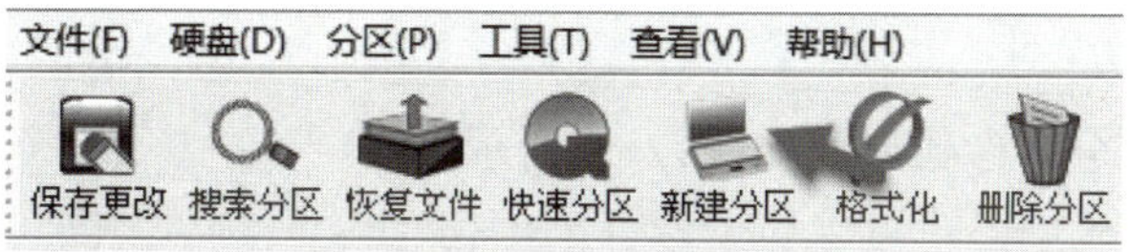

图12-23　单击“新建分区”

4）创建ESP分区，并设置容量为200MB，如图12-24中的A标注处所示。选中“建立ESP分区”和“建立MSR分区”复选框，如图12-24中的B标注处所示。

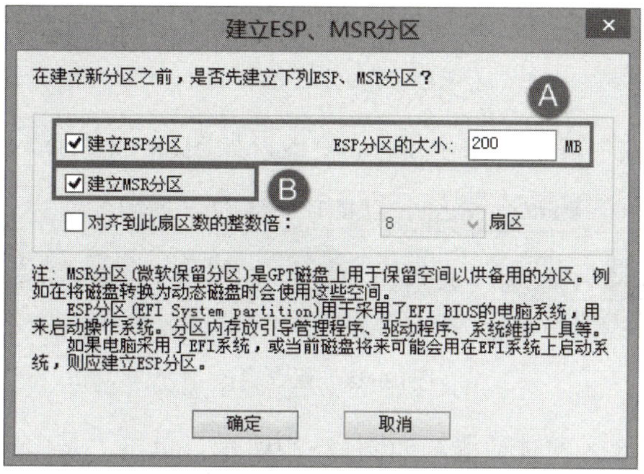

图12-24　ESP、MSR分区创建窗口

5）单击“确定”按钮，完成分区创建。继续单击“新建分区”按钮创建两个主分区，容量分别为40GB与60GB，如图12-25和图12-26所示。

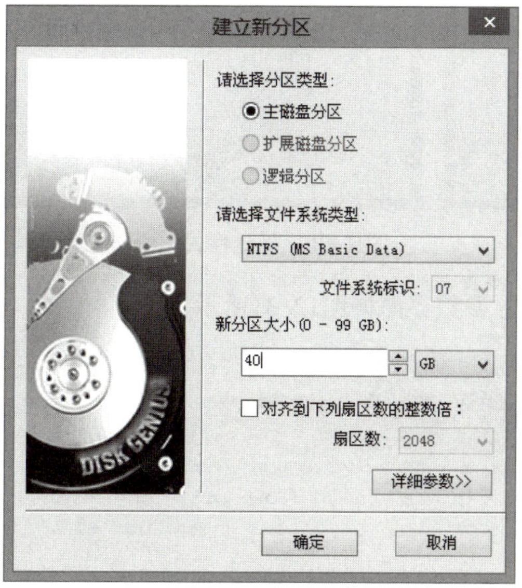

图12-25　创建分区1

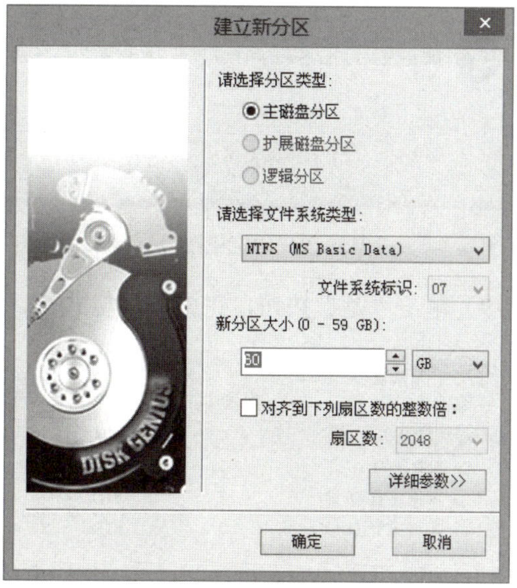

图12-26　创建分区2

观察思考

请同学们观察新建分区窗口中，扩展分区与逻辑分区选项的状态，思考出现这种状态的原因。

6）创建完成后，分区参数界面如图12-27所示。

分区参数　浏览文件

卷标	序号(状态)	文件系统	标识	起始柱面	磁头	扇区	终止柱面	磁头	扇区	容量
ESP(0)	0 N	FAT16		0	0	35	25	127	8	200.0MB
MSR(1)	1 N	MSR		25	127	9	41	208	9	128.0MB
未格式化(2)	2 N	NTFS		41	208	10	5263	123	23	40.0GB
未格式化(3)	3 N	NTFS		5263	123	24	13054	42	11	59.7GB

图12-27　分区参数界面

7）单击“保存更改”按钮，保存分区表更改，如图12-28所示。

图12-28　保存更改

8）弹出确认更改分区表对话框，如图12-29所示。单击“是”按钮，弹出是否立即格式化新建分区的对话框，如图12-30所示。

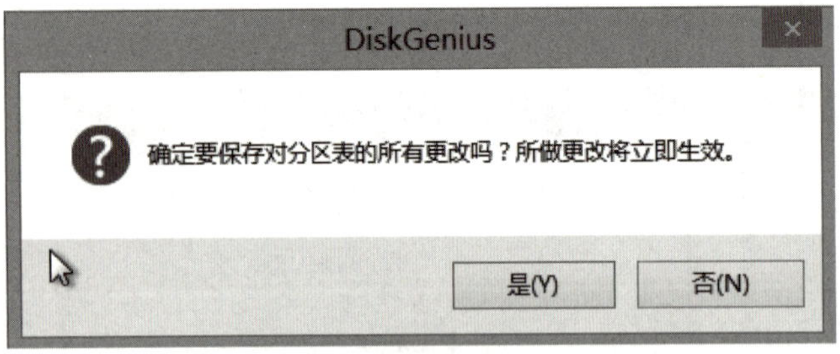

图12-29　确定更改分区表对话框

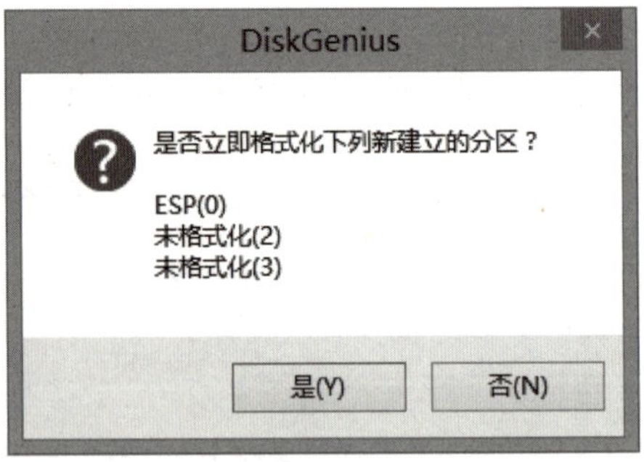

图12-30　确定格式化建分区对话框

9）单击“是”按钮，完成分区格式化，分区参数界面如图12-31所示。

分区参数　浏览文件

卷标	序号(状态)	文件系统	标识	起始柱面	磁头	扇区	终止柱面	磁头	扇区	容量
ESP(0)	0	FAT16		0	0	35	25	127	8	200.0MB
MSR(F:)	1	MSR		25	127	9	41	208	9	128.0MB
本地磁盘(C:)	2	NTFS		41	208	10	5263	123	23	40.0GB
本地磁盘(E:)	3	NTFS		5263	123	24	13054	42	11	59.7GB

图12-31　分区参数界面

课外作业

一、理论填空题

1．计算机硬盘一般只有在进行__________与__________之后，才能正常存取数据。

2．计算机硬盘在MBR分区表下的分区有__________、__________、__________三种不同的类型。逻辑分区是在__________的基础之上进行划分的分区。

3．计算机的格式化分为两类：__________和__________。

4．__________是清除磁盘上的数据，生成引导信息，初始化FAT表，标注逻辑坏道。

5．___________是将空白的磁盘划分出柱面和磁道，再将磁道划分为若干个扇区，每个扇区又划分出标识部分ID、间隔区GAP和数据区DATA等。

6．不同的操作系统都有自己的一套文件系统格式，Windows使用的文件系统主要有FAT、____________、____________等；Linux操作系统文件系统主要有ext、____________、__________等。

7．Legacy BIOS对应的分区方案为______________，而UEFI BIOS对应的分区方案为__________。

8．GPT分区表对于Windows操作系统最大支持____________个GPT分区，GPT可管理硬盘大小达到了__________EB。只有基于__________平台的主板才支持GPT 分区引导启动。

9．GPT分区一般由__________、__________和__________构成。

10．MBR分区表，一个硬盘上最多只能建立___________个主分区，或___________个主分区和一个扩展分区；支持硬盘的最大容量为__________。

二、实践应用题

1．请各位同学为虚拟机创建100GB的硬盘空间，运用磁盘精灵（Diskgenius）工具，完成以下分区与格式化：主分区40GB，扩展分区60GB，逻辑分区为35GB与25GB。文件系统均采用NTFS格式。通过Word文档形成图文报告。

2．请各位同学在上题的基础上对磁盘空间的容量进行调整，调整后磁盘容量为：主分区50GB，扩展分区50GB，逻辑分区为35GB与15GB。文件系统仍然为NTFS格式。通过Word文档形成图文报告。

3．请各位同学在虚拟机上完成MBR分区表与GTP分区表之间的转换。通过Word文档形成图文报告，以记录相关操作的过程。

三、课外拓展题

1．请同学们尝试了解磁盘精灵（Diskgenius）之外的任意一款磁盘分区工具，并掌握其基本应用，对比其与磁盘精灵的不同特点。通过Word文档形成图文报告。

2．请同学们以小组为单位，通过PPT的方式阐述MBR分区表与GTP分区表各自的特点、使用场合、优缺点及两者之间是如何完成转换的。要求思路清晰，阐述准确。

项目13　制作各种U盘启动盘

项目难度：★★★☆☆
项目课时：2学时
角色职业岗位：IT产品销售与技术员

项目描述

和计算机打交道的技术员，大多数会有自己使用顺手的工具。现今子俊最常用的工具就是U盘启动盘。根据不同的功能和使用场合，可以分成以下三种不同的U盘启动盘。

1）仅支持从U盘启动，并具备安装操作系统的功能，是对原来系统光盘的一种替代。

2）使用第三方软件制作具备PE系统及综合功能的U盘启动盘。

3）使用第三方软件制作具体支持UEFI启动的综合功能U盘启动盘。

项目分析

在现今计算机维护过程中，U盘启动盘已经成为最常用的工具之一。U盘启动盘既可以自己手动制作，也可以使用第三方软件来制作。类似的第三方软件较多，需要子俊勇于探索，敢于创新实践，在不断学习中找到最优的制作方案。本项目将介绍三种常用U盘启动盘的制作，并拆分成如下3个子任务。

任务单

1	制作原生态的U盘启动盘
2	使用“老毛桃”工具定制U盘启动盘
3	制作支持UEFI启动的U盘启动盘

匠心养成·炼铸专业核心素养

创新实践、勇于探索

项目实施

任务1　制作原生态的U盘启动盘

扫描二维码观看视频

任务分析

原生态的U盘启动盘，是由用户自己手动制作、功能单一的U盘启动盘。其具有不依赖任何第三方软件、容量小、使用方便快捷等特点，特别适用于安装原版操作系统的使用情境。

理论知识

1）随着移动存储技术的成熟，U盘和移动硬盘在便捷性、传输速度、存储容量等方面的优势远远超过了光盘，因此现在启动盘一般选择用U盘作为存储介质，而光盘逐渐被淘汰。

硬派词汇

启动盘（Startup Disk）又叫紧急启动盘或安装启动盘。它是写入了操作系统镜像文件的具有特殊功能的移动存储介质，主要用于在操作系统崩溃时进行修复或者重装系统。

2）传统计算机从BIOS启动的过程。

① 硬件自检（Power-On Self-Test）。这个过程是BIOS程序检查计算机硬件能否满足运行的基本条件。如果硬件出现故障，则主板会发出不同类型的蜂鸣声，并终止计算机的启动。如果硬件没有故障，则屏幕一般显示出CPU、内存、硬盘等硬件信息（开机画面）。

② 查询启动顺序（Boot Sequence）。这个过程是硬件自检结束后，会根据BIOS中设定的启动顺序，将控制权转交给排在最前面的设备。

③ 读取主引导记录（Master Boot Record，MBR）。这个过程是读取获得控制权的第一启动设备的第一个扇区前512字节（它就是存放MBR的地方）内容，并放入内存的相应位置（0x7c000）中。

硬派词汇

主引导记录（MBR）是位于磁盘最前边的一段引导代码。它负责磁盘操作系统对磁盘进行读写时分区合法性的判别、分区引导信息的定位，它是由磁盘操作系统在对硬盘进行初始化时产生的。

④ 寻找操作系统。这个过程是根据对MBR内容的分析，读取被激活主分区的第一个扇区中的卷引导记录（Volume Boot Record，VBR），然后根据VBR找到操作系统所在的位置。

硬派词汇

卷引导记录（VBR）是指计算机磁盘分区中，激活分区的第一个扇区内容。

⑤ 启动操作系统。这个过程是将计算机的控制权转交给操作系统，并完成计算机操作系统的启动。

3）依据对传统计算机启动过程的了解，设定原生态的U盘启动盘的制作思路如下。

① BIOS中设置U盘启动。

② 将U盘设置为活动主分区。

③ 将操作系统的安装镜像解压缩在U盘中。

大国奋进·感悟中国科技发展

属于中国的原创性发明专利成果——U盘

在我国的专利领域，最著名的案例是数据处理系统的“闪存电子外部存储方法和装置”专利。由于该专利是U盘的核心基础专利，故又称“U盘专利”。U盘专利的案例在全国各地都很有名，因为专利的发明者是两个中国人，他们直接创造了一个新行业——闪存盘行业。

在1999年，邓国顺和成晓华发明了一种可以取代传统软盘的产品。该产品由两人命名为“USB闪存盘”。后来，邓国顺把他们的产品带到了“中国国际高科技博览会”。在博览会上，USB闪存盘的诞生引起了业界的轰动，并被认定为将彻底取代传统软盘的地位，创造出世界上新的闪存盘行业。

同年11月，他们申请了U盘专利。收到专利后，两人成立了朗科科技有限公司。一开始，由于专利的存在，他们公司的发展比较顺利。到2003年，朗科科技的销售额达到5亿，占国内U盘市场的50%。

现如今，再看U盘，也已经不算是什么高科技产品了，很多公司都可以生产，但是笔者相信，中国的科技一定会经历从无到有，从有到优的过程。届时，那些光刻机、光刻胶、精密仪器等等“卡脖子”的技术也将会被中国人一个个攻克。

可以说，中国的科技会越来越注重原创。

任务实施

1）准备工具。

① 准备Windows 7原版64位安装镜像。

② 准备一个4GB以上的U盘。

2）将U盘接入计算机，使用磁盘精灵进行分区与格式化。

① 删除U盘上的所有分区，如图13-1所示。

② 将整个U盘创建为活动主分区，保存分区更改并格式化U盘，如图13-2和图13-3所示。

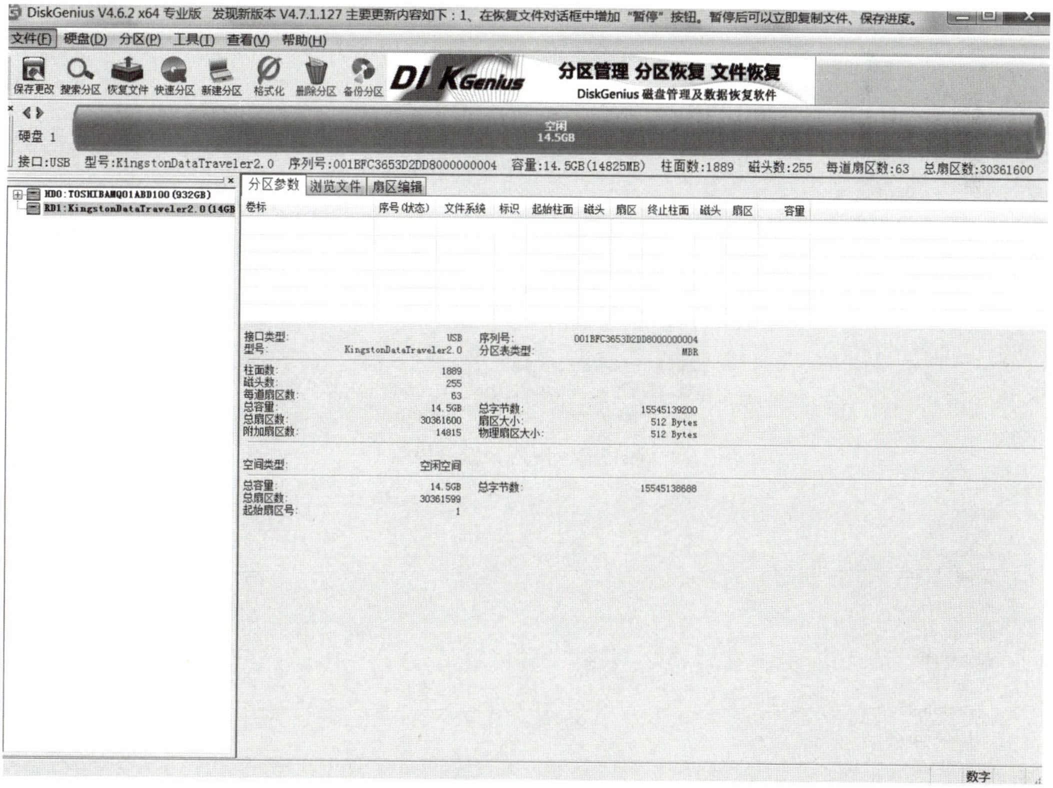

图13-1　删除分区

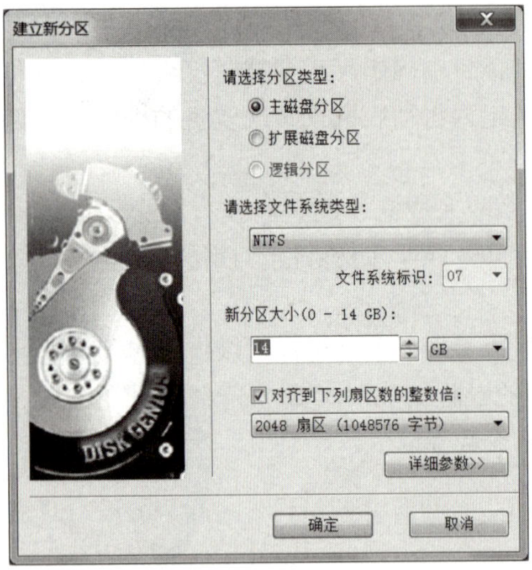

图13-2 建立新分区

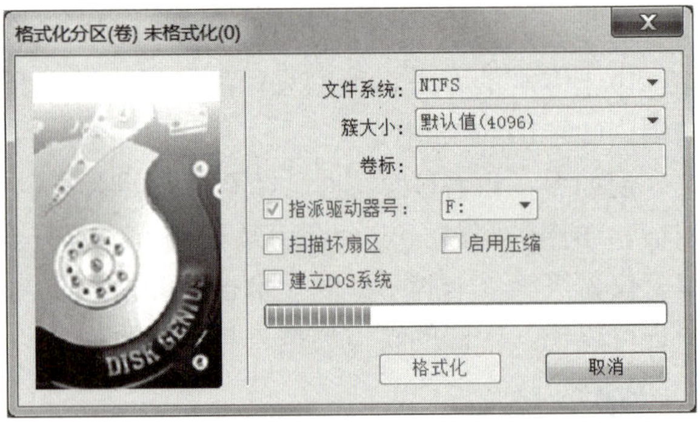

图13-3 格式化分区

③ 完成U盘的分区格式化后，分区参数如图13-4所示。

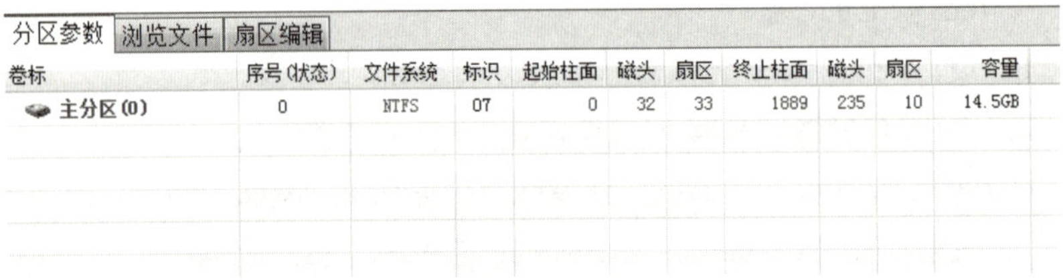

分区参数 | 浏览文件 | 扇区编辑

卷标	序号(状态)	文件系统	标识	起始柱面	磁头	扇区	终止柱面	磁头	扇区	容量
主分区(0)	0	NTFS	07	0	32	33	1889	235	10	14.5GB

图13-4 分区参数

3）解压缩Windows 7系统镜像文件到U盘根目录，如图13-5和图13-6所示。

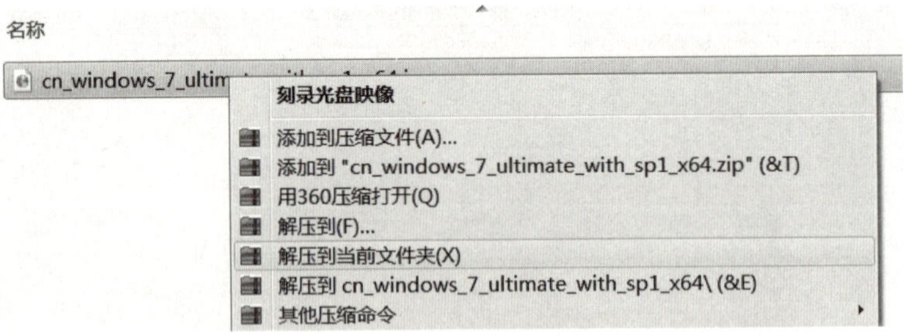

图13-5 解压系统镜像

图13-6 系统解压文件

4）退出U盘，完成原版U盘系统安装盘的制作。

任务2 使用“老毛桃”工具定制U盘启动盘

扫描二维码观看视频

任务分析

定制版的U盘启动盘，其具备自定义启动界面的背景图片、文字介绍等内容，对企业的宣传介绍是个非常好的平台。由于同时在U盘中整合PE系统和各类工具软件，在计算机系统维护中该U盘非常实用。这个任务就是使用“老毛桃”启动U盘制作工具，完成U盘启动盘的定制。

理论知识

1）除了功能单一的原生态U盘启动盘外，常见的一些第三方U盘启动盘制作工具有“老毛桃”“电脑店”“大白菜”等，它们能够自动化、智能化地快速完成启动盘的制作。

2）第三方工具制作的U盘启动盘整合了Windows PE系统、维护工具、备份还原工具等内容。使得U盘启动盘的功能得到拓展，成为计算机维护利器。

硬派词汇

Windows PE即Windows预安装环境，是具有有限服务的最小子系统，是基于以保护模式运行的Windows系统内核。也可以简单理解为Windows系统的超级精简、超级权限版。Windows PE是计算机维护人员进行相关操作的必备工具之一，有了这个工具可以省去许多麻烦。

任务实施

1）安装“老毛桃”U盘启动盘制作工具软件，如图13-7与图13-8所示。

图13-7 “老毛桃”开始安装界面

图13-8 “老毛桃”安装完毕界面

2）双击“老毛桃”装机工具快捷图标（见图13-9），打开启动盘制作工具主界面（见图13-10）。

3）在“默认模式”界面下，选择U盘，并分配800MB空间，模式选择“HDD-FAT32”，参数选择“NTFS”，如图13-11所示。

图13-9　“老毛桃”快捷图标

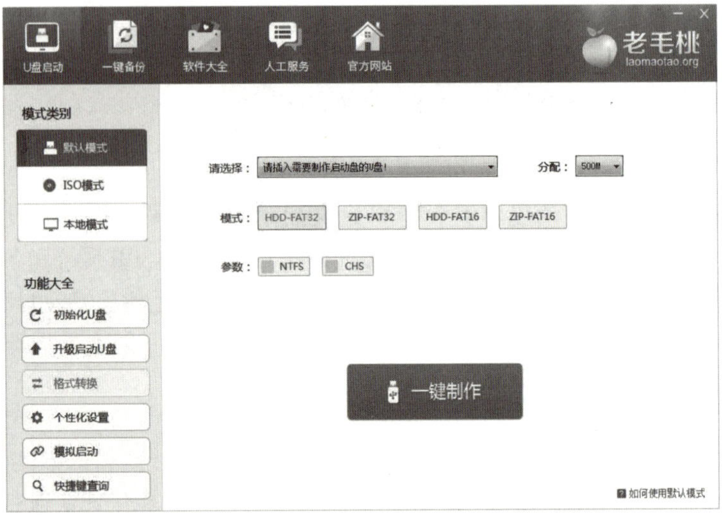

图13-10　“老毛桃”启动盘制作工具主界面

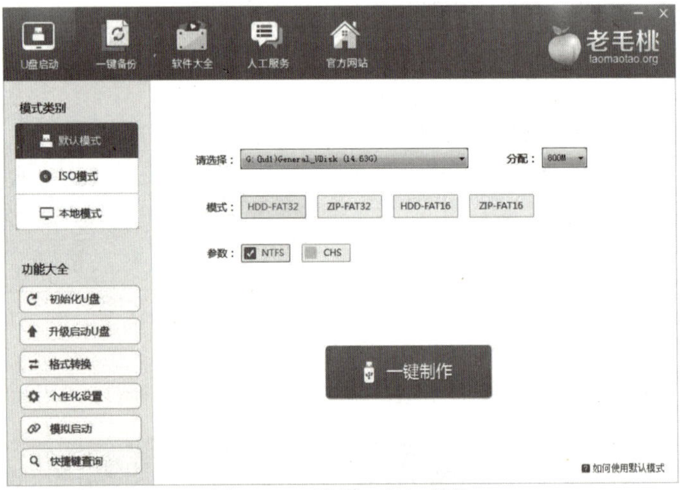

图13-11　设置U盘与参数

学习助手

由于制作U盘启动盘的过程中，需要格式化并且向U盘写入文件，常常会引起相关安全软件的误报，从而导致启动盘制作的失败。建议在制作U盘启动盘时，暂时退出相关安全软件。

4）单击“一键制作”按钮，软件会弹出格式化U盘数据的确认信息，如图13-12所示。

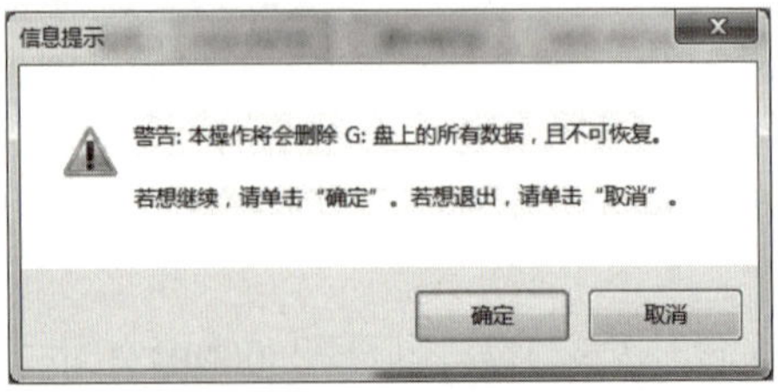

图13-12　确定格式化U盘数据

5）单击“确定”按钮，软件开始格式化U盘，并向U盘写入数据，如图13-13所示。

图13-13 制作启动U盘

6）当启动U盘制作完成后，软件弹出制作完成的“信息提示”对话框，并询问是否开启模拟测试，如图13-14所示。

7）单击“是”按钮，进入模拟运行界面，如图13-15所示。

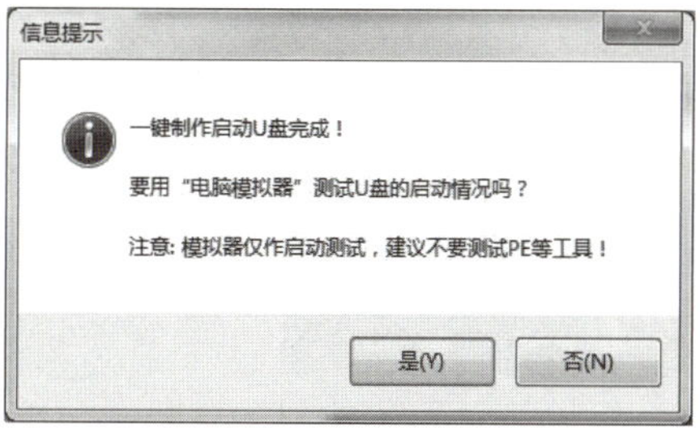

图13-14 启动U盘制作完成

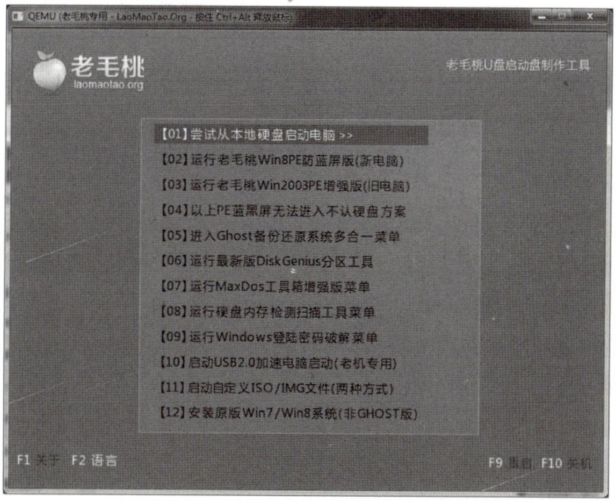

图13-15 模拟运行界面

8）单击软件主界面中的按钮，进入个性化设置主界面，如图13-16所示。

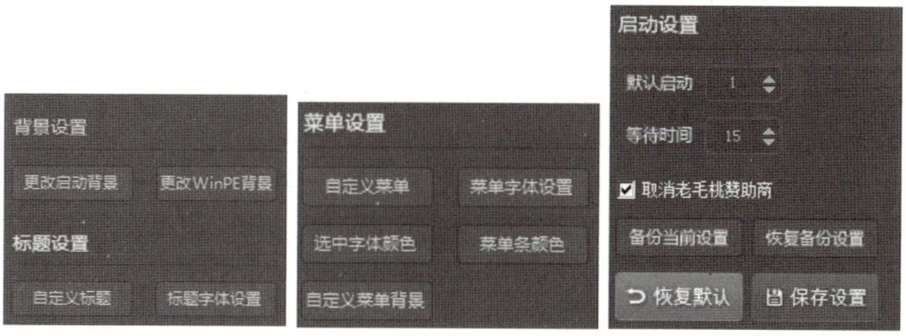

图13-16 个性化设置主界面

任务3　制作支持UEFI启动的U盘启动盘

扫描二维码观看视频

任务分析

由于计算机使用了新的UEFI模式，常见的U盘启动盘无法被识别，更无法从U盘启动系统，因此需要专门制作支持UEFI的U盘启动盘。许多第三方软件，也陆续提供支持UEFI的U盘启动盘制作工具。本任务中使用的“电脑店”U盘启动盘制作工具（UEFI版）就是其中之一。

任务实施

1）安装“电脑店”U盘启动盘制作工具6.2（UEFI版），如图13-17和图13-18所示。

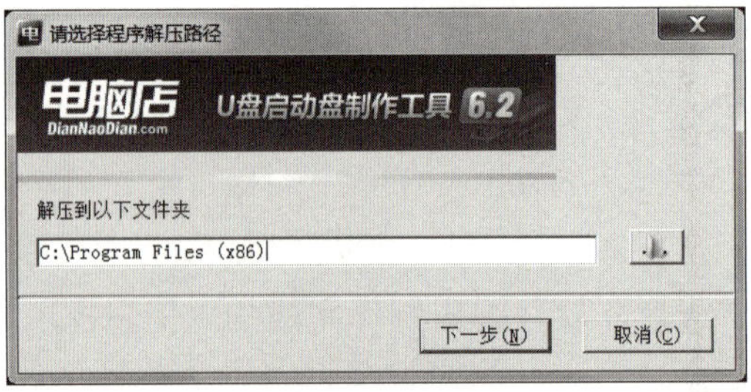

图13-17　选择安装目录

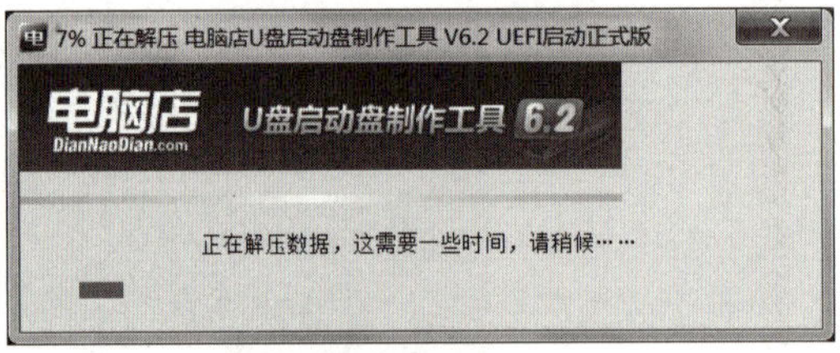

图13-18　安装制作工具

2）启动工具，进入软件主界面，如图13-19所示。

图13-19　软件主界面

3）单击“U盘启动”，插上U盘，使用“默认模式”，如图13-20所示。

图13-20　设置界面

4）单击“开始制作”按钮，会弹出警告对话框，如图13-21所示。

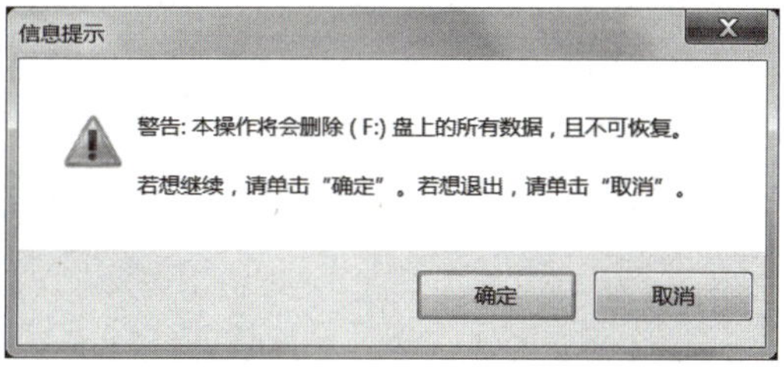

图13-21　警告对话框

5）单击“确定”按钮，开始制作，如图13-22所示。

图13-22　制作启动U盘

6）U盘启动盘制作完成后，弹出完成信息提示，如图13-23所示。

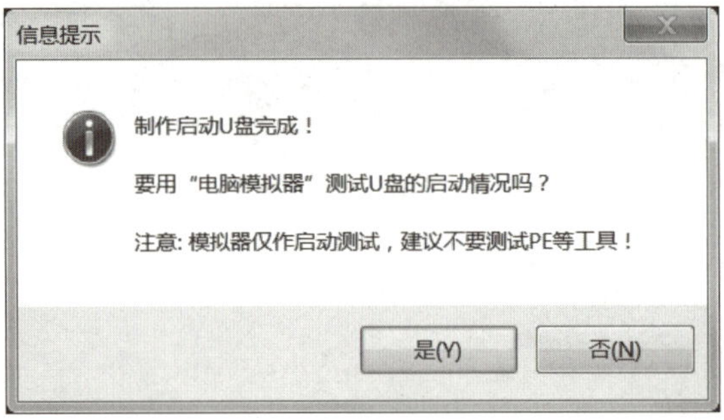

图13-23　完成信息提示

7）选择模拟测试，如图13-24所示。

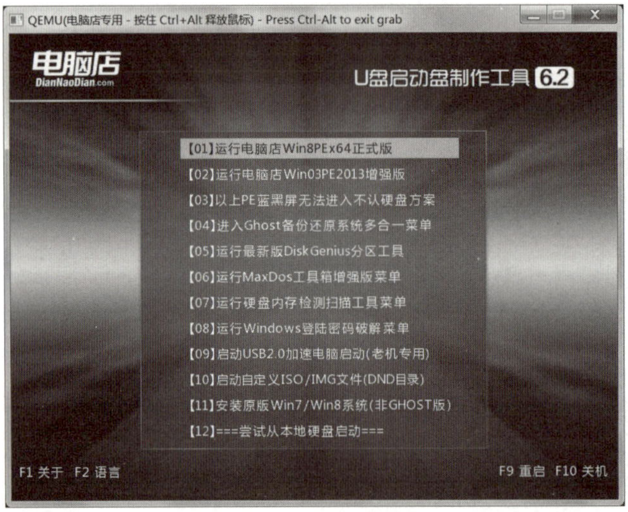

图13-24　模拟测试

课外作业

一、理论填空题

1. 传统计算机从BIOS启动的过程如下。

1）____。

2）____。

3）____。

4）____。

5）____。

2. 设定原生态的U盘启动盘的制作思路如下。

1）____。

2）____。

3）____。

3. 在第三方工具制作的U盘启动盘中整合了__________、__________、__________工具等内容。使得U盘启动盘的功能得到拓展，成为计算机维护利器。

4. 常见的一些第三方U盘启动盘制作工具有__________、__________、__________等，它们能够自动化、智能化地快速完成启动盘的制作。

二、实践应用题

1. 请各位同学准备一个至少4GB容量的U盘，下载Windows 7操作系统的ISO镜像，完成原生态系统安装盘的制作，通过截图与文字描述，通过Word文档形成图文报告。

2. 请各位同学准备一个至少4GB容量的U盘，使用“老毛桃”U盘启动盘制作工具，定制自己个性化的U盘启动盘，要求在界面中需要出现同学的姓名、学号及相关个性化的背景图片与标识。同样通过截图与文字描述，通过Word文档形成图文报告。

3. 请各位同学准备一个至少4GB容量的U盘，使用“电脑店”U盘启动盘制作工具，制作UEFI版本的U盘启动盘，并在一台支持UEFI启动的计算机上进入启动界面。通过截图与文字描述，通过Word文档形成图文报告。

三、课外拓展题

请各位同学以小组为单位，上网查询相关资料，通过PPT进行阐述Windows相关系统文件及文件夹的作用。

项目14　安装操作系统

项目难度：★★★★☆
项目课时：2学时
角色职业岗位：IT产品销售与技术员

项目描述

子俊通过坚持不懈的努力，在业绩及专业技术均有了很大的提升，这使得他从所有员工中脱颖而出。同时，由于子俊平时与同事关系融洽，乐于帮助别人，因此在同事中人缘很好。当门店需要推荐一位店长助理时，子俊获得了大家的一致推荐。

升职的喜悦一下涌上子俊心头，觉得自己平时的付出终于得到肯定与回报。子俊心情好了，在工作中就连安装操作系统的速度都显得比平时快些，笑容显得更加灿烂。不过言归正传，子俊遇到的安装操作系统的经典案例如下：

1）客户要求安装原版Windows 7操作系统。

2）客户要求在安装Windows 7的基础上，再通过硬盘安装Windows 8.1操作系统，从而在计算机中构建双操作系统。

3）客户要求在UEFI模式下安装Windows 10预览版操作系统。

项目分析

操作系统是用户与计算机硬件之间的媒介。只有正确安装拥有版权的操作系统，才可以通过安装其他应用软件来控制并使用计算机硬件，保障计算机系统的安全稳定工作。根据用户的使用需求，常见的有单操作系统和双操作系统的安装；同时随着UEFI模式的出现，也出现一种新的操作系统的安装方式。本项目介绍了这几种情况下操作系统的安装，并将项目分解为如下3个子任务。

任务单

1	U盘安装原版Windows 7 SP1操作系统
2	通过本地硬盘直接安装Windows 8.1操作系统并构建双系统
3	通过U盘在UEFI模式安装Windows 10操作系统

匠心养成·炼铸专业核心素养

版权意识、安全意识

项目实施

任务1　U盘安装原版Windows 7 SP1操作系统

扫描二维码观看视频

任务分析

由于微软停止了对Windows XP的更新，从而使得对硬件要求相对较低、稳定性好、安全性高的Windows 7操作系统成为广受用户欢迎的操作系统。如今大多中、低配置的计算机均选用了Windows 7操作系统。本任务将介绍通过U盘安装原版Windows 7操作系统的方法。

理论知识

1）常见的计算机操作系统有Microsoft的Windows操作系统、开源的Linux操作系统以及苹果公司的Mac OS X操作系统。

硬派词汇

操作系统（Operating System）：它是管理和控制计算机软硬件资源的计算机程序，是直接运行在“裸机”上的最基本的系统软件，任何其他软件都必须在操作系统的支持下才能运行。

2）现今主流的Windows操作系统有Windows 7，Windows 8以及Windows 10。

3）不同的操作系统都有自己的一套文件系统格式，Windows使用的文件系统主要有FAT、FAT32、NTFS等；Linux操作系统文件系统主要有ext、ext2、ext3、JFS、XFS、ReiserFS等。

4）Windows 7操作系统是由微软公司开发并于2009年10月22日正式发布的操作系统，内核版本号为Windows NT 6.1。Windows 7可供选择的版本有简易版（Starter）、普通家庭版（Home Basic）、高级家庭版（Home Premium）、专业版（Professional）、企业版（Enterprise）（非零售）以及旗舰版（Ultimate）。

学习助手

2015年1月13日，微软正式终止了对Windows 7操作系统的主流支持，但仍然继续为其提供安全补丁支持，直到2020年1月14日正式结束对Windows 7操作系统的所有技术支持。

大国奋进·感悟中国科技发展

国产操作系统发展历史

我国最早的操作系统研发可以追溯到20世纪的70年代。1979年，我国引进UNIX操作系统，许多科研院所和院校参与了以UNIX为基础的操作系统研发工作，虽然取得了一些研究成果，在某些领域有少许影响，但市场份额不大。

从1989年到1993年，COSIX1.0操作系统经历了从无到有的阶段。

随后的1994年到1995年，课题组总结初始阶段的开发经验教训，决定把国产操作系统开发的重点集中在做出自己的特色上。

1996年到1997年，国家计委批准了“九五”头两年的攻关计划，使得COSIX的开发工作继续进行。经过两年的工作，开发出的COSIX V2.1版本在技术上、网络支持和商品化和应用方面都取得了长足的进步。随后，中国软件通过和康柏公司的合作，在操作系统的产业兼容和国际化方面能力进一步加强。但在那个时代，一个耀眼的新星已经在操作系统界冉冉升起：那就是Linux。

1999年可以说是中国Linux的元年。那一年中国市场上出现了三家影响深远的Linux企业：中软Linux，中科红旗和蓝点。

曾经的创业神话：蓝点Linux。2000年注定属于蓝点，这个三家中背景最不起眼却发射出流星般耀眼光芒的企业。蓝点在成立仅仅几个月的时间，就先后拿下三个OEM大单，仅凭这三张大单，蓝点每月出货量可以做到15万套，一跃成为中文Linux最大的供应商，占国内市场份额的80%以上。2000年席卷全美的纳斯达克股灾将蓝点的股价打落谷底，失去了融资能力的蓝点在市场中逐渐消失。

曾经的旗手：红旗Linux。红旗LINUX于1999年诞生，在2001年北京市政府桌面操作系统产品正版软件采购竞标中成功中标，将竞争对手微软挤下擂台。此役让红旗操作系统一战成名。经过多年的发展，红旗Linux几乎成了国产操作系统的代言人。但是，由于种种原因，2014年红旗被破产清算。

中软Linux的华丽转身：中标麒麟。为了更好地推动国产操作系统的发展，中软Linux研发部门与母公司中国软件与技术服务股份有限公司脱离，并于2003年成立中标软件公司，发布中标普华Linux系列产品。在2010年中标普华与银河麒麟品牌合并后，中标普华Linux淡出历史舞台，中标麒麟操作系统正式诞生。

如今的中标麒麟操作系统在国内Linux市场占有率连年第一，已经在政府、国防、金融、教育、财税、公安、审计、交通、医疗、制造等行业得到深入应用，应用领域涉及我国信息化和民生各个方面，多个领域已经进入核心应用部分。

近年来，各类安全事件持续发酵，国产操作系统迎来了一个重大利好时期。许多厂家也纷纷加入到国产操作系统阵营中来。如思普Linux、深度Linux，普华Linux等。

任务实施

1）在BIOS中设置U盘作为第一启动项，并使用项目13任务1中制作的U盘系统盘启动计算机。启动画面如图14-1和图14-2所示。

图14-1 载入系统文件

图14-2 启动系统

2）进入Window 7操作系统安装画面，设置语言为“中文简体”，单击“下一步”按钮，如图14-3所示。单击“现在安装”按钮，开始安装操作系统，如图14-4所示。

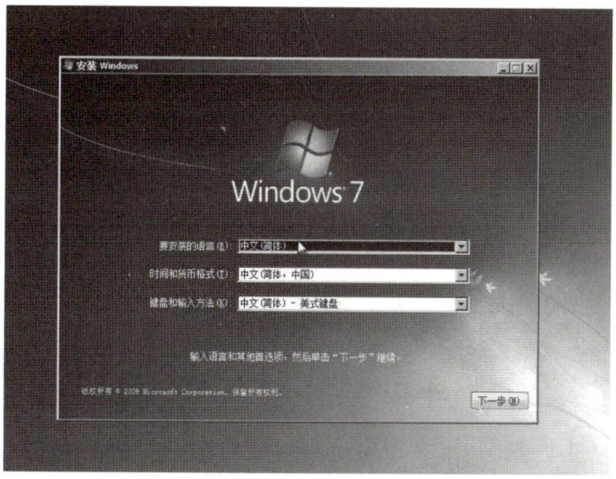

图14-3 语言设置

图14-4 安装界面

3）阅读软件许可条款并选中“我接受许可条款”复选框（见图14-5），单击“下一步”按钮，选择操作系统安装类型。此处需要选择“自定义（高级）”选项，如图14-6所示。

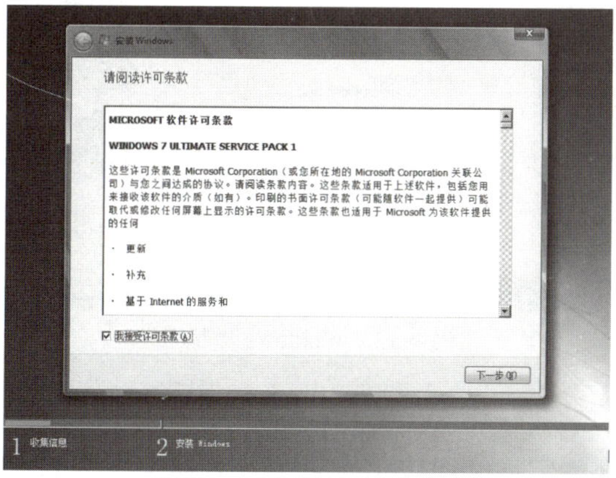

图14-5 软件许可条款

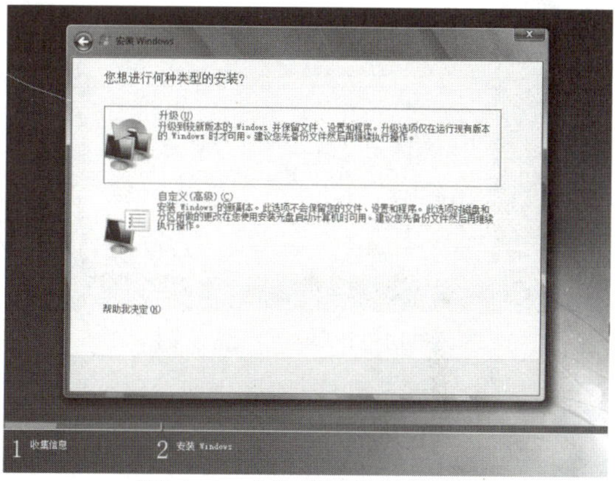

图14-6 安装类型选择界面

4）选择操作系统安装的分区位置，这里选择第一个分区，如图14-7所示。计算机开始复制系统文件，并开始安装操作系统，如图14-8所示。

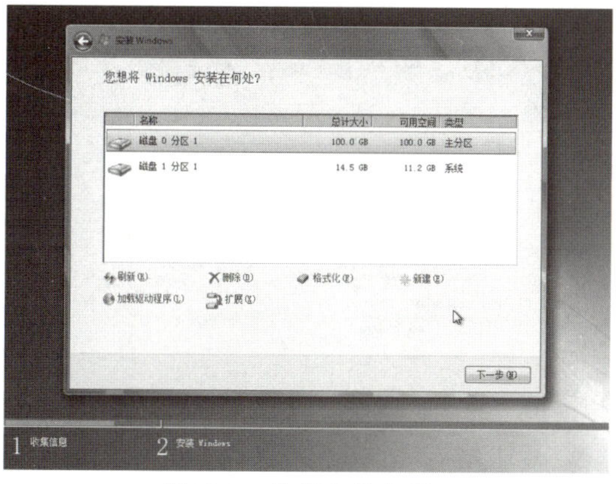

图14-7 选择安装分区

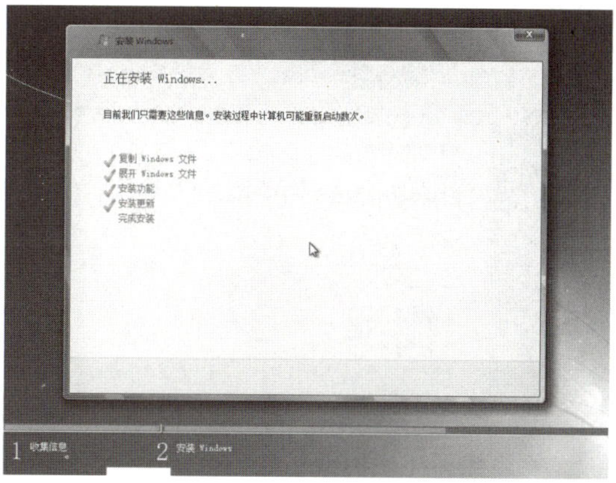

图14-8 安装界面

5）输入用户名和计算机名（见图14-9），并设置用户密码，如图14-10所示。

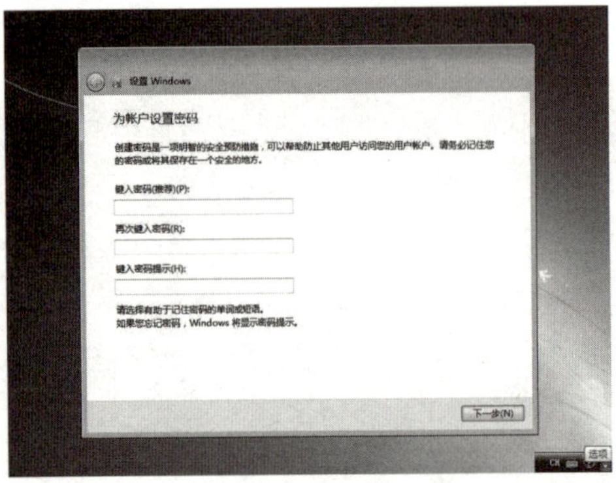

图14-9　输入用户名和计算机名

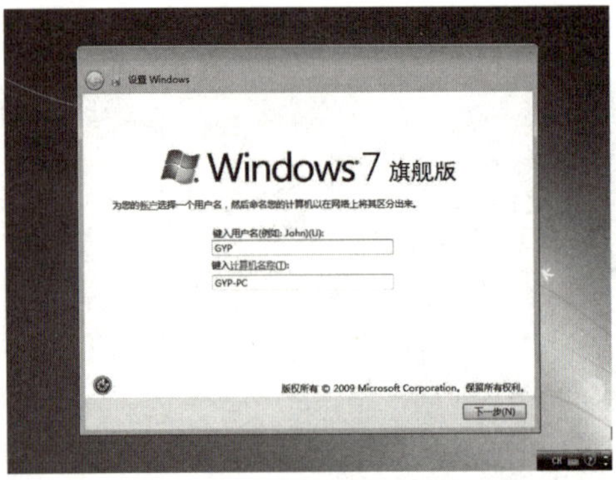

图14-10　设置用户密码

6）输入产品秘钥，这里选择“跳过”，如图14-11所示；Windows设置使用推荐设置，如图14-12所示。

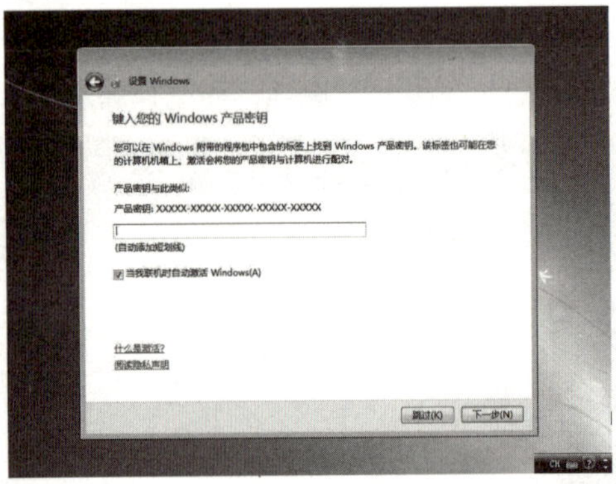

图14-11　输入产品秘钥

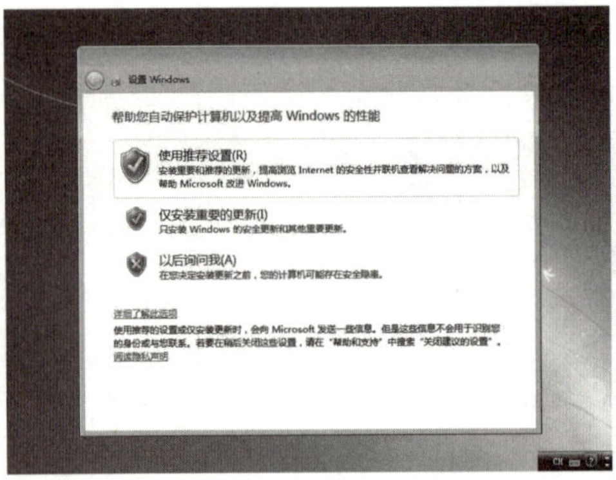

图14-12　Windows设置

硬派词汇

产品密钥：它是Windows操作系统在安装时用来确认用户获得正版授权的一组数字与字母编码。如果没有产品密钥，那么将无法认证为正版操作系统。

7）设置计算机时间和日期，如图14-13所示；设置网络类型，这里选择“工作网络”，如图14-14所示。

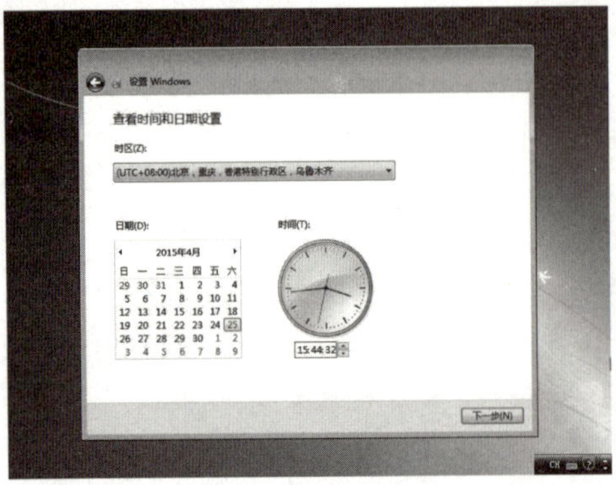

图14-13　设置计算机时间和日期

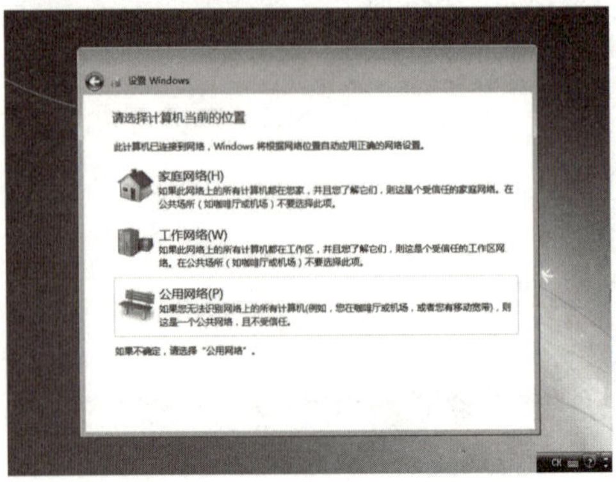

图14-14　设置网络类型

8）计算机完成设置，如图14-15所示；进入欢迎界面，如图14-16所示。

图14-15　完成设置

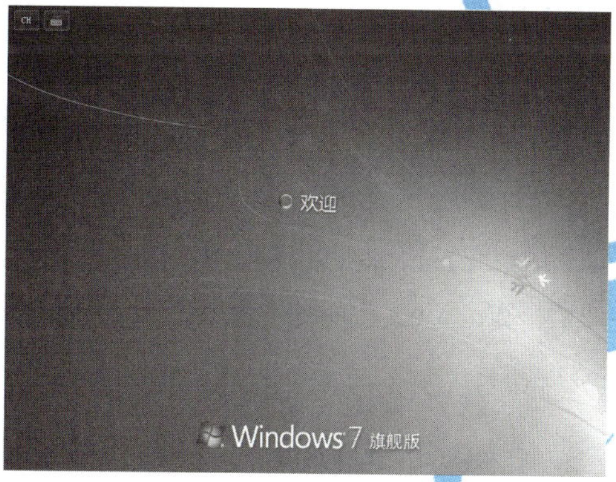

图14-16　欢迎界面

9）计算机准备桌面如图14-17所示。最终完成操作系统安装，进入Windows 7主界面，如图14-18所示。

图14-17　准备桌面

图14-18　Windows 7主界面

任务2　通过本地硬盘直接安装Windows 8.1操作系统并构建双系统

扫描二维码观看视频

任务分析

Windows 8操作系统的出现吸引了许多用户。但由于很多用户适应了Windows 7操作系统的操作习惯，一时又离不开Windows 7操作系统，这时就可以考虑构建双系统，这样既可以慢慢体验Windows 8操作系统的特点，又可以不影响Windows 7的使用。本任务介绍了从硬盘直接安装Windows 8.1操作系统，并构建双操作系统的过程。

理论知识

Windows 8操作系统是继Windows 7之后的新一代视窗操作系统，于2012年10月26日正式发布。Windows 8采用全新的Modern UI风格用户界面，使各种应用程序、快捷方式等能以动态方块的样式呈现在屏幕上，让人们的日常操作更加简单和快捷；操作上，大幅改变以往的操作逻辑，提供更佳的屏幕触控支持，同时启动速度更快、占用内存更少，工作环境更加高效易行。

学习助手

2013年10月，微软向Windows 8用户推送Windows 8.1。2014年4月，微软在BUILD 2014大会上发布Windows 8.1 Update 1。微软对Windows 8的技术支持工作将在2016年1月12日终止，到时必须升级Windows 8.1才能继续获取支持。

任务实施

1）将Windows 8.1 64位操作系统的安装镜像解压缩至E盘根目录下，文件结构如图14-19所示。

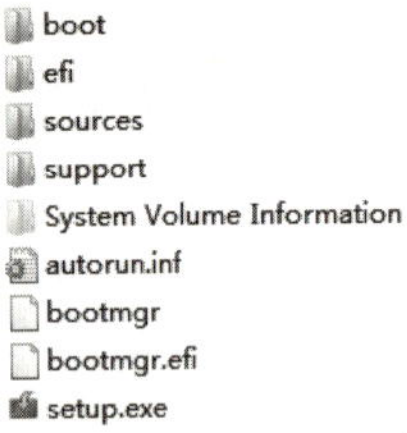

图14-19　系统文件

2）使用项目13任务2中制作的U盘启动盘，启动计算机，在界面中选择“02运行老毛桃Win8PE防蓝屏版（新电脑）”选项，如图14-20所示。WinPE主界面如图14-21所示。

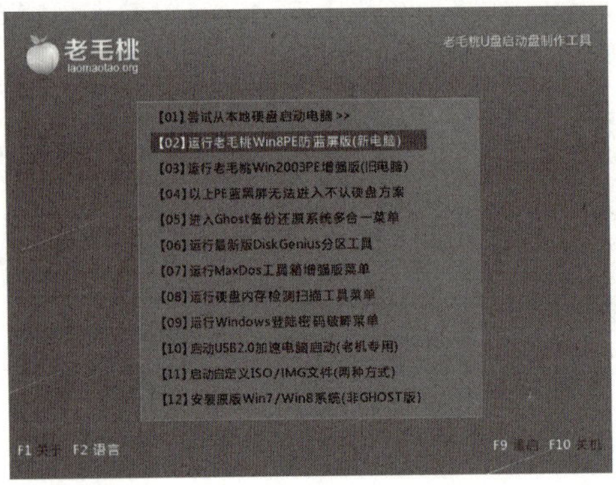

图14-20　老毛桃启动U盘主界面

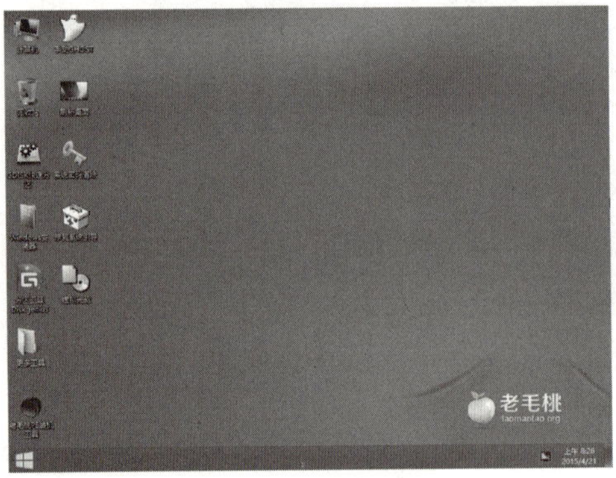

图14-21　WinPE主界面

3）双击“NT6系统安装器”图标，如图14-22所示。打开NT6快捷安装器的主界面，如图14-23所示。

图14-22　NT6系统安装器图标

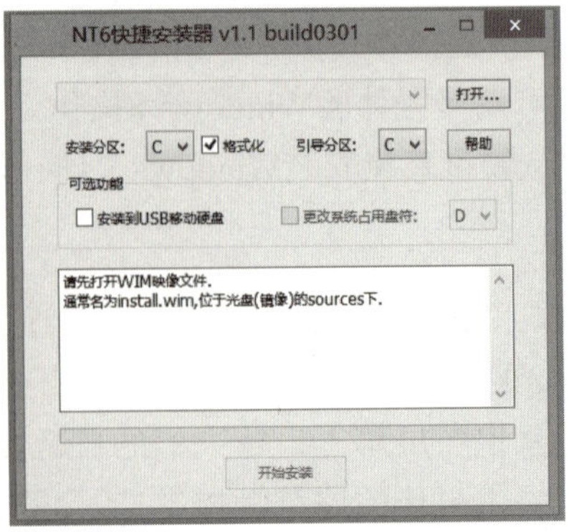

图14-23　NT6快捷安装器主界面

4）单击“打开”按钮，选择“sources”文件夹中的“install.wim”文件，如图14-24所示。这时会弹出“提示”对话框，选择其中的“是”按钮，如图14-25所示。

图14-24 install.wim文件

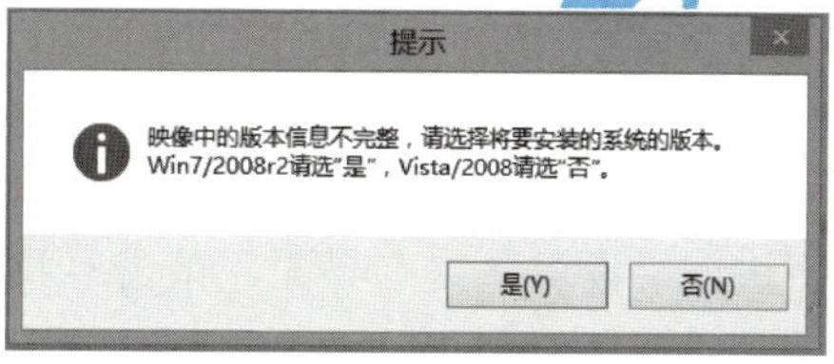

图14-25 安装提示

5）继续回到NT6快捷安装器主界面进行设置。主要设置包括设置安装分区为“D”，设置引导分区为“C”，更改系统占用盘符默认为“D”，如图14-26所示。

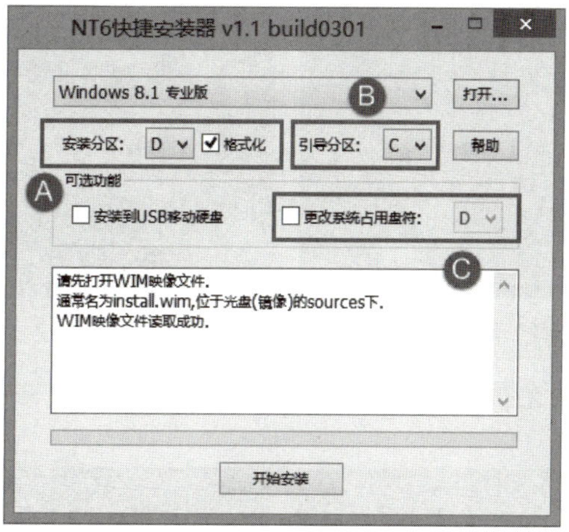

图14-26 NT6快捷安装器设置

6）单击“开始安装”按钮，弹出格式化警告对话框，如图14-27所示。单击“确定”按钮，开始格式化，完成后弹出“格式化完毕”提示信息，如图14-28所示。

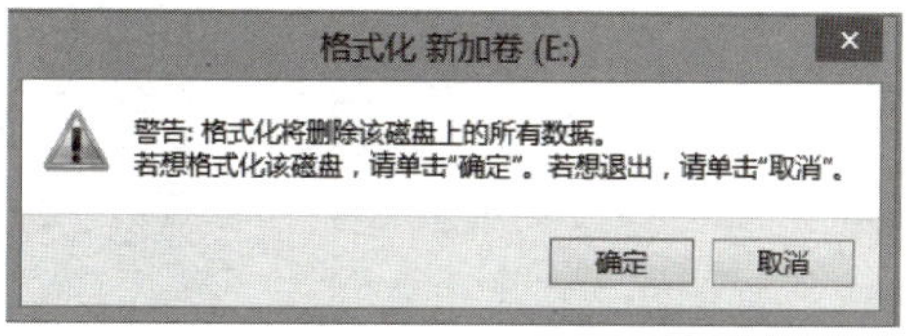

图14-27 格式化警告对话框

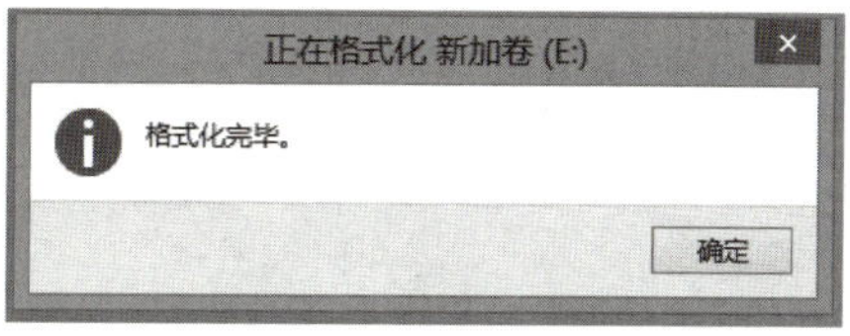

图14-28 格式化完毕

7）重启计算机，进入系统安装阶段。先进入选择操作系统界面，如图14-29所示。选择“Windows 8.1”选项，进入“区域和语言”设置界面，如图14-30所示。

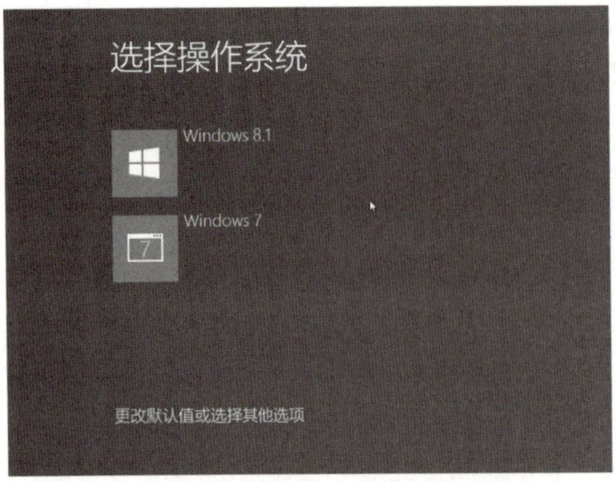

图14-29　选择操作系统界面

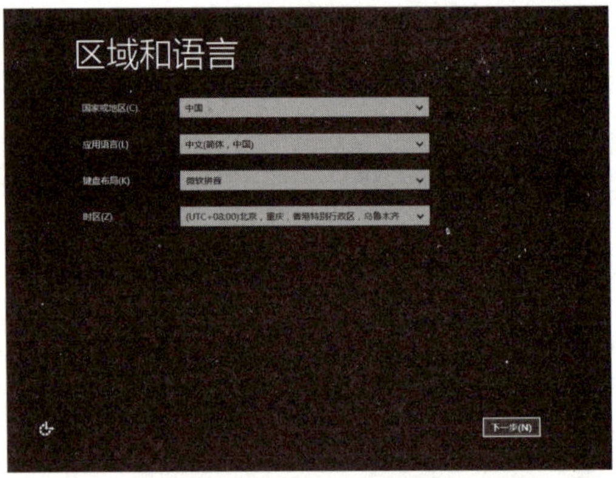

图14-30　“区域和语言”设置界面

8）单击“下一步”按钮，进入“产品密钥”界面，如图14-31所示；单击“跳过”按钮，进入“许可条款”界面，单击“我接受”按钮，如图14-32所示。

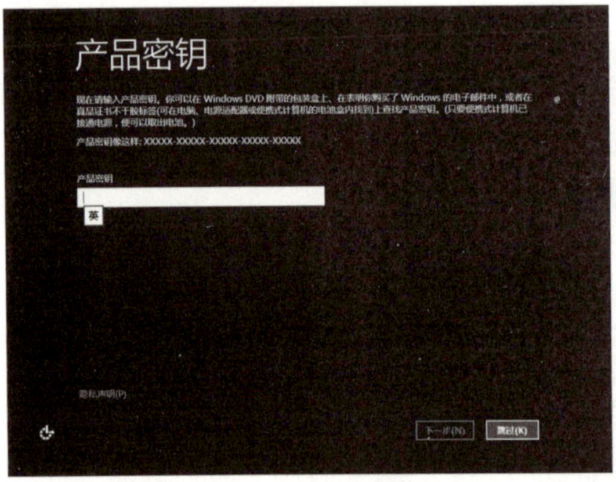

图14-31　“产品秘钥”界面

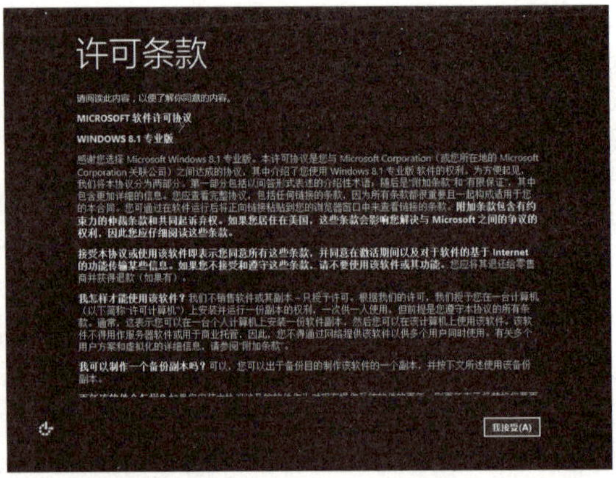

图14-32　“许可条款”界面

9）进入“个性化”设置界面，如图14-33和图14-34所示，并单击“快速设置”按钮。

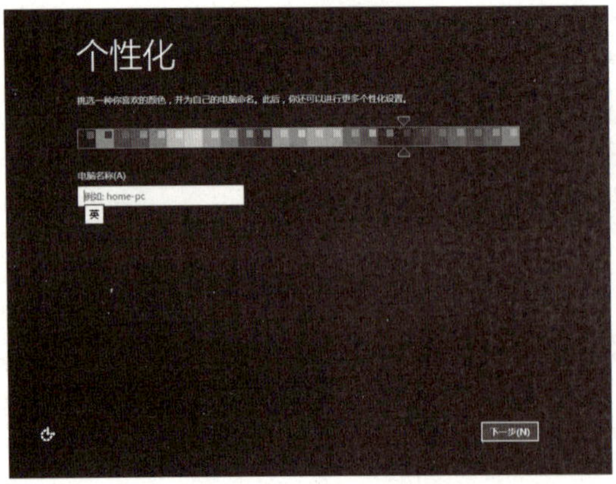

图14-33　“个性化”设置界面

图14-34　快速设置界面

10）登录微软账户，并验证用户信息，如图14-35～图14-38所示。

图14-35　输入微软账户

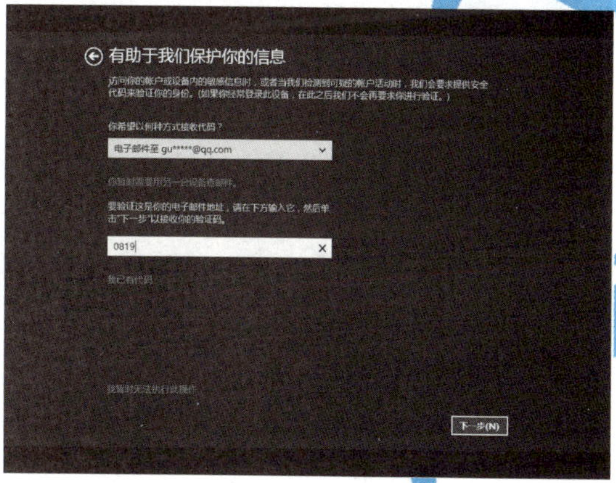

图14-36　验证用户信息

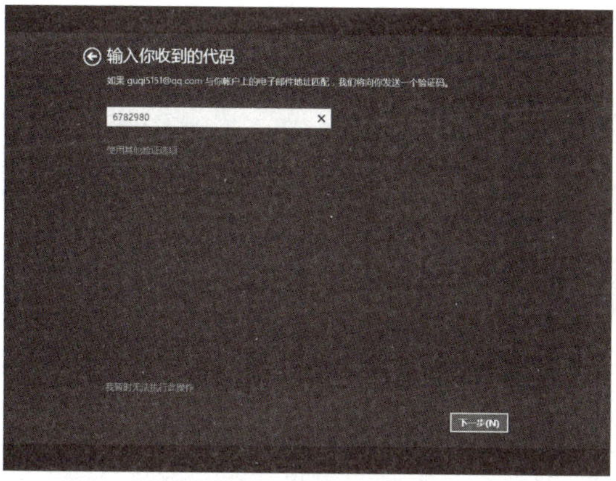

图14-37　输入验证代码

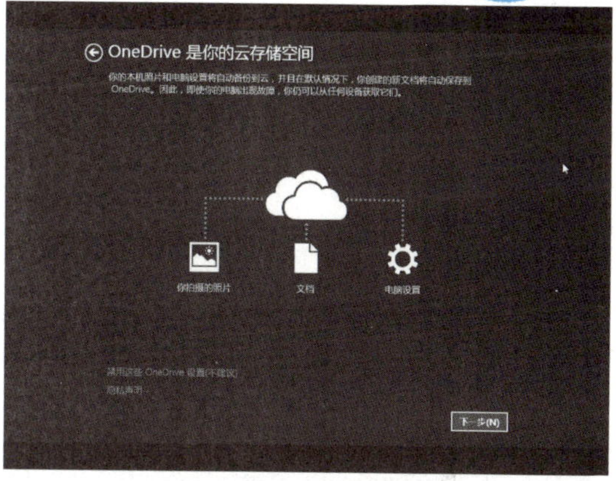

图14-38　云存储界面

11）设置计算机用户账户信息，如图14-39和图14-40所示。

图14-39　账户设置

图14-40　账户设置

12）计算机重新启动后，开始启动操作系统安装程序，如图14-41和图14-42所示。

图14-41　启动系统

图14-42　启动安装程序

13）开始复制Windows文件和安装操作系统，在安装完成后，需要重新启动计算机，如图14-43和图14-44所示。

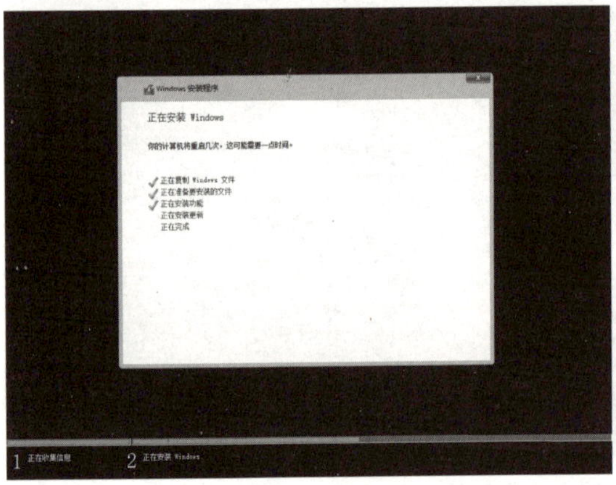

图14-43　安装Windows

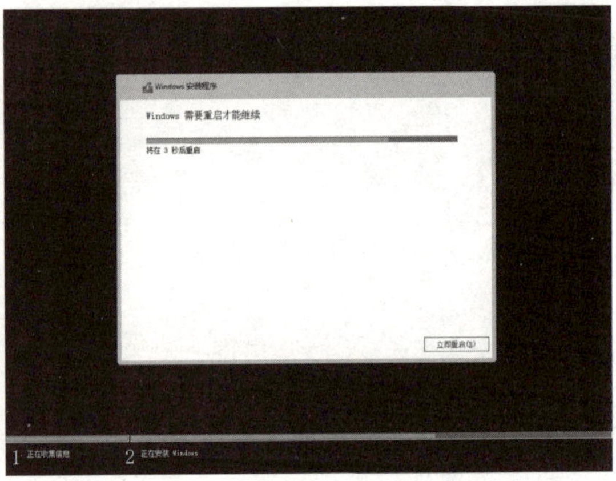

图14-44　安装完成并重启系统

14）系统开始准备设备，并进行相关设置，如图14-45和图14-46所示。

图14-45　准备设备

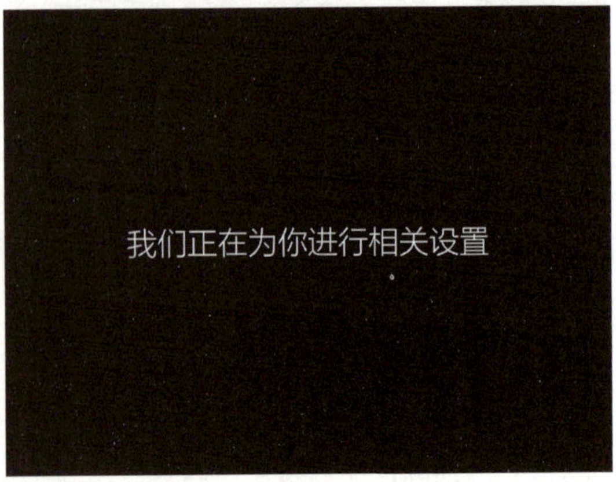

图14-46　进行相关设置

15）操作系统安装状态的描述，如图14-47～图14-50所示。

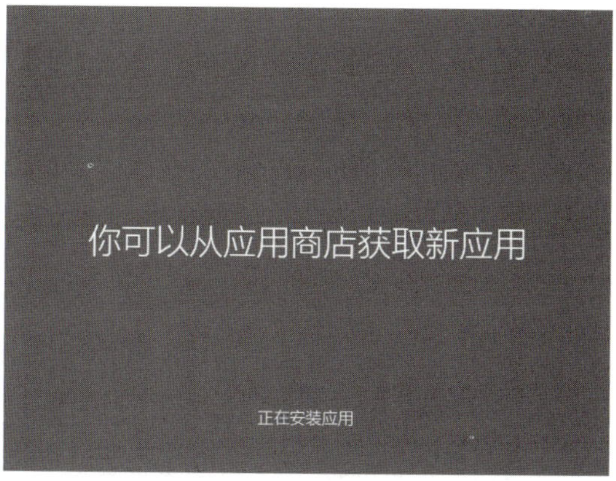

图14-47　获取相关新应用

图14-48　安装相关应用

图14-49　准备应用

图14-50　准备工作马上就绪

16）计算机重新启动，并登录用户账号，如图14-51和图14-52所示。

图14-51　重新启动系统

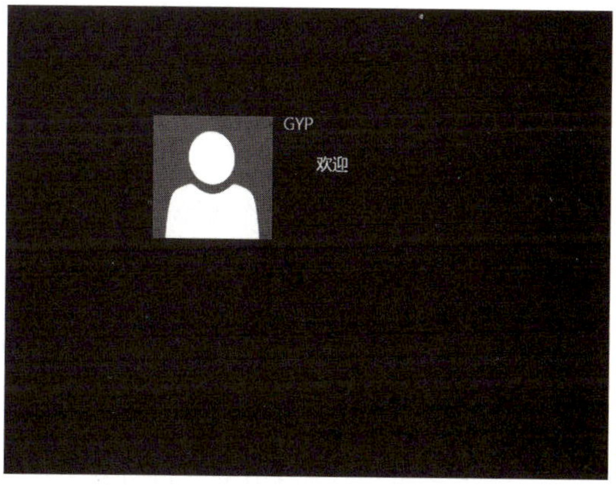

图14-52　欢迎界面

17）进入Windows 8.1系统界面，并展示其开始菜单，如图14-53和图14-54所示。

图14-53　操作系统桌面

图14-54　开始菜单

18）Windows 8.1的应用界面与应用商店界面展示，如图14-55和图14-56所示。

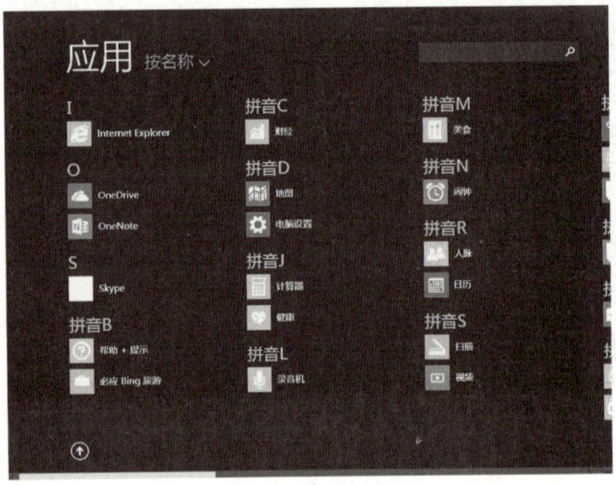

图14-55　应用界面

图14-56　应用商店界面

任务3　通过U盘在UEFI模式安装Windows 10操作系统

扫描二维码观看视频

任务分析

在UEFI模式下安装操作系统，由于磁盘使用了GPT分区表，因此安装的过程与传统安装有较大的变化。本任务介绍了在UEFI模式下安装Windows 10操作系统的过程。

任务实施

1）参考项目11中将BIOS切换成UEFI模式。

2）使用项目13任务3中制作的U盘启动盘，并将Windows 10操作系统解压到U盘根目录下。设置从UEFI USB设备启动，如图14-57所示。

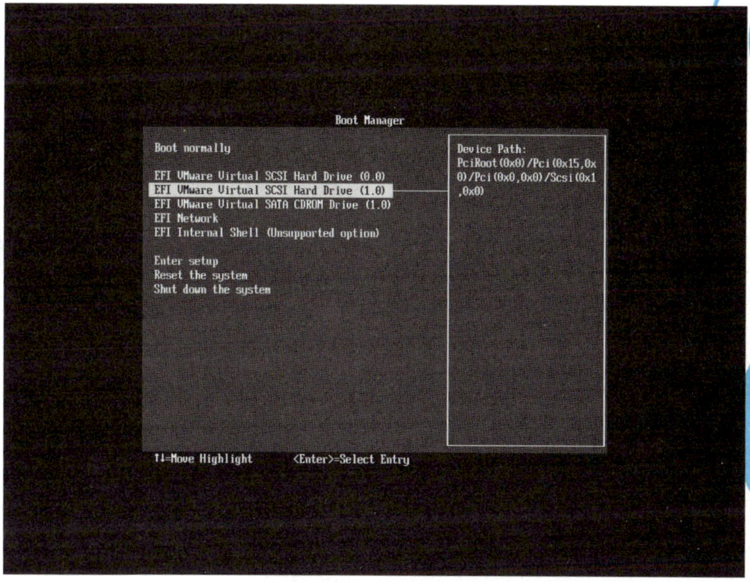

图14-57　启动项选择界面

学习助手

由于图14-57是从虚拟机中截图，而对于U盘的识别，在虚拟机中是将其虚拟为一块硬盘，因此显示的是“EFI VMware Virtual SCSI Hard Drive（1.0）”，在实际应用中，应该显示为“EFI USB HDD”。

3）启动后，进入“电脑店”启动盘界面，选择“11”项的“安装原版系统（非GHOST）”；继续选择“06”项的“直接安装操作系统（需要提前解压ISO到U盘）”，如图14-58和图14-59所示。

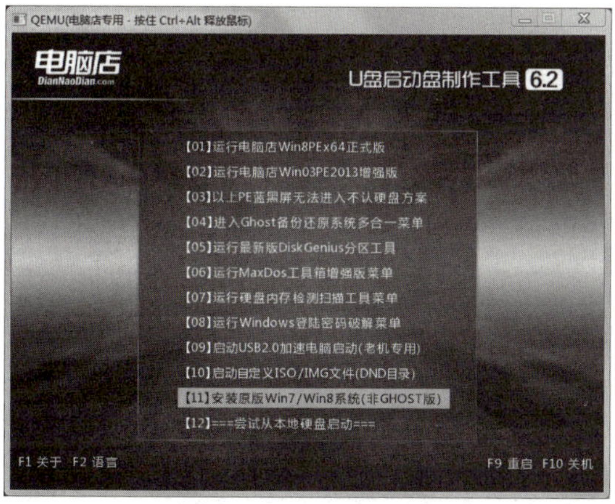

图14-58　安装原版系统选项

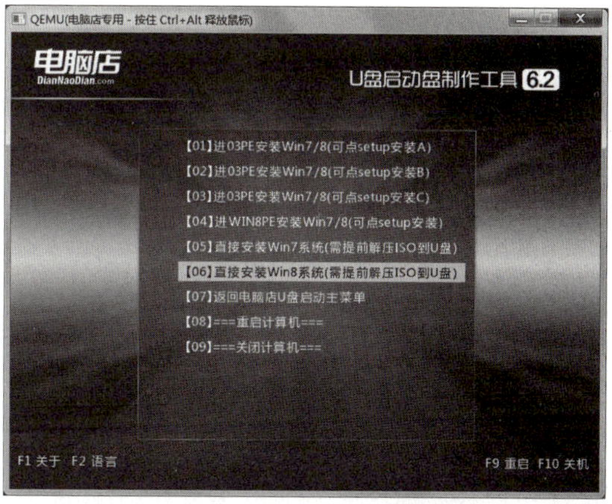

图14-59　直接安装操作系统选项

4）启动后进入Windows安装程序，进入设置安装语言等界面，如图14-60所示。依次单击“下一步”及“现在安装”按钮，如图14-61所示，启动安装程序，如图14-62所示。设置授权条款，选中“我接受授权条款”复选框，如图14-63所示。

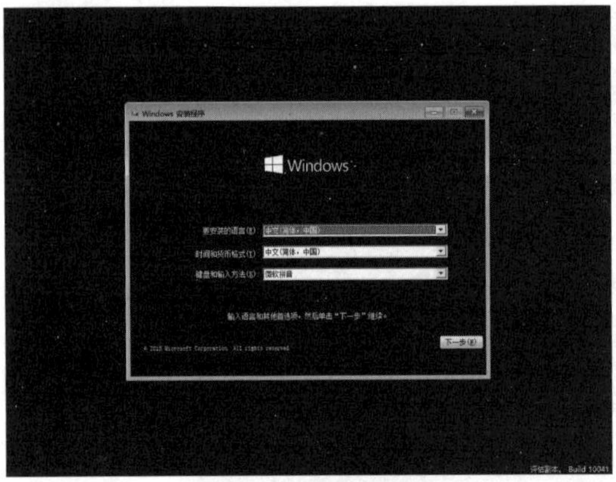

图14-60 设置安装语言

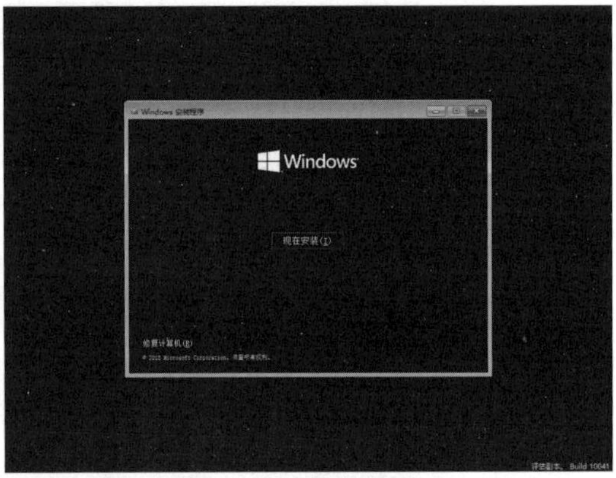

图14-61 开始安装界面

图14-62 启动安装程序

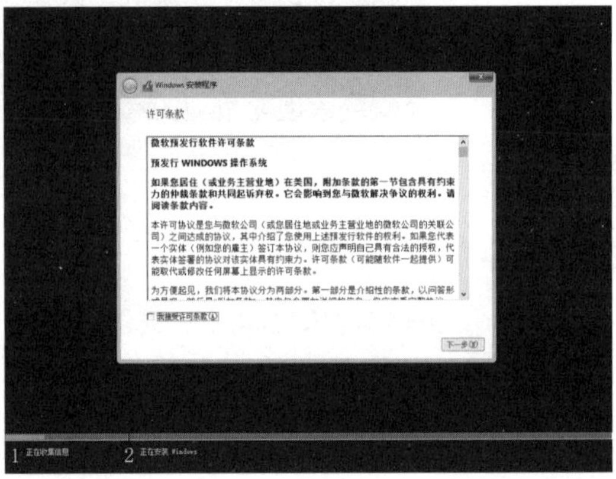

图14-63 设置授权条款

5）选择安装类型为“自定义”，如图14-64所示。设置安装操作系统的磁盘位置，如图14-65所示。

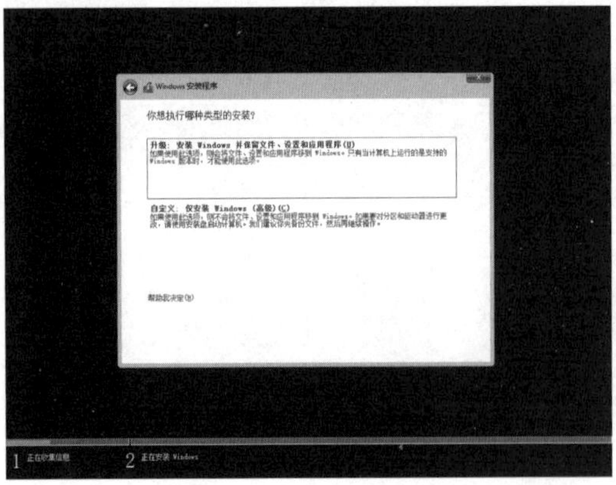

图14-64 选择安装类型

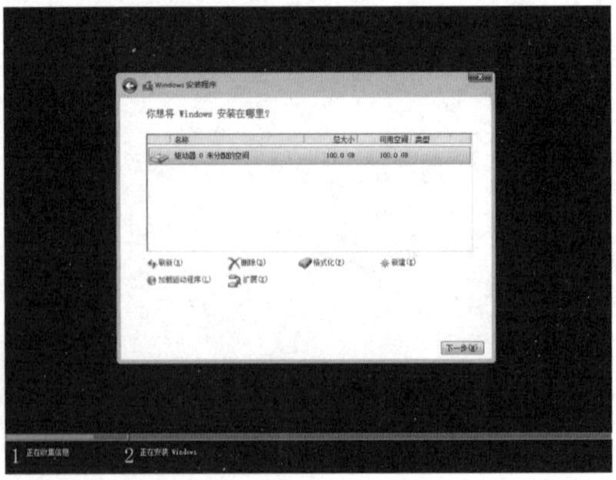

图14-65 设置安装操作系统的磁盘位置

6）由于磁盘为未分配的空间，在这里单击“新建”按钮，分配磁盘空间。分配完毕后的磁盘分区如图14-66所示。

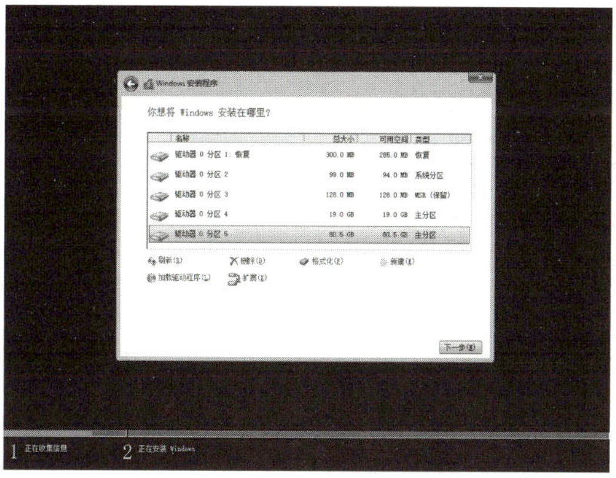

图14-66　完成磁盘分区

观察思考

请同学们观察磁盘分区的类型，再结合UEFI模式下磁盘分区的特点，谈谈自己的感受。

7）选择“分区4”后单击“下一步”按钮，开始复制Windows文件并安装操作系统，如图14-67所示。完成后重启计算机系统，如图14-68所示。

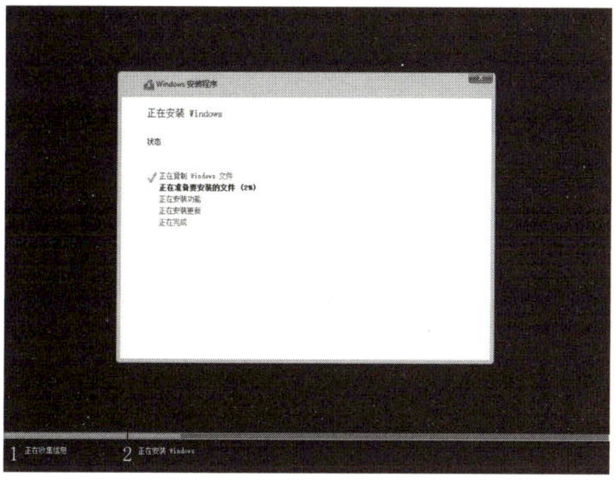

图14-67　复制系统文件

图14-68　系统准备就绪

8）开始设置Windows 10的相关功能，这里单击“自定义”按钮，并对网络设置选择“是”，如图14-69和图14-70所示。

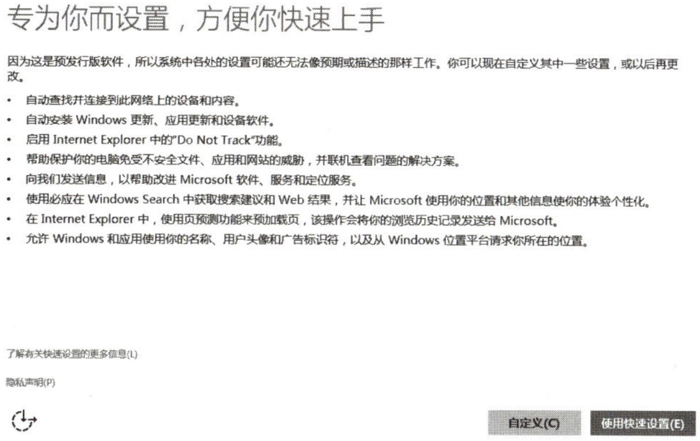

图14-69　Windows 10 自定义设置

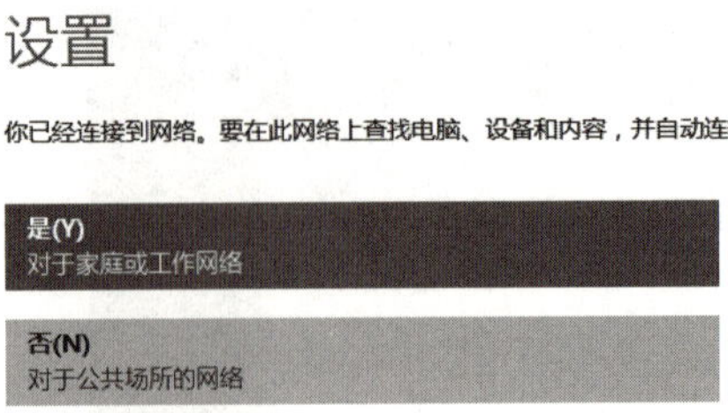

图14-70　网络设置

9）设置计算机所有者，这里选择“这台设备属于我”并登录Microsoft账号，如图14-71与图14-72所示。

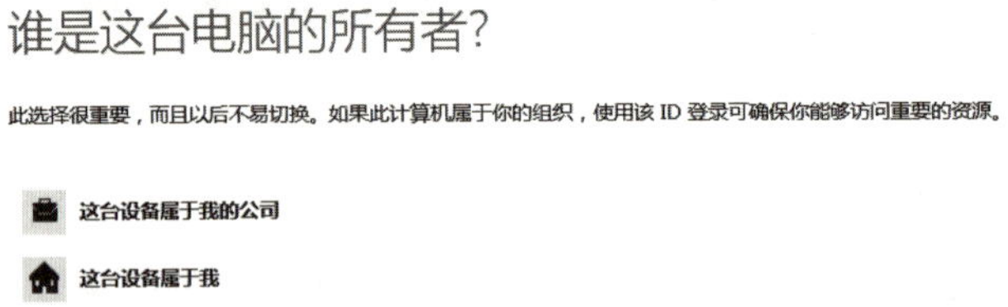

图14-71　设置计算机的所有者

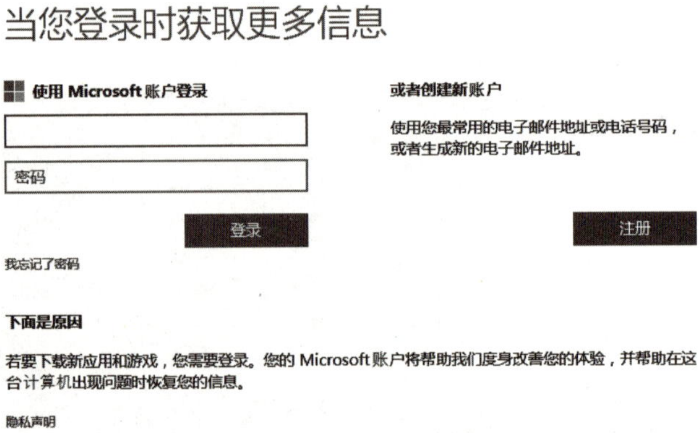

图14-72　登录Microsoft账号

10）设置计算机相关更新、隐身保护、在线查询办法、Microsoft相关服务等功能开关，如图14-73～图14-75所示。

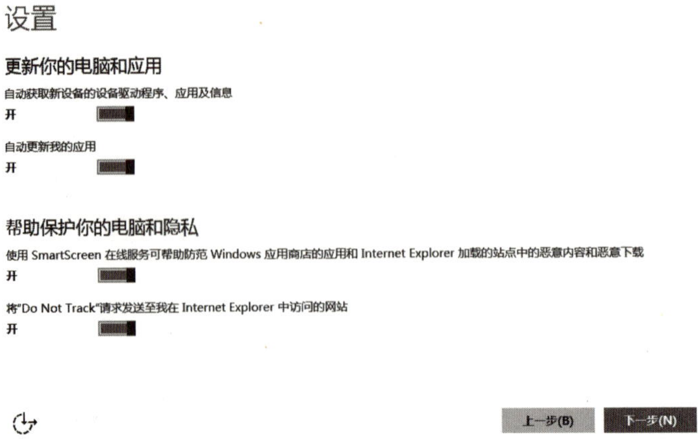

图14-73　相关功能开关的设置1

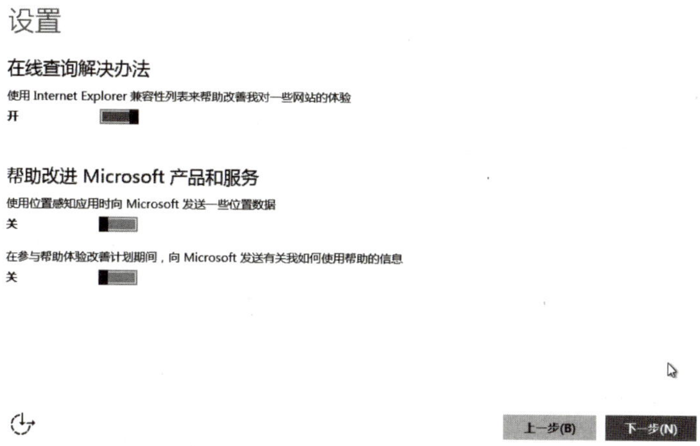

图14-74　相关功能开关的设置2

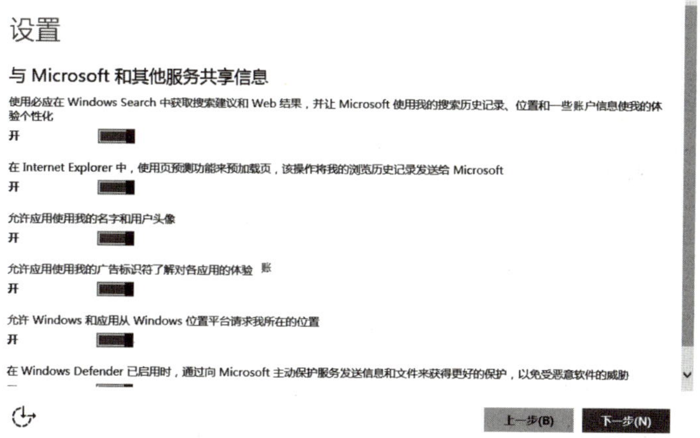

图14-75　设置Microsoft和其他服务共享信息

11）设置计算机所有者，并创建账户，如图14-76所示。

图14-76　创建账户

12）用户登录系统，出现欢迎界面，如图14-77～图14-79所示。

图14-77　Windows 10欢迎界面

图14-78　欢迎界面1

图14-79　欢迎界面2

13）进入Windows 10预览版操作系统主界面，如图14-80所示。打开开始菜单，如图14-81所示。

图14-80　Windows 10预览版操作系统主界面

图14-81　Windows 10开始菜单

学习助手

由于本次安装的是Windows 10预览版10041版本，安装过程同Microsoft最终发布的正式版可能会有出入，一切以正式版为准。

课外作业

一、理论填空题

1. ________是管理和控制计算机硬件与软件资源的计算机程序。

2. 现今主流的Windows操作系统有________、________、________等。

3. __________是操作系统在安装时用来确认用户获得正版授权的一组数字与字母编码。如果没有，将无法认证为正版操作系统。

4. 常见的安装操作系统的方式方法有

1）____；

2）____；

3）____。

二、实践应用题

1. 请各位同学下载并安装体验国产操作系统优麒麟（Ubuntu Kylin），官网地址为http://www.ubuntukylin.com，通过截图与文字记录安装与使用的体验，通过Word文档形成报告。

2. 请各位同学完成Windows 8.1与Linux Deepin双操作系统的安装。Linux Deepin官网地址为http://www.deepin.org，通过截图与文字记录安装与使用的体验，通过Word文档形成报告。

3. 请各位同学完成Windows 10正式版的安装与体验。通过截图与文字记录安装与使用的体验，通过Word文档形成报告。

三、课外拓展题

请以小组为单位，上网查询并了解常见操作系统与软件的破解技术与原理，了解正版软件在中国的现状，通过PPT进行汇报展示（根据版权法，请支持并使用正版软件）。

项目15　安装、备份及还原驱动程序

项目难度：★★★☆☆

项目课时：2学时

角色职业岗位：IT产品销售与技术员

项目描述

1）客户添置了独立显卡，但不能将显卡的分辨率调整到合适的状态——屏幕显示偏大，且清晰度低，故来门店寻求帮助。

2）客户购置了笔记本式计算机，自行更换操作系统后发现显卡与摄像头等一部分硬件无效，到门店寻求帮助。

项目分析

计算机硬件技术与软件系统在不断发展，但硬件与软件的联通方式一直没有变化，即通过驱动程序实现操作系统与硬件的互连。本项目将介绍处理与驱动程序相关的计算机问题。要求子俊通过学习一类硬件驱动程序的处理，触类旁通，举一反三，掌握计算机中驱动程序相关问题的处理方法。根据常见的驱动程序操作，本项目可分解成下列3个子任务。

任务单

1	检查硬件驱动程序的安装情况
2	驱动程序的安装
3	驱动程序的备份与还原

匠心养成·炼铸专业核心素养

触类旁通、举一反三

项目实施

任务1　检查硬件驱动程序的安装情况

扫描二维码观看视频

任务分析

计算机操作系统是通过驱动程序来识别计算机硬件的，所以常见的“硬件出现查找不到、使用不正常”等问题，一般先要查看驱动程序的状况。

理论知识

计算机中诸如主板、显卡、声卡、网卡、打印机等硬件设备只有在安装驱动程序后，才能正常工作。

硬派词汇

驱动程序（Device Driver）：它是一种可以实现计算机系统和硬件设备通信的特殊程序，相当于硬件的“接口”，操作系统只有通过这个“接口”，才能控制硬件设备的工作。

任务实施

1）右击“计算机”，从弹出的快捷菜单中选择“属性”命令，打开“系统属性”窗口，如图15-1所示。

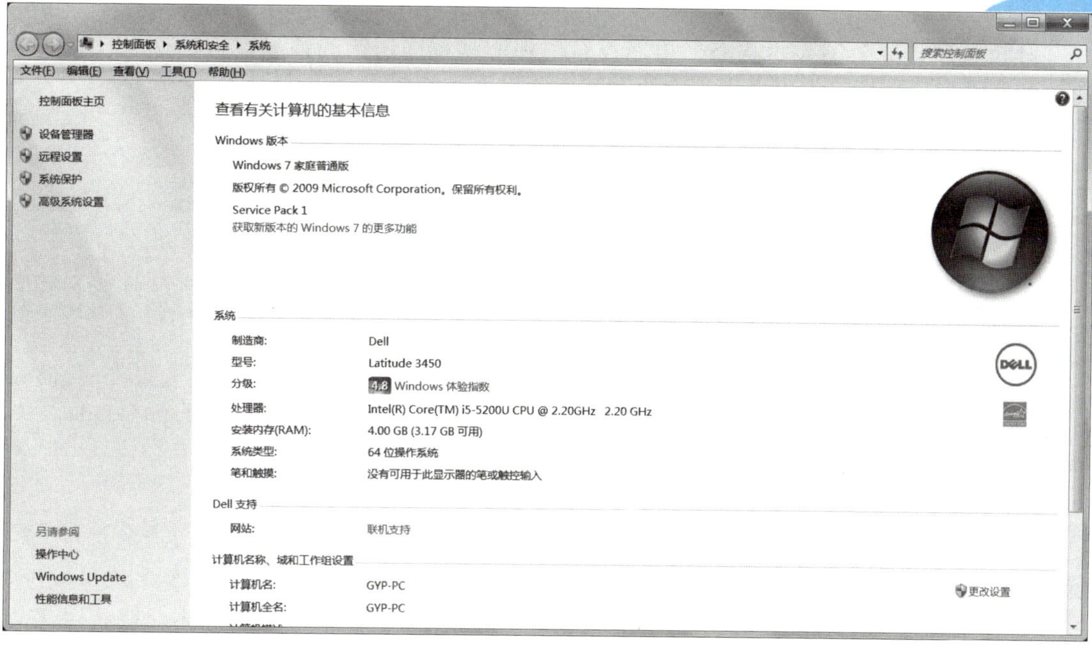

图15-1 “系统属性”窗口

2）选择左侧的“设备管理器”选项，打开“设备管理器”窗口，从中可以查看相关的硬件信息，如图15-2所示。

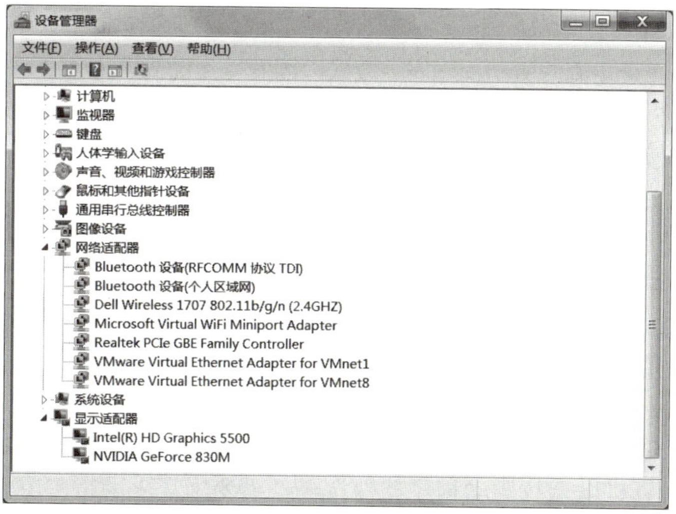

图15-2 “设备管理器”窗口

学习助手

在“设备管理器”窗口中，用户可以非常清楚地查看相关硬件驱动程序的安装状态，一般驱动程序没有安装或者安装错误，那么在相应设备前会显示红色的“！”或者黄色的“？”。安装正常的样式如图15-2所示。

任务2 驱动程序的安装

任务分析

分析客户计算机的显示状态，虽然没有出现驱动程序出错的情况，但估计是没有安装正确的驱动程序所致，所以考虑为客户重新安装显卡驱动程序。

理论知识

1. 驱动程序常见的获取途径

（1）配套安装光盘

配套安装光盘是厂家随产品附送的驱动程序安装光盘，它所带的驱动程序具备安装简单、性能稳定可靠和硬件的兼容性好等特点。

（2）操作系统自身提供

现在主流的操作系统中基本包括大多数硬件的驱动程序，但随着时间的推移，操作系统中的驱动程序版本一般较低，安装后需要客户进行驱动程序的更新。

（3）硬件厂商官网

随着互联网时代的到来，光盘逐渐淡出主流市场，大多厂商都是通过网络来发布更新驱动程序。客户可以通过硬件厂商官网获得版本最全、最新的驱动程序。

（4）第三方软件网站

随着一些第三方驱动程序维护软件的流行，用户可在其网站上提供品牌最全、硬件种类最多、版本最新的驱动程序。

2. 驱动程序的安装方式

（1）第三方软件安装

这种方式是现在最主流的驱动程序安装方式，因其操作的简单方便、功能强大并能够智能化识别而广受用户的欢迎。现在常见的安装驱动程序的第三方软件有驱动人生、驱动精灵等。

（2）应用程序安装

这种方式是从光盘或者网站上获得驱动程序的安装文件（一般是Setup.exe）后，双击该文件，按照软件提示进行操作，即可安装驱动程序。使用这种方式的前提是必须准确地找到与硬件匹配的驱动程序，否则无法正确安装驱动程序。

（3）手动安装

这种方式是指用户手动安装驱动程序，即在“设备管理器”窗口中选择相关硬件后，在其“属性”对话框中单击“更新驱动程序”按钮，完成驱动程序的安装，如图15-3所示。

单击“确定”按钮后，系统会给出两种选择：一种是“自动搜索驱动程序软件”；另一种是“浏览计算机以查找驱动程序软件”——需要用户手动指定驱动程序的位置，如图15-4所示。

图15-3 更新驱动程序

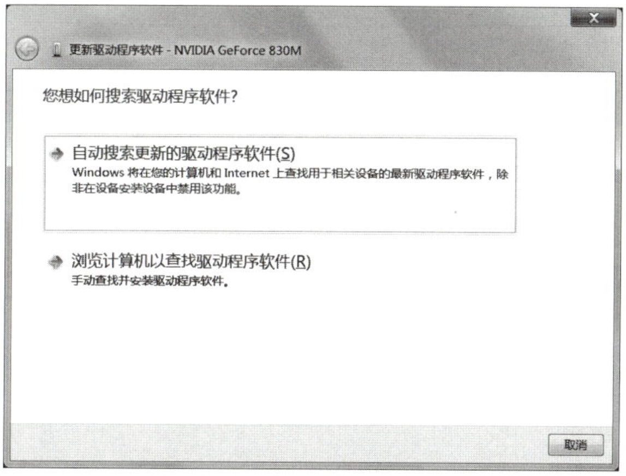

图15-4 选择更新驱动程序方式

任务实施

1）将与显卡匹配的显卡驱动光盘放入光驱，出现安装主界面，如图15-5所示。

图15-5 安装主界面

2）单击“ATI Chipset Drivers Install”按钮，选择安装路径（一般采用默认设置），如图15-6所示。

图15-6　选择安装路径

3）单击“Install”按钮，开始安装显卡驱动程序，如图15-7所示。

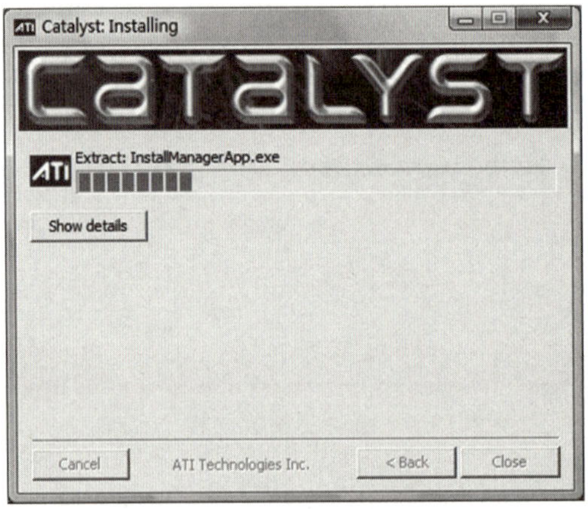

图15-7　安装显卡驱动程序

4）驱动程序安装完成后，系统会安装驱动程序自带的优化程序，如图15-8所示。

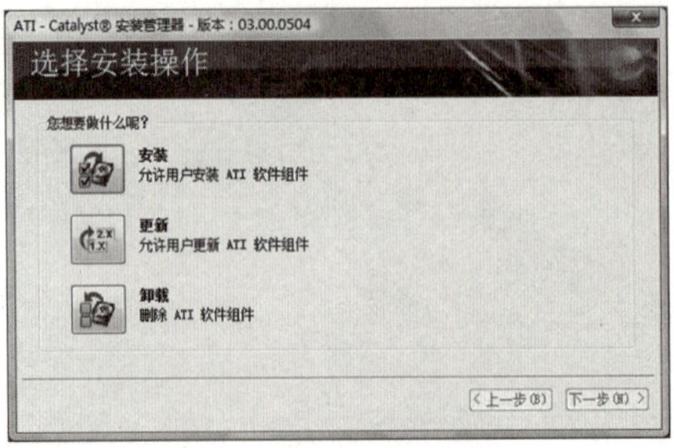

图15-8　安装优化程序窗口

5）单击“安装”按钮，保持默认路径，选择“自定义”，然后单击“下一步”按钮，系统开始检测计算机的硬件，如图15-9所示。

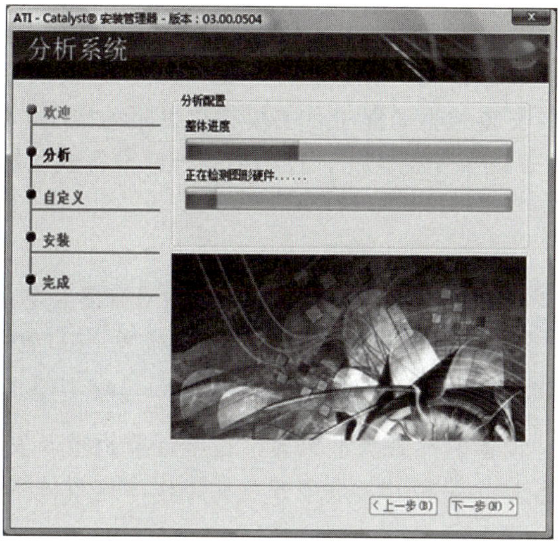

图15-9　检测计算机的硬件

6）检测完成后，选择要安装的组件，然后单击“下一步”按钮，系统开始安装显卡优化程序，安装完成后的界面如图15-10所示。最后单击“完成”按钮，完成显卡驱动程序的安装。

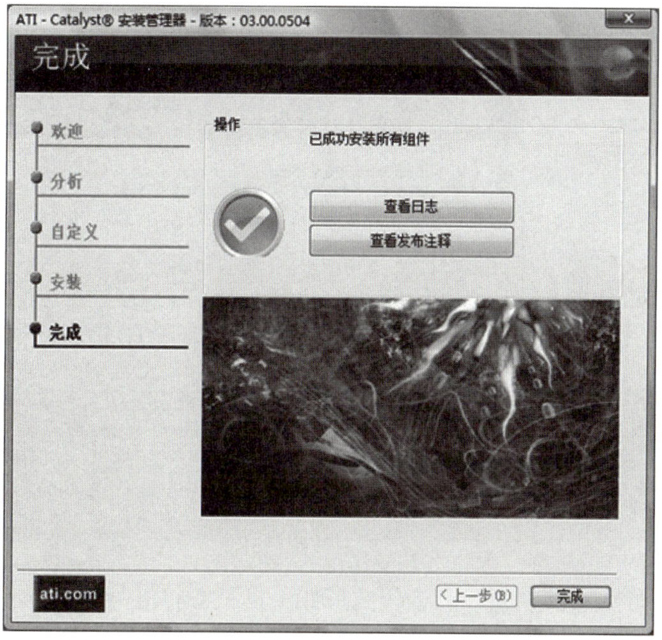

图15-10　完成安装

任务3　驱动程序的备份与还原

扫描二维码观看视频

任务分析

客户重新安装操作系统后，发现驱动程序丢失。虽然解决这样的故障很简单，但很多新手用户会不知所措。本任务介绍如何实现驱动程序的备份与还原。在实际操作中，用户应养成备份驱动程序的习惯。

理论知识

计算机中常见的需要安装的驱动程序有主板芯片组驱动程序、DirectX驱动程序、显卡驱动程序、声卡驱动程序、网卡驱动程序、打印机等外部设备驱动程序。

硬派词汇

DirectX是由微软公司创建的多媒体编程接口，旨在使基于Windows系统的计算机成为运行和显示具有丰富多媒体元素（例如全色图形、视频、3D动画和丰富音频）的应用程序的理想平台。其最新版本为DirectX 12，创建在Windows 10操作系统中。

由于各类计算机硬件设备的品牌类型繁多，在给计算机重新安装驱动程序时，准确地查找和准备各类硬件设备驱动程序无疑是个繁重的工作，这就催生了一个驱动程序打包备份与还原的解决方案。

常见的驱动备份与还原的第三方工具有驱动人生、驱动精灵、360安全卫士等。

任务实施

1）双击“驱动人生6”快捷图标，如图15-11所示，启动“驱动人生”软件，进入主界面并开始进行硬件驱动扫描，如图15-12所示。

图15-11　“驱动人生6”快捷图标

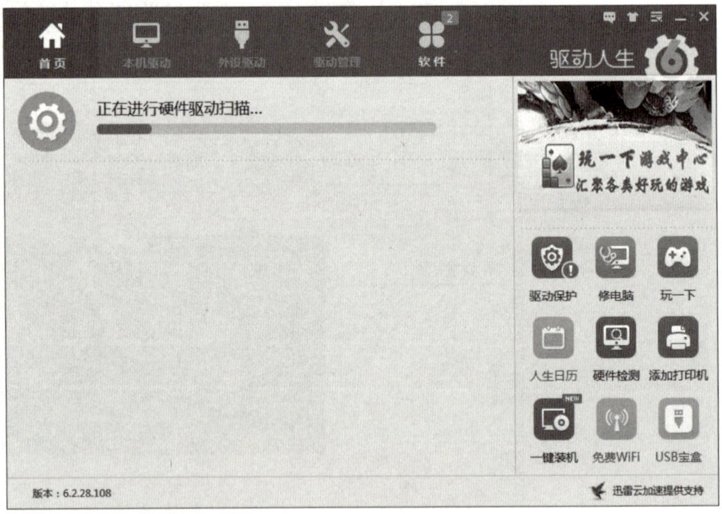

图15-12　驱动人生软件主界面

2）单击“驱动管理”，默认进入“驱动备份”界面，如图15-13所示。

图15-13　“驱动管理”界面

3）在“驱动备份”界面中（见图15-14），单击“查看备份设置”进入驱动设置界面，如图15-15所示。完成后单击“确定”按钮，回到【驱动备份】界面，选择需要备份驱动程序的设备，单击“开始”按钮，开始备份。

图15-14 “驱动备份”界面

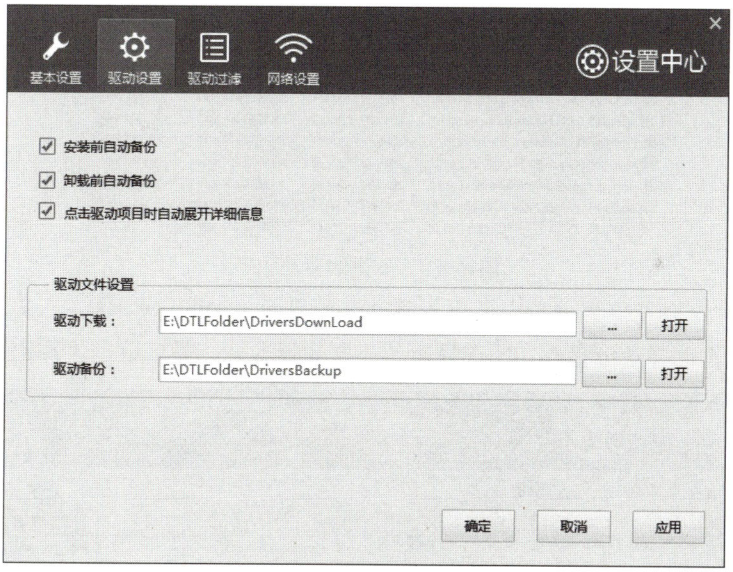

图15-15 “驱动设置”界面

4）驱动人生软件开始对驱动程序进行备份，如图15-16所示。

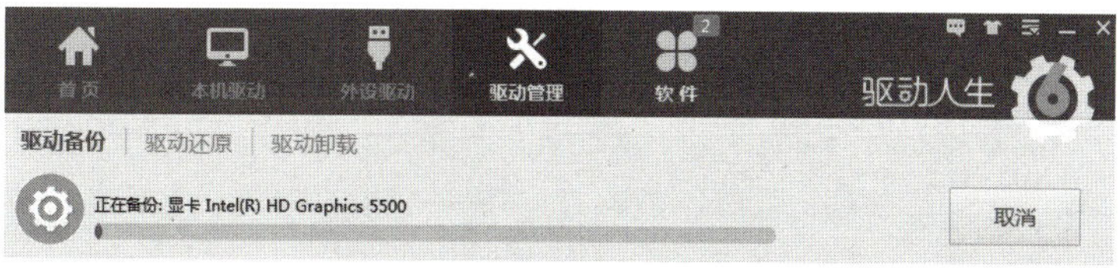

图15-16 备份驱动程序

5）完成驱动程序的备份后，弹出“成功备份”的提示信息，如图15-17所示，此时主界面中显示备份完成的信息，如图15-18所示。

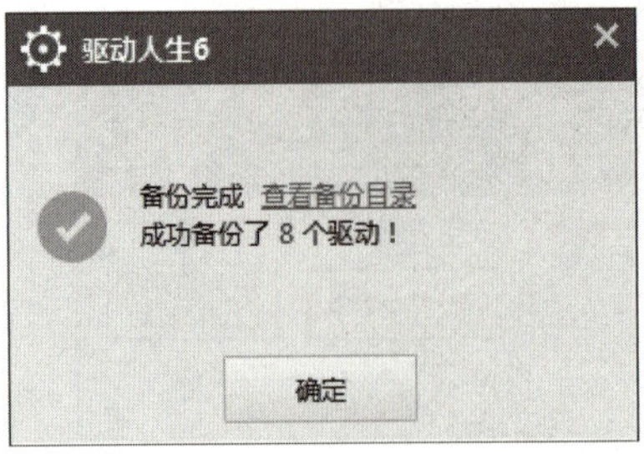

图15-17　成功备份

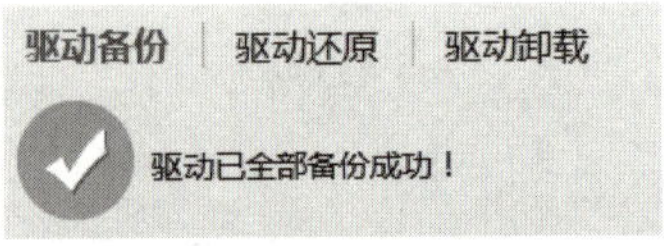

图15-18　驱动备份完成

6）驱动备份成功后，在E盘会出现图15-19所示的文件夹，其中“DriversBackup”文件夹用来存放备份的驱动程序（见图15-20），“DriversDownLoad”文件夹用来存放下载的驱动程序。

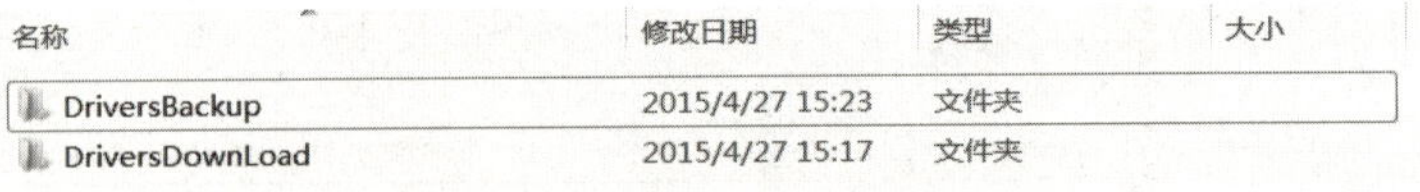

图15-19　驱动备份文件夹

图15-20　备份的驱动程序

7）切换到“驱动还原”选项卡，进入驱动还原界面，如图15-21所示。先选择需要还原驱动程序的硬件，再选择备份状态（即选择驱动还原的版本），最后单击“开始还原”按钮。

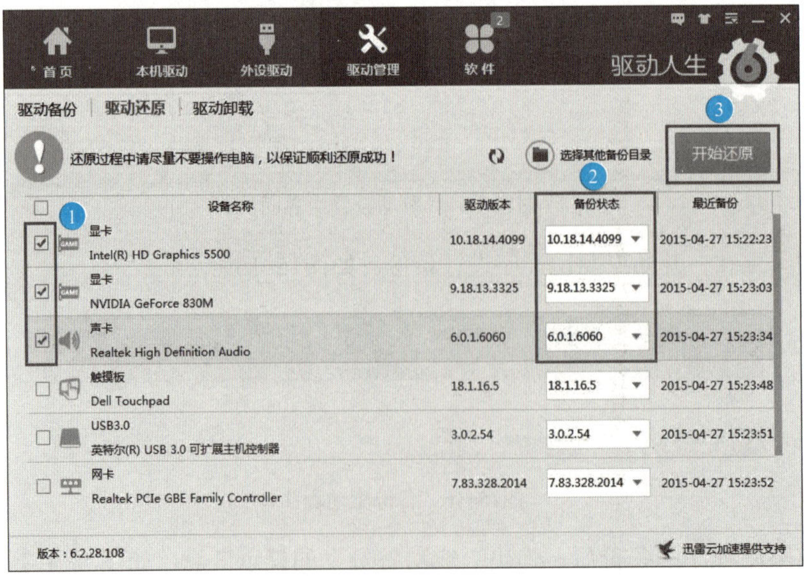

图15-21　驱动还原界面

8）驱动人生软件开始还原驱动程序，如图15-22所示。

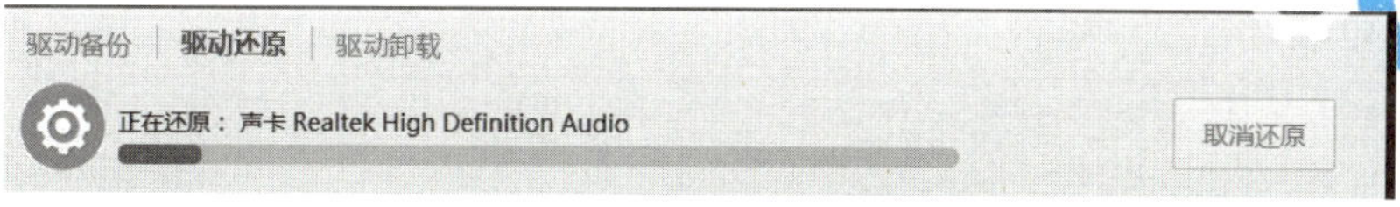

图15-22　还原驱动程序

9）还原成功后，需要重启计算机才能生效，如图15-23所示。

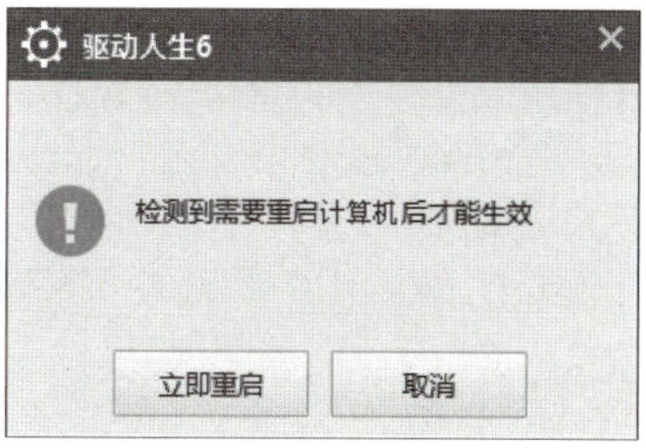

图15-23　重启计算机提示

课外作业

一、理论填空题

1. ＿＿＿＿＿是一种可以实现计算机系统和硬件设备通信的特殊程序。

2. 常见的获取驱动程序的途径有

1）＿＿＿＿＿＿＿＿＿＿＿＿＿＿＿＿＿＿＿＿＿＿＿＿＿＿＿＿；

2）＿＿＿＿＿＿＿＿＿＿＿＿＿＿＿＿＿＿＿＿＿＿＿＿＿＿＿＿；

3）＿＿＿＿＿＿＿＿＿＿＿＿＿＿＿＿＿＿＿＿＿＿＿＿＿＿＿＿；

4）＿＿＿＿＿＿＿＿＿＿＿＿＿＿＿＿＿＿＿＿＿＿＿＿＿＿＿＿。

3. 常见的驱动程序的安装方式有

1）＿＿＿＿＿＿＿＿＿＿＿＿＿＿＿＿＿＿＿＿＿＿＿＿＿＿＿＿；

2）＿＿＿＿＿＿＿＿＿＿＿＿＿＿＿＿＿＿＿＿＿＿＿＿＿＿＿＿；

3）＿＿＿＿＿＿＿＿＿＿＿＿＿＿＿＿＿＿＿＿＿＿＿＿＿＿＿＿。

4. 计算机中常见需要安装的驱动程序有＿＿＿＿＿、＿＿＿＿＿、＿＿＿＿＿、声卡驱动程序、网卡驱动程序、打印机等外部设备驱动程序。

5. 常见的驱动备份与还原的第三方工具有＿＿＿＿＿、＿＿＿＿＿、360安全卫士等。

二、实践应用题

1. 请各位同学完成对计算机显卡驱动的卸载与重新安装，并通过截图与文字记录操作过程，通过Word文档形成报告。

2．请各位同学完成对计算机驱动程序的备份与还原操作，并通过截图与文字记录操作过程，通过Word文档形成报告。

三、课外拓展题

请各位同学以小组为单位，上网查询相关资料，了解驱动程序常见故障的现象与解决方法，并通过Word文档形成报告。

项目16 安装并设置安全软件

项目难度：★★★☆☆

项目课时：2学时

角色职业岗位：IT产品技术员

项目描述

这段时间子俊的同事们经常聊起一些关于网络诈骗的新闻，细思之下，发现网络安全已经和大家的日常生活密不可分了，本项目即介绍如何构建基本的计算机安全防护来防止在网络生活中上当受骗。

项目分析

计算机的安全防护一般通过杀毒软件与防火墙软件来实现。通过杀毒软件与防火墙软件的防护，可以有效防止来自互联网的不法侵害；同时大家在使用网络的时候也要遵纪守法，网络不是法外之地。现今市场上的安全软件性能良莠不齐，在选择的时候要综合考量软件的性能。本项目主要介绍杀毒软件与防火墙的基本安装与设置，具体分为以下2个子任务。

任务单

1	安装并使用杀毒软件
2	安装并使用防火墙

匠心养成·炼铸专业核心素养

安全意识、法治精神

项目实施

任务1 安装并使用杀毒软件

扫描二维码观看视频

任务分析

杀毒软件主要用来检测及消除计算机系统中的病毒、木马以及恶意软件等计算机威胁，在计算机中安装杀毒软件是非常有必要的。本任务通过介绍360杀毒软件的安装过程，帮助读者了解杀毒软件安装与设置的一般过程。

理论知识

1）常见的安全软件主要有杀毒软件和防火墙两类，主要用来消除计算机病毒和防范网络病毒，应对黑客对计算机的攻击。

硬派词汇

杀毒软件是用于消除计算机病毒、木马和恶意软件的一种软件。通常它兼具监控识别、病毒扫描和清除及自动升级等功能，有的杀毒软件还带有数据恢复等功能。

硬派词汇

防火墙是一个由软件和硬件设备组合而成、在内部网和外部网之间、专用网与公共网之间的界面上构造的保护屏障。

硬派词汇

计算机病毒（Computer Virus）是指编制或者在计算机程序中插入的破坏计算机功能或者破坏数据，影响计算机使用并且能够自我复制的一组计算机指令或者程序代码。

硬派词汇

黑客（Hacker）常指恶意或非法地试图破解或破坏某个程序、系统及网络安全的人。

2）常见的安全软件有360安全卫士、小红伞、卡巴斯基、腾讯电脑管家等。公司产品的商标如图16-1～图16-4所示。

图16-1　360安全卫士

图16-2　小红伞杀毒软件

图16-3　卡巴斯基

图16-4　腾讯电脑管家

大国奋进·感悟中国科技发展

西北工业大学遭网络攻击事件

2022年4月12日，西北工业大学（以下简称：西工大）报警称，西工大师生频繁收到一些十分可疑的电子邮件。6月22日，西工大发布《公开声明》称，该校遭受境外网络攻击。陕西省西安市公安局碑林分局随即发布《警情通报》，证实在西工大的信息网络中发现了多款源于境外的木马样本，西安警方已对此正式立案调查。

随后，国家计算机病毒应急处理中心和360公司联合组成的技术团队，对该事件进行全面技术分析，通过调查取证还原了相关攻击事件的总体概貌，发布了详细的技术调查报告，初步判明相关攻击活动源自美国国家安全局“特定入侵行动办公室”（以下简称：TAO）。

TAO是美国最神秘的情报部门之一，成立于1998年，其力量部署主要依托美国国家安全局在美国和欧洲的各密码中心。目前已被公布的有6个密码中心。TAO是目前美国政府专门从事对他国实施大规模网络攻击窃密活动的战术实施单位，由2000多名军人和文职人员组成，其内设机构包括7个大处。

TAO的主要职责是利用互联网秘密获取对手的内幕情报。据掌握，TAO还担负一项重要职责，即当美国总统命令对他国通讯或网络信息系统实施瘫痪或摧毁行动时，由TAO将相关网络攻击武器提供给美国网络战司令部，由该司令部具体组织实施网络攻击行动。

TAO的行动方式是典型的黑客方式，即攻击再攻击。在近年里，TAO对中国国内的网络目标实施了上万次的恶意网络攻击，控制了数以万计的网络设备（网络服务器、上网终端、网络交换机、电话交换机、路由器、防火墙等），窃取了超过140GB的高价值数据。TAO利用其网络攻击武器平台、“零日漏洞”及其控制的网络设备等，持续扩大网络攻击和范围。

通过国内技术团队的调查报告，我们可以看到此次TAO攻击活动有以下二个重大特点：

1．掩盖真实IP，精心伪装网络攻击痕迹

TAO 为了隐匿其对西工大等中国信息网络实施网络攻击的行为，做了长时间准备工作，并且进行了精心伪装。较长时间的准备工作主要是进行匿名化攻击基础设施的建设。

TAO在针对西工大的网络攻击行动中先后使用了54台跳板机和代理服务器，主要分布在日本、韩国、瑞典、波兰、乌克兰等17个国家，其中70%位于中国周边，如日本、韩国等。其中，用以掩盖真实IP的跳板机都是精心挑选，所有IP均归属于非“五眼联盟”国家。

2．使用了种类繁多、功能各异的专用网络攻击武器装备

TAO在对西工大的网络攻击行动中，先后使用了41种美国国家安全局的专用网络攻击武器装备，并且在攻击过程中，TAO会根据目标环境对同一款网络武器进行灵活配置。

任务实施

1．安装杀毒软件

1）从360官方网站www.360.cn下载360杀毒软件，如图16-5所示。

图16-5 360官方网站首页

2）双击360杀毒安装文件，进入安装界面，如图16-6所示。

图16-6　360杀毒安装主界面

3）选择适当的安装目录，选中“我已阅读并同意许可协议”复选框，单击“立即安装”按钮，开始安装360杀毒软件，如图16-7所示。

图16-7　360杀毒安装界面

4）杀毒软件安装完成，进入360杀毒主界面，如图16-8所示。

图16-8　360杀毒主界面

2. 设置360杀毒软件

1）多引擎保护设置。360杀毒软件在默认情况下开启360杀毒引擎，同时还支持全球著名的小红伞杀毒引擎以及BitDefender杀毒引擎。由于开启其他杀毒引擎需要额外占用磁盘空间，此处只选择开启小红伞引擎。开启方式有两种，如图16-9和图16-10所示。

图16-9　直接开启小红伞引擎

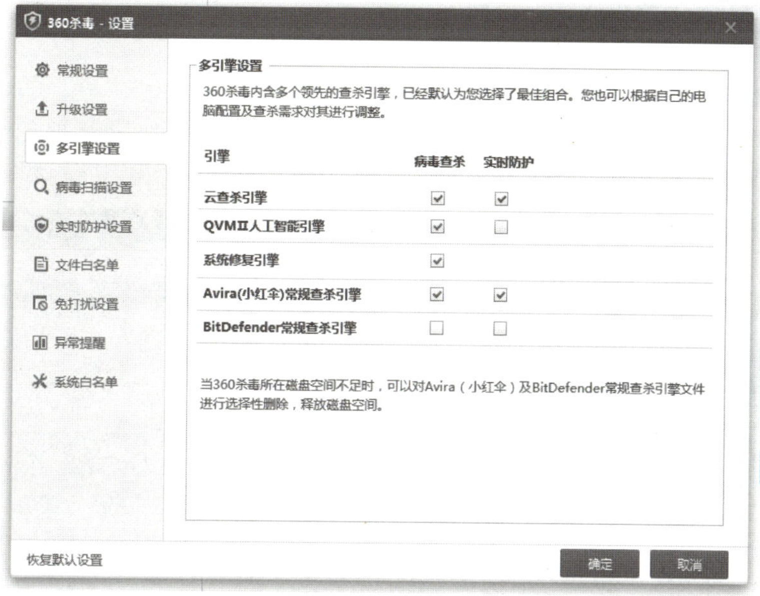

图16-10 在设置中开启小红伞引擎

2）加载360杀毒软件的其他功能。360杀毒软件具备多种其他功能，如安全沙箱、防黑加固等，这些功能在默认情况下是没有加载开启的。需要单击主界面的“功能大全”按钮，进入360功能展示窗口，如图16-11所示，从中选择需要的功能完成加载。

图16-11 360功能展示窗口

学习助手

360杀毒软件的设置项还有许多，这里只是简述了其中两项。对于其余设置项，用户可以在图16-11所示的设置窗口中，按照具体需要进行设置。

3. 360杀毒扫描及查杀病毒

360杀毒软件提供了如下三种扫描及查杀病毒的方式。

（1）全盘扫描

这种扫描方式是对计算机所有磁盘空间进行反病毒扫描，是最全面的一种方式，但每次扫描时间较长，不推荐频繁使用。一般建议半个月或者一个月进行一次全盘扫描，如图16-12所示。

图16-12 全盘扫描

（2）快速扫描

这种扫描方式一般扫描计算机的关键部位和易感染病毒部位，如系统盘、注册表等。这种扫描方式一般扫描速度较快，能够快速地对计算机关键部位进行病毒扫描，是推荐经常使用的扫描方式，如图16-13所示。

图16-13 快速扫描

（3）自定义扫描

这种扫描方式一般用在用户需要指定病毒扫描位置的场合。比如需要指定扫描接入的U盘、移动硬盘等。单击主界面上的“自定义扫描”按钮，弹出“选择扫描目录”对话框，如图16-14所示。

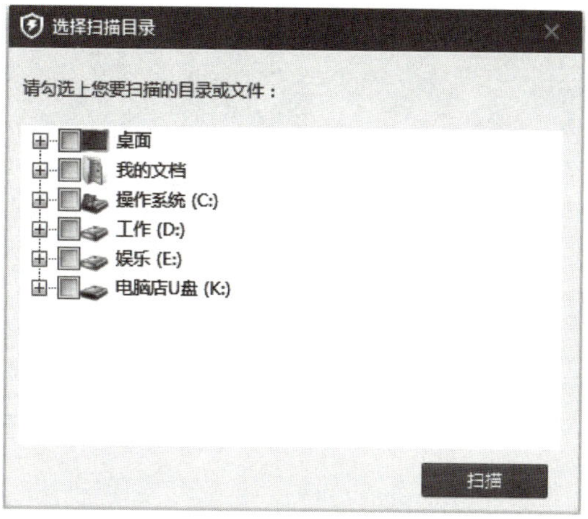

图16-14 自定义扫描

扫描二维码观看视频

任务2 安装并使用防火墙

任务分析

防火墙软件的功能越来越强大，除去其本身的功能外，还附加了很多系统维护的功能。本任务通过360安全卫士向读者介绍一般防火墙软件的安装与设置过程。

任务实施

1. 安装360安全卫士

1）下载360安全卫士安装文件。参考任务1中的下载地址。

2）双击360安全卫士安装文件，进入安装界面，如图16-15所示。

图16-15 360安全卫士安装界面

3）选择适当的安装目录，选中“已阅读并同意许可协议”复选框，单击“立即安装”按钮，开始安装360安全卫士，如图16-16所示。

图16-16　360安全卫士安装过程

4）360安全卫士安装完毕后，进入主界面，如图16-17所示。

图16-17　360安全卫士主界面

2. 使用防火墙

1）开启安全防护中心。在360主界面中，单击“安全防护中心”，进入360安全防护中心界面，如图16-18所示，用户可以通过单击“查看状态”按钮查看相关防护的开启情况，并对一些未开启项目进行开启。

图16-18　360安全卫士安全防护中心

在防护中心里，可以单击“安全设置”按钮进行更加细致的安全防护设置，如图16-19所示。其中包括网页安全防护、看片安全防护、搜索安全防护、网络安全防护、摄像头防护、驱动防护、下载安全防护、U盘安全防护等。

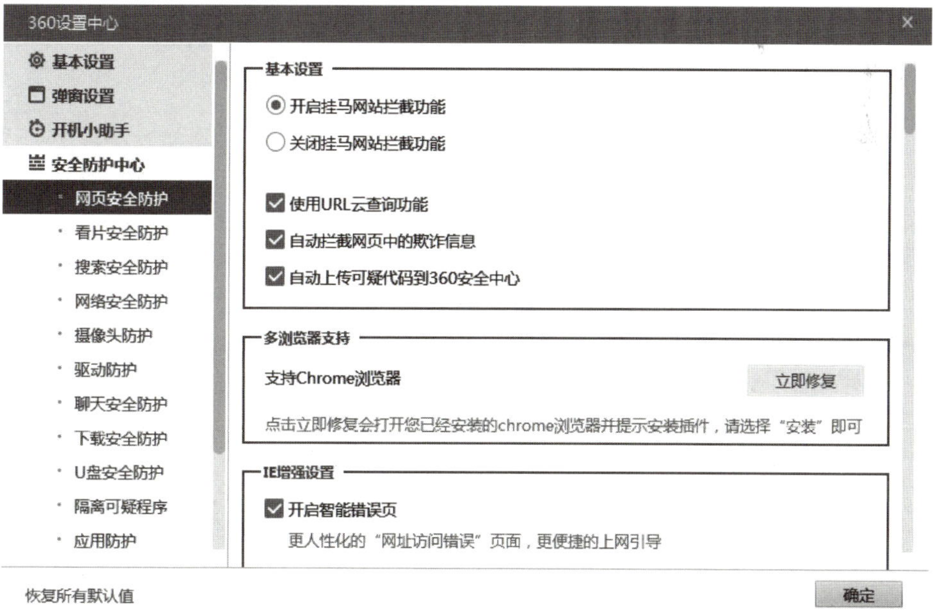

图16-19　360安全卫士安全设置窗口

2）开启网购先行赔付功能。网购先行赔付功能是360安全卫士为用户网购提供的安全保障和技术支持，以防因木马、钓鱼软件出现被骗的情况，如图16-20所示。建议用户开启这一功能。

图16-20　360网购先行赔付功能设置界面

3）使用安全卫士体检并修复。安全卫士启动后，一般会提醒用户进行体检，用来检测用户系统的状态，如图16-17所示。单击“立即体检”，开始体检，如图16-21所示。体检有问题后，可以单击“一键修复”来自动完成修复。

图16-21　360安全卫士体检界面

360安全卫士启动后，也可以单击主界面中的“查杀修复”来对计算机中的木马进行扫描，并查找系统漏洞，对系统中存在的漏洞进行修复，如图16-22和图16-23所示。

图16-22　木马扫描主界面

图16-23　木马扫描过程界面

4）使用360安全卫士对计算机进行优化加速。在360安全卫士主界面，单击“优化加速”按钮，开启扫描加速窗体，如图16-24所示。单击“开始扫描”按钮，开始进行扫描，查找可以优化加速的项目，并进行优化，如图16-25所示。

图16-24 系统优化加速选项界面

图16-25 系统优化加速过程

课外作业

一、理论填空题

1. 常见安全软件主要有__________和__________两类，主要用来消除计算机病毒和防范网络病毒，对付黑客对计算机的攻击。

2. __________是指编制或者在计算机程序中插入的破坏计算机功能或者破坏数据，影响计算机使用并且能够自我复制的一组计算机指令或者程序代码。

3. 常见的安全软件有__________、__________、__________、__________等。

4. 360杀毒软件提供了三种扫描查杀病毒的方式：1）__________________________；2）_____________；3）___________________。

二、实践应用题

1. 请检查计算机上杀毒软件的杀毒引擎的开启情况，如果使用的是360杀毒，请开启小红伞杀毒引擎以及BitDefender杀毒引擎，并对计算机全盘进行扫描，进行病毒的查杀。通过截图与文字记录操作过程，通过Word文档形成报告。

2. 请检查计算机上的防火墙，检查各类防护是否开启，并对系统进行扫描修复相关补丁，最后完成系统优化。通过截图与文字记录操作过程，通过Word文档形成报告。

三、课外拓展题

1. 请以小组为单位，对比市场上的免费及各类收费安全软件，评测它们的性能及市场占有情况，并通过PPT进行汇报展示。

2. 请以小组为单位，上网进行资料查询与整理，汇总哪些操作习惯是安全使用计算机的好习惯，哪些习惯是不利于计算机安全的坏习惯，并通过PPT进行汇报展示。

项目17　备份与还原操作系统

项目难度：★★★★☆
项目课时：4学时
角色职业岗位：IT产品技术员

项目描述

有的用户发现自己的计算机运行得越来越慢，有的用户打开计算机后发现系统因缺少文件而无法启动。遇到这些状况，大多数用户选择重装操作系统，然后安装驱动程序、安装软件、更新系统补丁等。能否避免这些重复劳动，快速恢复适合自己的操作操作系统？子俊在工作中遇到了不少有类似需求的客户。典型案例如下：

1）为客户使用“.gho”扩展名的镜像文件恢复操作系统，升级后再次进行备份。

2）客户提出需要增量备份系统，恢复时可以进行备份版本选择的要求。

3）某快捷酒店希望客房的计算机在客人退房后能够自动恢复系统。

项目分析

操作系统的备份与还原在现今电脑应用中是非常常见的，但同样是备份与还原，不同用户的需求也有所不同，有的需要实现增量备份，从而实现文件大小的减少及还原点的灵活机动；有的需要方便快捷，只要重启计算机就实现恢复还原。随着客户要求越来越高，子俊在技术上也要追求卓越，精益求精。根据常见用户提出的要求，本项目分解成如下3个子任务（见表17-1）。

表17-1　任务单

1	使用Ghost对系统分区进行备份与还原
2	使用GImageX来备份与恢复系统
3	使用影子系统软件备份与恢复系统

匠心养成·炼铸专业核心素养

追求卓越、精益求精

项目实施

任务1　使用Ghost对系统分区进行备份与还原

扫描二维码观看视频

任务分析

Ghost是最受欢迎的备份与还原工具之一，因其方便、快捷的特点，故在很多情况下替代了原版系统的安装。在本任务中，由于客户提供的镜像文件为.gho格式，说明它是Ghost专属的镜像文件，因此使用Ghost工具来帮助客户完成计算机系统的恢复与备份。

理论知识

Ghost是常用的镜像备份与恢复工具。Ghost是全英文版本，其中常用的菜单结构与含义见表17-2。

硬派词汇

Ghost是美国赛门铁克公司推出的一款出色的硬盘备份还原工具，可以实现FAT16、FAT32、NTFS、OS2等多种硬盘分区格式的分区及硬盘的备份还原，俗称“克隆软件”。

硬派词汇

Image（镜像）在Ghost中理解为一种存放硬盘或分区内容的文件格式，扩展名为“.gho”。类似的镜像文件格式还有ISO。镜像文件可以刻录到光盘，也可以用虚拟光驱打开。

表17-2 Ghost菜单结构与含义

Quit（退出）			用于退出Ghost
Options（选项）			用于其他选项设置
Peer to Peer（点到点）			主要用于网络中
Local（本地）	Disk（磁盘）		主要用于硬盘备份与还原
	Partition（分区）	To Partition	将一个分区（称源分区）直接复制到另一个分区（目标分区）
		To Image	将一个分区备份为一个镜像文件
		From Image	从镜像文件中恢复分区
	Check（检查）		主要用于硬盘的检测

学习助手

在备份分区时，不管是备份到分区，还是备份到镜像，需保证目标分区都要大于源分区，这样才能保证备份数据的完整性和有效性。

大国奋进·感悟中国科技发展

华为鸿蒙系统

华为鸿蒙系统（HUAWEI Harmony OS），是华为公司在2019年8月9日于东莞举行的华为开发者大会（HDC.2019）上正式发布的操作系统。2020年9月10日，华为鸿蒙系统升级至HarmonyOS 2.0版本。2021年4月22日，华为鸿蒙 HarmonyOS 应用开发在线体验网站上线。5月18日，华为宣布华为HiLink将与Harmony OS统一为鸿蒙智联。

华为鸿蒙系统是一款全新的面向全场景的分布式操作系统，创造了一个超级虚拟终端互联的世界，将人、设备、场景有机地联系在一起，实现消费者在全场景生活中接触的多种智能终端，极速发现、极速连接、硬件互助、资源共享，用合适的设备提供场景体验。

鸿蒙系统使应用打破硬件约束，实现了迈向万物智能互联的一大步，为国内物联网生态构建和发展带来新机遇，具有很高的战略意义，其全场景应用服务生态的直接合作伙伴有望持续受益。

任务实施

1. 还原系统分区

1）运行Ghost。

2）用方向键从菜单中依次选择“Local”→“Partition”→“From Image”命令，如图17-1所示。

3）选择镜像文件，如图17-2所示。

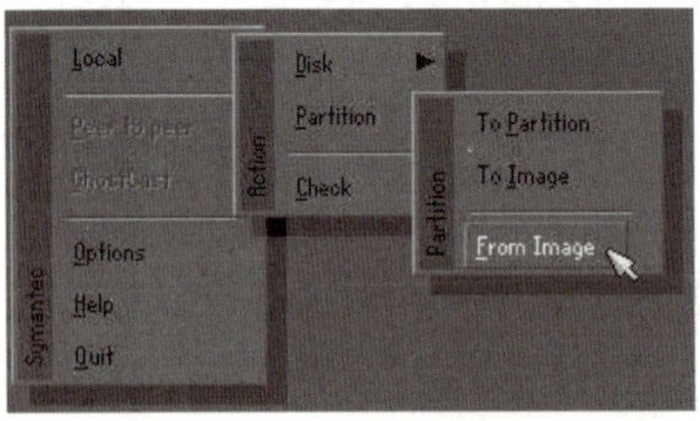

图17-1　菜单选择

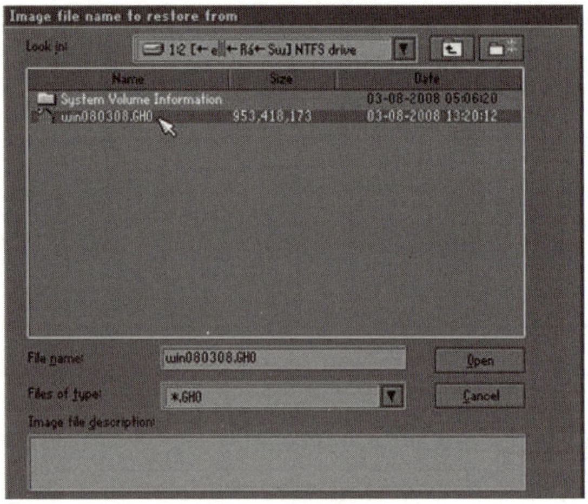

图17-2　选择镜像文件

4）从镜像文件中选择源分区窗口，按<Enter>键。

5）选择本地硬盘窗口，如图17-3所示。

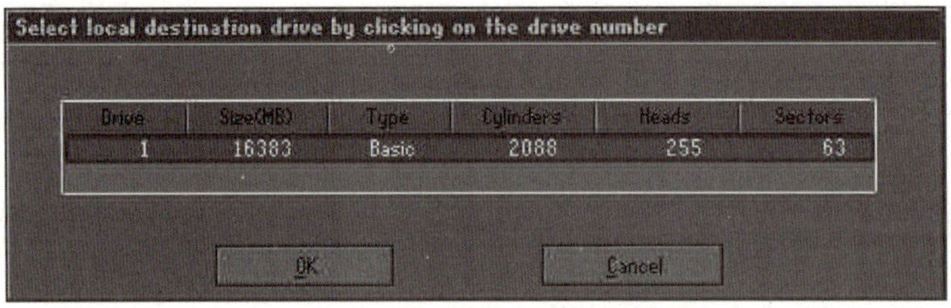

图17-3　选择还原分区的本地硬盘窗口

6）从硬盘选择目标分区（即要被还原的分区），按<Enter>键。

7）确认分区恢复操作，单击“Yes”按钮，如图17-4所示。

8）成功还原分区，如图17-5所示。

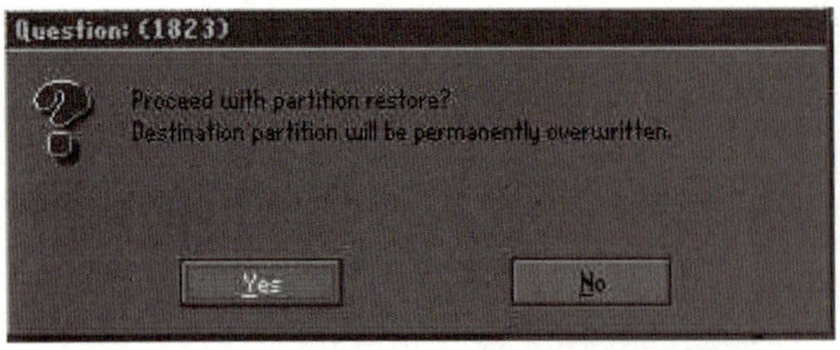

图17-4　分区恢复确认界面

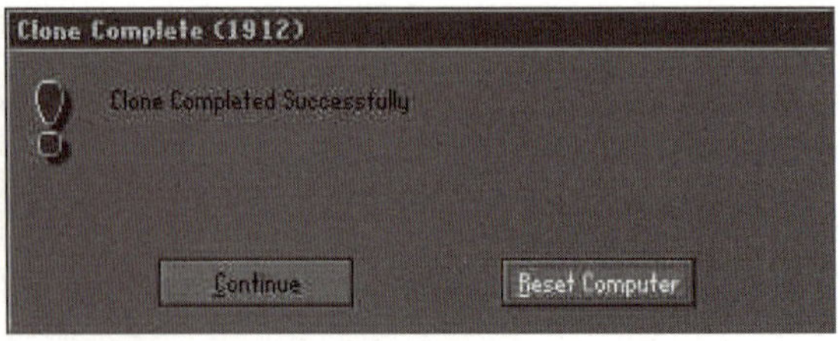

图17-5　成功还原分区界面

2. 备份分区

1）运行Ghost，出现Ghost信息窗口，单击“OK”按钮，如图17-6所示。

2）用方向键在菜单中依次选择“Local”→“Partition”→“To Image”命令，如图17-7所示。

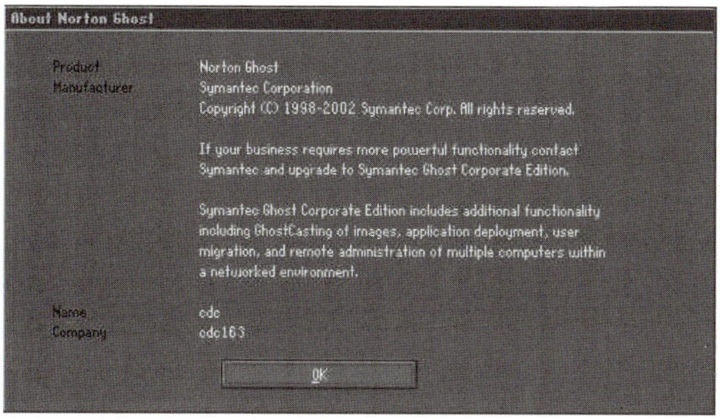

图17-6　Ghost信息窗口

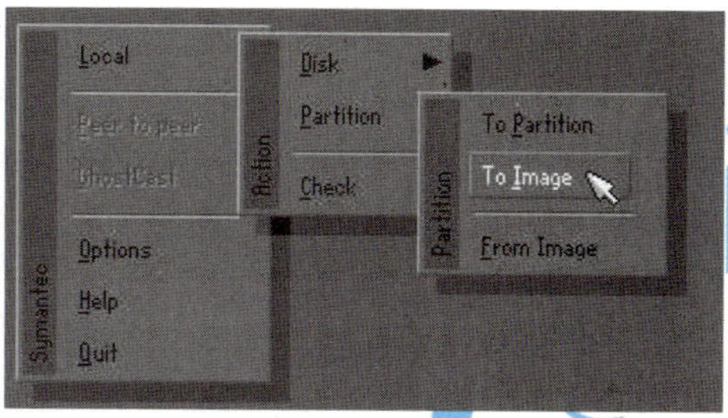

图17-7　菜单选择界面

3）选择备份分区所在的本地硬盘，选择后单击“OK”按钮，如图17-8所示。

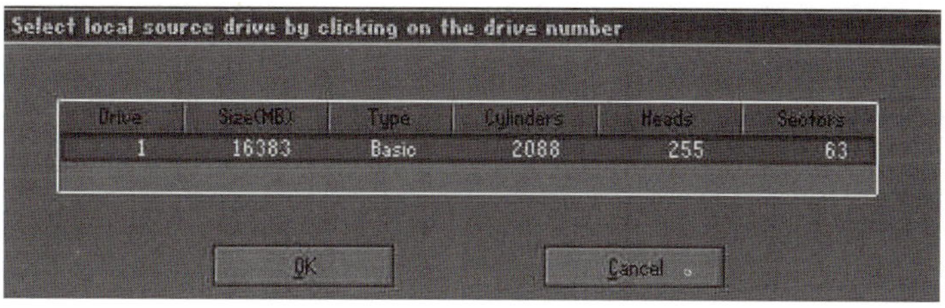

图17-8　选择硬盘界面

4）用方向键选择源分区，按<Enter>键表示确认，然后选择备份分区并单击“OK”按钮，如图17-9和图17-10所示。

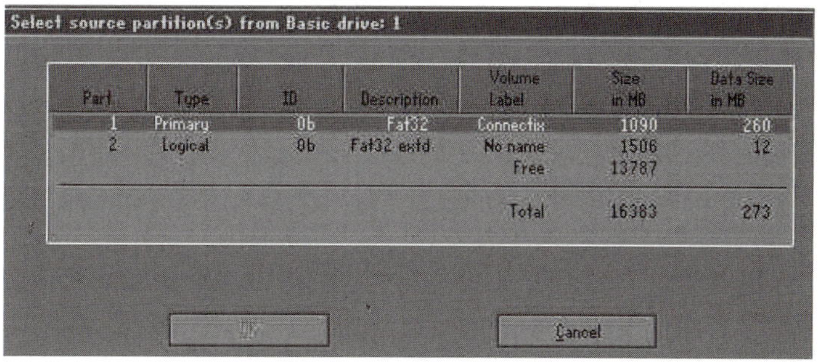

图17-9　选择源分区窗口

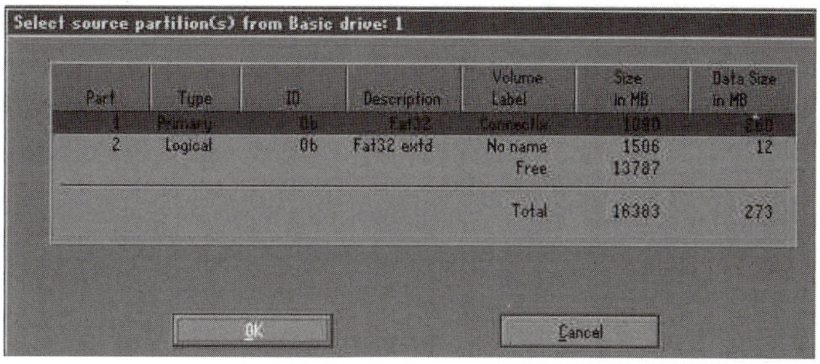

图17-10　选择备份分区窗口

5）设置镜像文件存储目录，并给镜像文件命名，然后单击“Save”按钮，如图17-11所示。

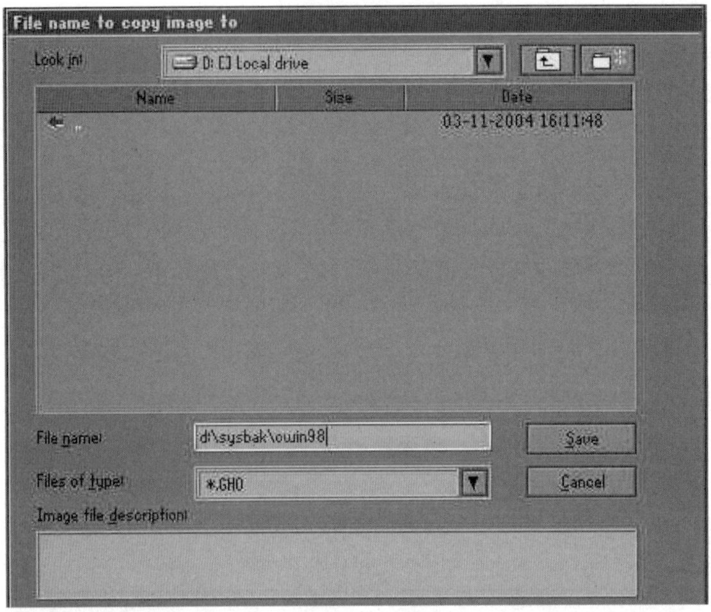

图17-11 设置镜像文件存储目录窗口

6）选择是否要压缩镜像文件和选择压缩比，单击“Fast”按钮，如图17-12所示。

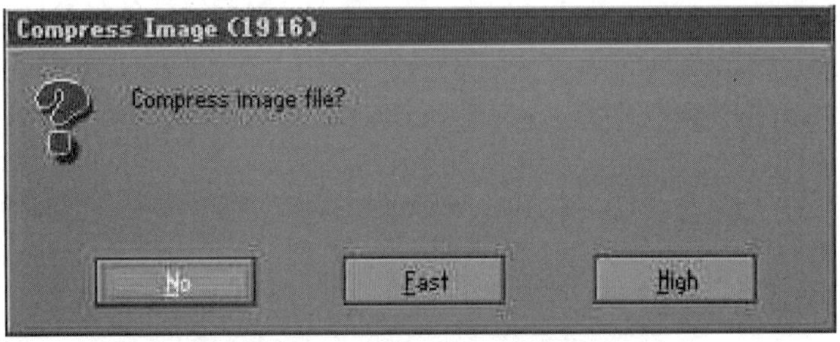

图17-12 确认是否压缩镜像文件和选择压缩比窗口

7）确定创建镜像文件，单击“Yes”按钮，如图17-13所示。

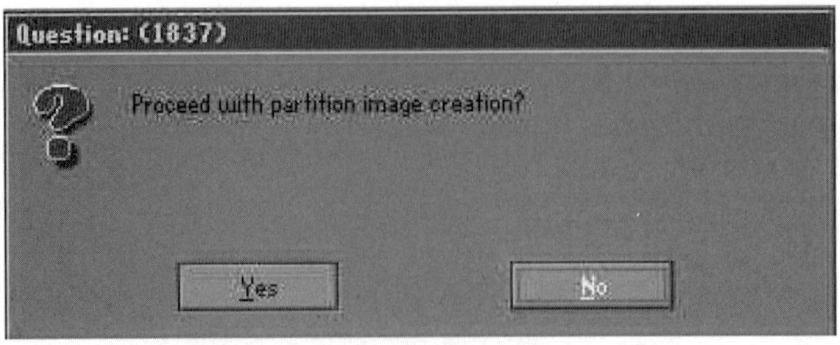

图17-13 确定创建镜像文件界面

8）开始创建镜像文件，如图17-14所示。

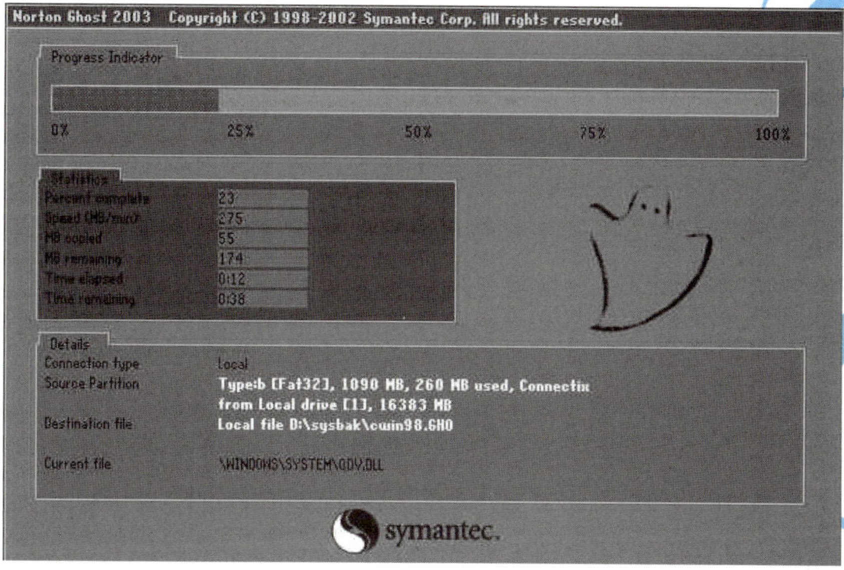

图17-14　创建镜像文件过程界面

9）成功建立镜像文件，如图17-15所示。

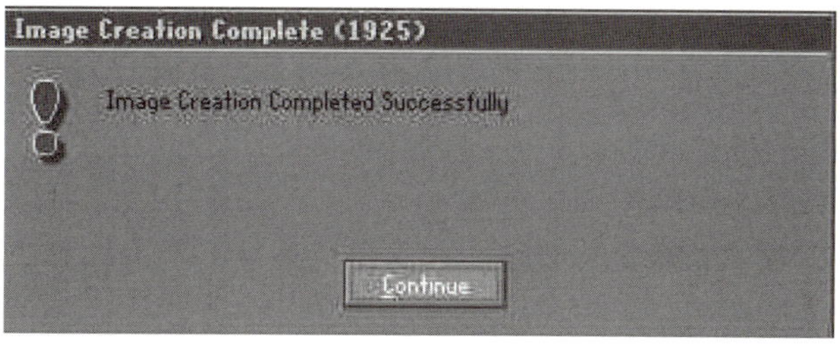

图17-15　成功创建镜像提示界面

任务2　使用GImageX来备份与恢复系统

扫描二维码观看视频

任务分析

增量备份与选择还原点确实是非常强大而实用的功能，而这也是具有图形化界面的GImageX成为首选选择备份与还原工具的重要原因。本任务将使用GImageX帮助用户完成操作系统的备份与还原。

理论知识

1）微软发布的免费系统部署软件imageX广受DIY高手们的推崇，相比于任务一中的Ghost工具，它的优点是免费并支持增量备份，大大节省空间和时间，而且兼容性和稳定性极佳。但imageX是一个命令行工具，其操作和使用不够方便。

2）本任务中使用的GImageX工具，是第三方开发者对微软imageX工具制作的图像界面（GUI）。

3）在使用GImageX备份与恢复操作系统时，主要使用它的“制作映像”（备份系统）和“应用映像”（恢复系统）两项功能。

学习助手

使用GImageX对系统进行备份和还原都需要进入Windows PE环境下操作，建议使用Windows 7及以上内核的WinPE，它不仅自带imageX文件，并且在进行格式化操作时也不会影响分区对齐。

任务实施

1）使用U盘启动盘进入WinPE环境，具体参考项目13与项目14。

2）启动GImageX软件，进入软件主界面，在“制作映像”选项卡下进行设置，如图17-16所示。

①“捕获来源”：选择将要备份系统的路径位置。

②“保存位置”：选择备份系统所生成的wim镜像保存的路径位置。

③“名称”与“映像描述”：输入备份文件的信息和相关描述。

④“压缩比”：选择备份文件的压缩比率。

⑤“显示名称”与“显示标识”：设置备份文件的显示名称与标识。

⑥“新建映像：如果第一次备份系统，则选择新建映像。

⑦“增量备份”：如果非第一次备份系统，则选择增量备份。

3）进入GImageX软件中的“应用映像”选项卡，并进行相关设置，如图17-17所示。

①“选择映像”：打开“.wim”格式的备份文件。

②“应用到”：选择系统还原的位置。

③“选择映像”：选择要恢复的版本，如果多次备份，就可以进行选择。

④“应用”：单击该按钮，开始还原系统。

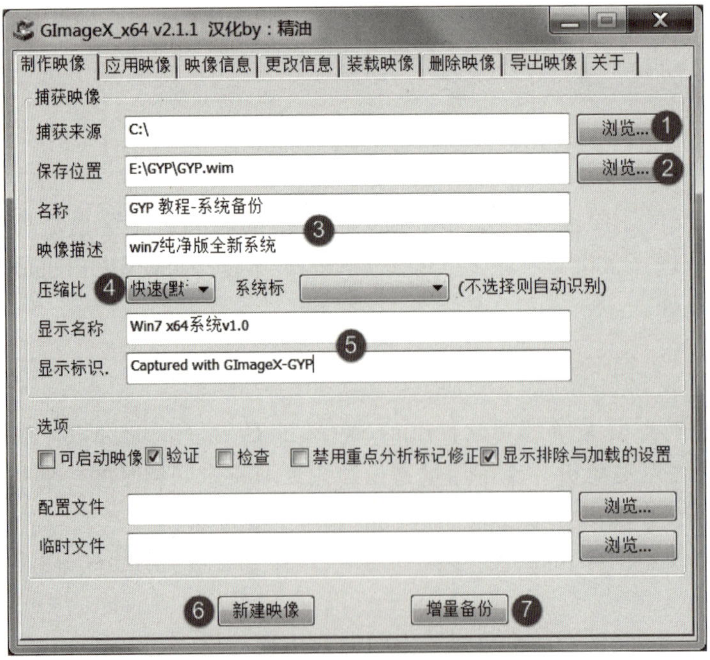

图17-16 GImageX制作映像界面

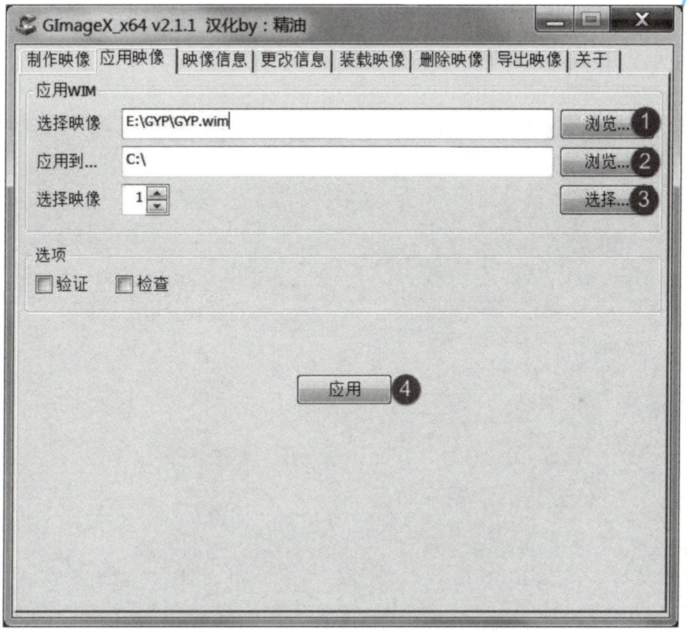

图17-17 GImageX应用映像界面

任务3 使用影子系统软件备份与恢复系统

任务分析

如今，大多数快捷酒店均会为客人提供计算机服务，在客人退房后，应使计算机恢复原来的系统设置，这就需要一种可以快速恢复系统的方法。本任务选择影子系统软件来满足这一需求。

扫描二维码观看视频

理论知识

1）影子系统软件通过在隔离保护Windows操作系统的同时创建一个和真实操作系统一模一样的虚拟化系统（见图17-18）。用户进入影子模式后，所有操作都是虚拟的，所有病毒和流氓软件都无法感染真正的操作系统。即便系统出现问题，或者上网产生垃圾文件，只需重启计算机，就能使系统恢复到最佳状态。影子系统的快捷图标如图17-19所示。

图17-18 虚拟化系统示意图

图17-19 影子系统的快捷图标

2）影子系统软件中包括“单一影子模式”“完全影子模式”及“正常模式”三种模式，如图17-20所示。

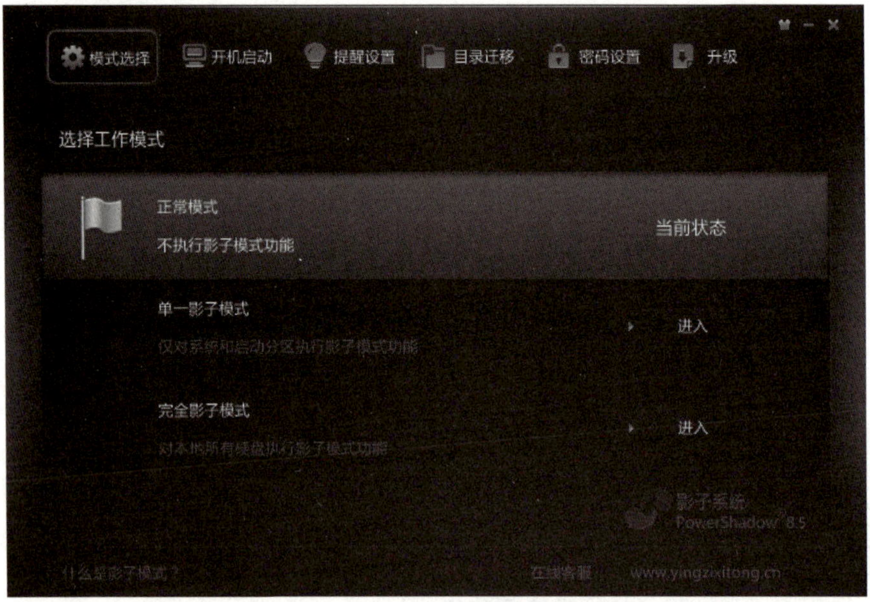

图17-20　影子系统软件的三种模式

① 单一影子模式。单一影子模式是一种只保护Windows操作系统的使用模式，它仅为操作系统所在分区创建虚拟化影像，而非系统分区在单一影子模式下会保持正常模式状态。这是一种安全和便利兼顾的使用模式，既可以保障Windows系统的安全，又可以将影子模式下创建的文档保存到非系统分区。在单一影子模式下，通过文件夹迁移功能，可以将原来默认保存于系统分区内的桌面、我的文档、收藏夹和Outlook邮件迁移到非系统分区保存。这样可以让用户在不改变使用习惯的前提下，切换到一个更安全的虚拟平台上工作。

② 完全影子模式。与单一影子模式比较，完全影子模式将会对本机内的所有硬盘分区创建影子。当退出完全影子模式时，任何对本机内硬盘分区的更改将会消失。在完全影子模式下，可以将有用的文件储存至闪存或者移动磁盘内。

③ 正常模式。相对于影子模式，把原来正常的系统称为“正常模式”。正常模式就是常见的计算机系统，可在其中进行修改系统设置、安装新软件等操作。

任务实施

1）安装影子系统软件。

2）在正常模式下，切换至“密码设置”选项卡，设置“正常模式”密码，如图17-21和图17-22所示。

3）在主界面“模式选择”选项中选择“单一影子模式”，如图17-23所示。

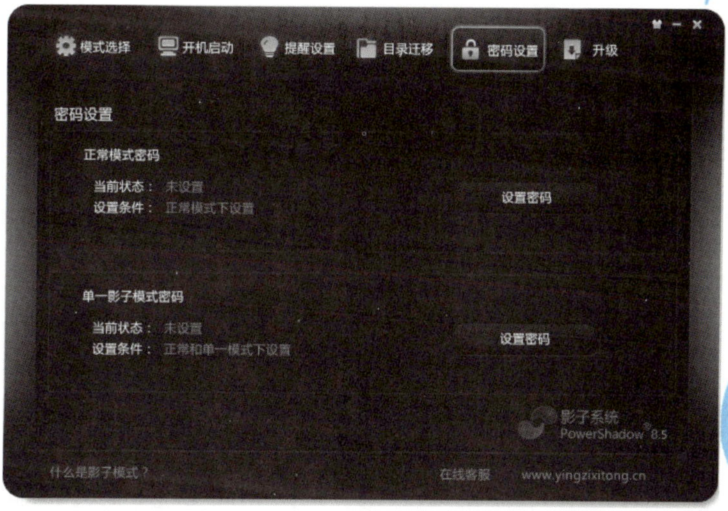

图17-21 “密码设置”选项卡

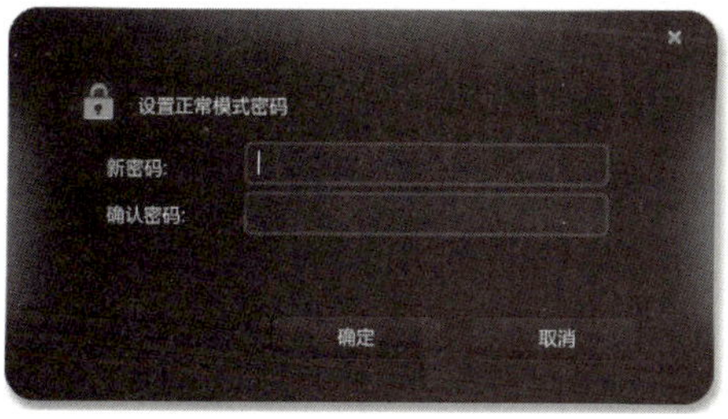

图17-22 设置密码界面

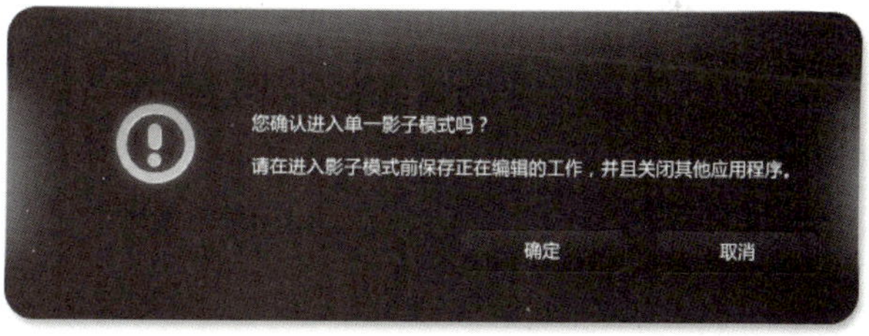

图17-23 进入单一影子模式

4）单击“确定”按钮，进入单一影子模式。

5）切换至“开机启动”选项卡，设置“开机启动显示”为“显示单一影子模式”，设置“默认启动模式”为“单一影子模式”，如图17-24所示。

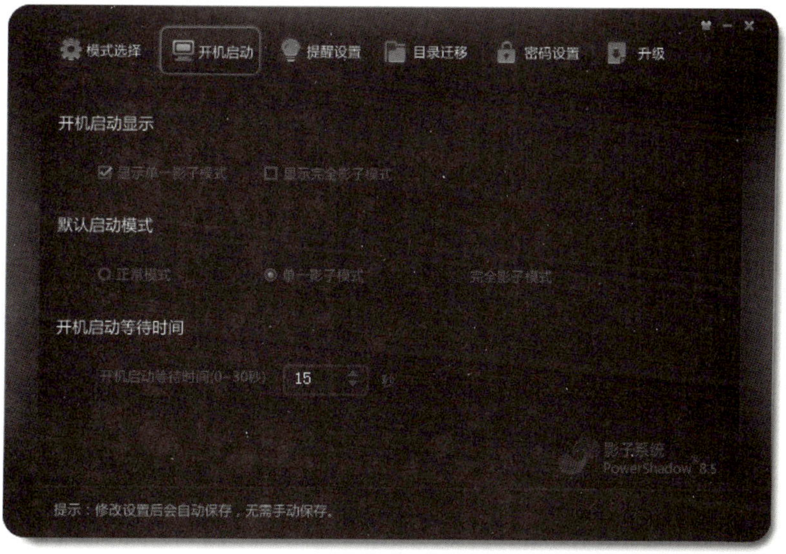

图17-24 开机启动设置界面

课外作业

一、理论填空题

1．常见的系统备份与还原工具有__________、__________、__________等。

2．__________是美国赛门铁克公司推出的一款出色的硬盘备份还原工具，其镜像文件的扩展名为__________。

3．__________是微软发布的免费系统部署软件，__________是第三方开发者对前者的图形界面化。

4．在使用GImageX备份与恢复操作系统时，主要使用其“__________”（备份系统）和“__________”（恢复系统）两项功能。

5．影子系统中分为__________模式、__________模式和__________模式三种模式。

6．使用GImageX对系统进行备份和还原都需要进入__________环境下操作。

二、实践应用题

1．请各位同学独立使用Ghost工具对自己的操作系统进行备份。通过截图与文字记录相关操作的全过程，通过Word文档形成报告。

2．请各位同学独立使用GImageX工具对自己的操作系统进行增量备份，并生成不同的版本号。通过截图与文字记录相关操作的全过程，通过Word文档形成报告。

3．请各位同学独立使用影子系统实现对系统盘的单独保护。通过截图与文字记录相关操作的全过程，通过Word文档形成报告。

三、课外拓展题

请各位同学以小组为单位，比较并分析项目中的三款工具，了解并分析它们各自的特点，使用场合。最终通过PPT进行汇报展示。

项目18　计算机硬件单项性能测试（一）

项目难度：★★★★☆
项目课时：4学时
角色职业岗位：IT产品技术员

项目描述

由于门店业绩突出，子俊所在门店的店长升任公司区域销售经理，子俊也因表现突出而成为店长。内心充满了对自己成长的充实感，对付出努力得到收获的无限欣慰。

走上店长岗位后，子俊对门店的发展有了更深刻的思考。子俊觉得向客户推荐产品，不能简单地凭借经验，而要对产品进行测试，用测试数据更客观、真实地向客户介绍产品，从而让客户选择到适合定位和需求的产品。

在这个项目中，客户要求对其计算机的核心部件CPU进行评测。

项目分析

CPU是计算机的核心部件之一，其性能的优劣在很大程度上影响着一台计算机的整体性能。在这个项目中，通过对一款CPU的性能测试，依据测试数据较为客观地了解CPU的性能情况，从而帮助客户在选择CPU时，可以根据测试的结果挑选适合自己的产品。本项目分解成如下3个子任务（见表18-1）。

表18-1　任务单

1	查看计算机硬件概况
2	计算机CPU的参数检测
3	CPU性能测试

匠心养成·炼铸专业核心素养

客观严谨

项目实施

任务1　查看计算机硬件概况

扫描二维码观看视频

任务分析

对于一款已经安装的CPU或者其他硬件，想要了解其基本情况，最简单的方式是通过软件来查看硬件。在本任务中，子俊通过几种常用的方法来查看计算机硬件概况。

理论知识

1）查看计算机硬件信息。通过计算机系统中的设备管理器（见图18-1）查看计算机的基本硬件信息。由于设备管理器是系统自带的，内容较为抽象，不太熟悉硬件的用户想看明白并不容易。

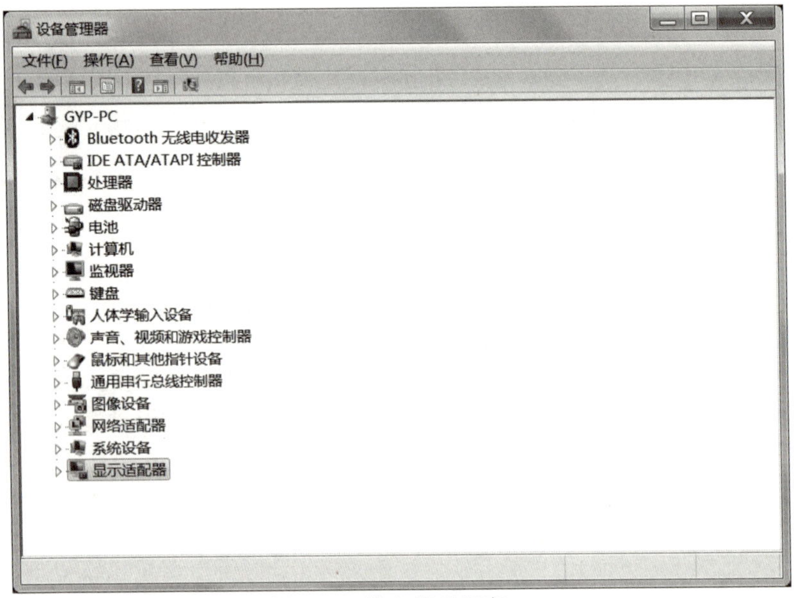

图18-1　设备管理器窗口

2）“鲁大师”是现在市面上比较热门的大众硬件测试软件。使用该软件，用户可轻松查看计算机硬件的品牌、型号以及重要的技术参数，如图18-2所示。

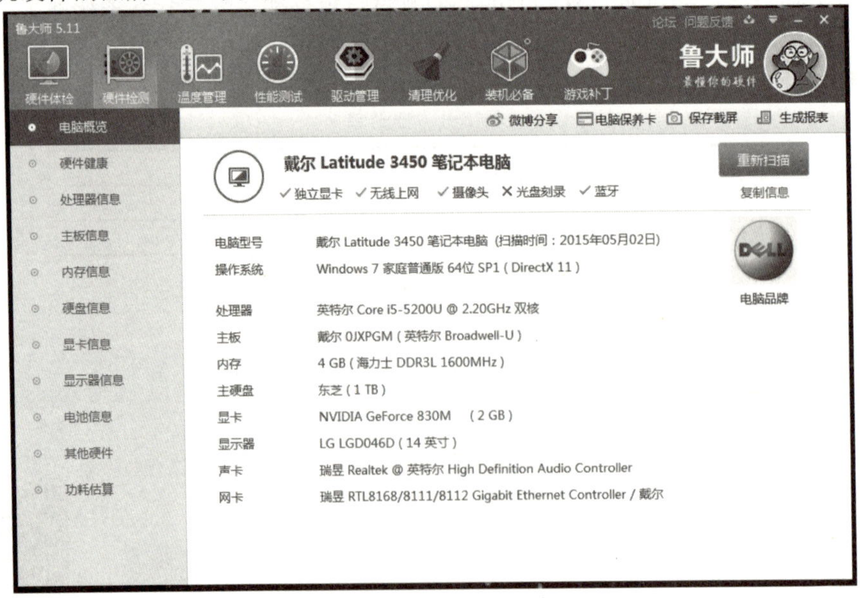

图18-2　鲁大师主界面

3）Speccy是Piriform公司所开发的一款专注于计算机硬件信息搜集的软件。它可以准确识别计算机硬件配置的详细信息，让客户对自己的硬件配置了如指掌，如图18-3所示。

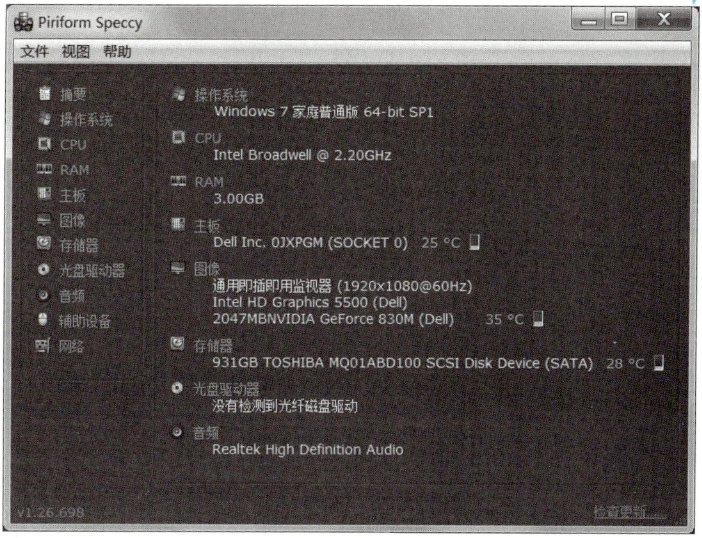

图18-3 Speccy主界面

任务实施

1）运行Speccy软件，如图18-3所示。

2）选择“CPU”项，查看计算机CPU的基本信息，如图18-4所示。

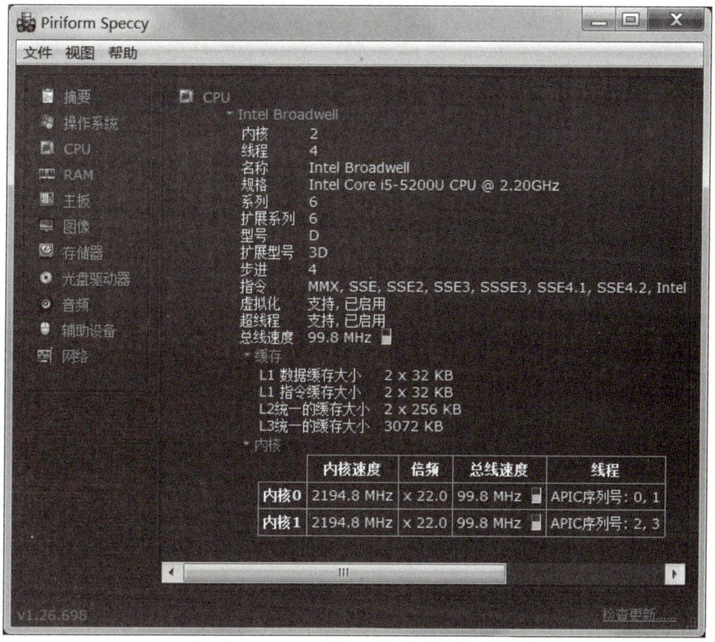

图18-4 Speccy CPU选项界面

扫描二维码观看视频

任务2 计算机CPU的参数检测

任务分析

在对CPU进行性能测试之前，首先需要了解相关性能参数。本任务将检测计算机CPU的相关参数，并进行对比与分析。

理论知识

1）常用的CPU测试软件有CPU-Z、AIDA64、CINEBENCH、Fritz Chess Benchmark等。

2）其中CPU-Z和AIDA64是检测CPU使用频率最高的两款软件。

学习助手

CPU-Z是一款家喻户晓的CPU检测软件，是检测CPU使用频率最高的一款软件。它支持的CPU种类相当全面，且启动速度及检测速度都很快。另外，它还能检测主板和内存的相关信息，其中就有常用的内存双通道检测功能。

学习助手

AIDA64的前身是著名的EVEREST软件，是一款测试软、硬件系统信息的工具，它可以详细地显示出个人计算机每一个方面的信息。AIDA64不仅提供了诸如协助超频、硬件侦错、压力测试和传感器监测等多种功能，还可以对处理器、系统内存和磁盘驱动器的性能进行全面评估。

3）使用CPU-Z主要是检测CPU的各方面参数是否与该款CPU的官方参数相符，避免购买到伪劣产品。

4）主要检测的信息包括CPU的名称、核心速度、核心数、缓存、封装、指令集、工艺等。

5）现在主流的CPU都是64位的，要判断CPU是64位，还是32位，主要检测CPU的指令集中是否包含“EM64T”指令集。

6）对于CPU，现在经常提到的是其核心数，从双核到现在的四核等。在检测中，要观察检测结果中的“核心数”项，1代表单核，2代表双核，4代表4核。

7）CPU的检测中，CPU的主频参考“规格”，缓存要观察“二级”，对于CPU而言，二级缓存越高越好。

大国奋进·感悟中国科技发展

华为芯片断供卡脖子事件

2019年5月16日，美国商务部以国家安全为由，将华为及其70家附属公司列入管制“实体名单”，禁止美国企业向华为出售相关技术和产品。封杀令一出，世界哗然。

时隔一年，2020年5月15日，美国商务部发布公告，严格限制华为使用美国技术和软件在美国境外设计和制造半导体。

而就在3个月后，8月17日，美国政府再次发布新禁令，对华为的打压继续升级。此次禁令的核心在于，任何使用美国软件或美国制造设备为华为生产产品的行为都是被禁止的，都需要获得许可证。

新禁令切断了华为寻求与非美企供应商合作的道路，进一步封锁了华为获得芯片的可能性。自家设计的不给造，别人生产的不给买，直接把华为逼入了“无芯可用”的困境。

对于目前中国的芯片困境，中国工程院院士邬贺铨表示：“我国芯片受制于人，其中最大的原因是我们的工业基础——包括精密制造、精细化工、精密材料等方面的落后。”

中国芯片技术和产业的短板最终还是需要中国人踏实创新来解决。“不停止、不暂停、一起努力！”2020华为开发者大会上，华为以这样的开场白透露出意味深长的信息。

实践证明，关键核心技术是买不来、讨不来的。只有把关键核心技术掌握在自己手中，才能从根本上保障国家经济安全、国防安全和其他安全。

我们不要怀疑华为战胜困难的决心，而且也不要低估了中国科学家的能力和韧劲。对于华为来说，这毫无疑问是痛苦而艰难的时刻，但这或许也将成为华为，乃至整个中国芯片产业涅槃的开端。

任务实施

1. 使用CPU-Z检测CPU相关参数

双击运行CPU-Z，切换至“处理器”选项卡，如图18-5所示。

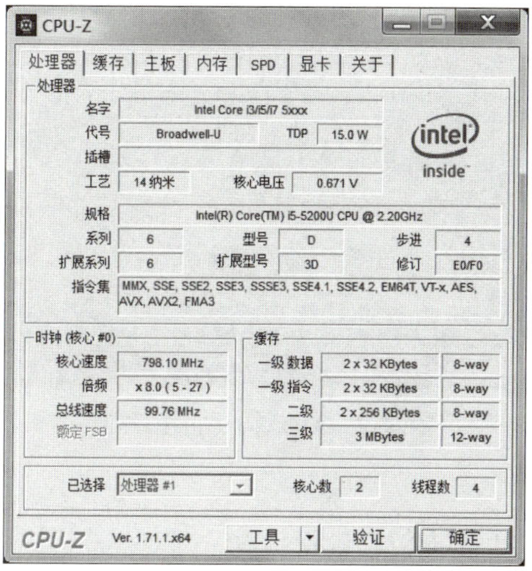

图18-5　CPU-Z CPU测试窗口

2. 使用AIDA64检测CPU的相关参数

1）双击“AIDA64”启动AIDA64软件，如图18-6所示。

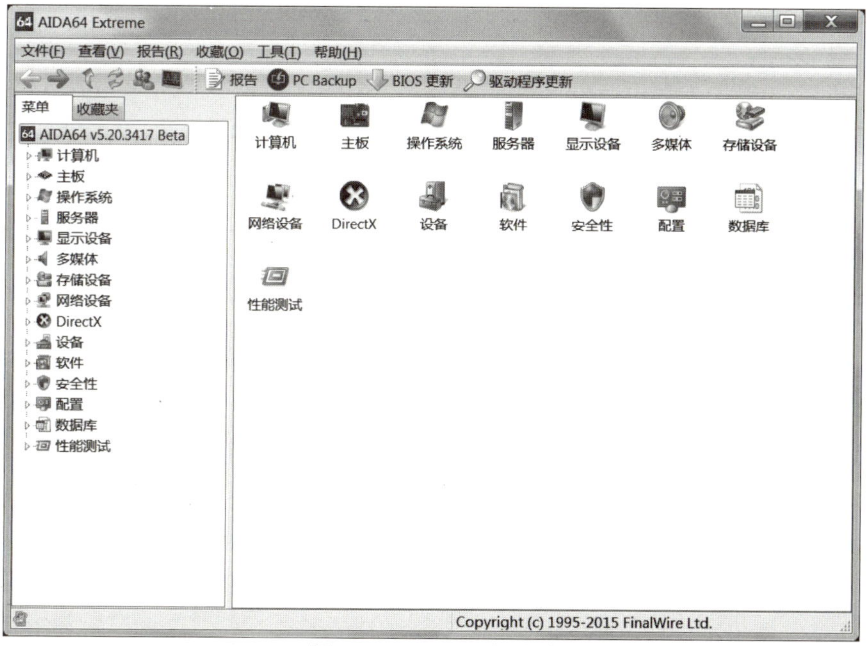

图18-6　AIDA64主界面

2）选择菜单栏中的“工具”|“AIDA64 CPUID”选项，打开检测窗口，如图18-7所示。

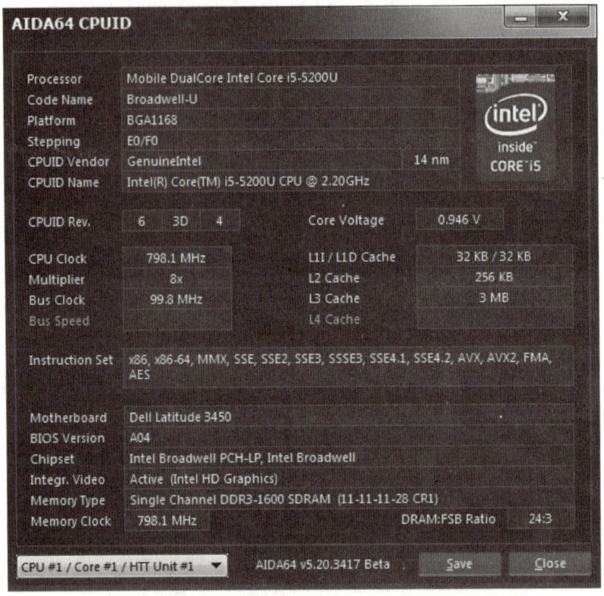

图18-7　AIDA64 CPUID界面

3. 记录检测结果

记录检测结果，并和CPU官方信息进行比对。CPU芯片检测结果见表18-2。

表18-2　CPU芯片检测结果

测 试 项 目	测 试 结 果
名称	Intel Core i5 5200U
代号	Broadwell-U
工艺	14 nm
核心速度	798.1MHz
倍频	8
总线速度	99.76MHz
三级缓存	3MB
核心数	双核
线程数	4线程
是否为64位CPU	是

任务3　CPU性能测试

任务分析

关于CPU的测试，仅仅比对技术参数并不能够完全真实反映CPU的实际性能。为了测试CPU的实际性能，需要对CPU在实际环境下的运算能力进行测试。本任务就是通过软件来对CPU的实际运算性能进行测试。

扫描二维码观看视频

理论知识

1）用于测试CPU性能的工具主要有“鲁大师”、CINEBENCH、Fritz Chess Benchmark等。

2）由于各公款评测CPU的性能的方式和方法不同，为了能更加综合与全面地评估CPU的性能，常常会结合多款工具的测试结果进行评估。

3）“鲁大师”通过让CPU对各类数据进行处理来测试其性能，例如整型数据排序、哈弗曼压缩运算、傅立叶运算、浮点多项式运算、异构计算能力等，最终根据性能情况给出一个分数。

4）CINEBENCH软件至今常用的版本有10、11.5、15三个版本。由于它们对CPU测试后的结果使用的单位不同，因此CINEBENCH这三个版本经常同时使用，从而获得对CPU更全面、准确的评估。

学习助手

CINEBENCH是一款基于多线程效能评定的测试工具。使用针对电影电视行业开发的Cinema 4D特效软件引擎，可以测试CPU和显卡的性能。测试包括两项，分别针对处理器和显卡的性能指标。第一项测试纯粹使用CPU渲染一张高精度的3D场景画面，在单处理器单线程下只运行一次，如果系统有多个处理器核心或支持多线程，则第一次只使用一个线程，第二次运行使用全部处理器核心和线程。第二项测试则针对显卡的OpenGL性能。

5）Fritz Chess Benchmark软件也是一款常用于测试CPU的软件。

学习助手

Fritz Chess Benchmark是国际象棋软件Fritz自带的计算机棋力测试程序，支持多线程，做的是大量科学计算，所以经常被用来测试计算机的科学运算能力，通过模拟计算机思考国际象棋的算法通过测量部分测试计算机成绩。运行中选择的核心将全部处于满载状态，所以这个软件也可以测试CPU的兼容性和稳定性。

任务实施

1. 使用鲁大师评测CPU性能

1）鲁大师主界面如图18-2所示，选择“性能测试”选项，进入性能测试界面，如图18-8所示。

图18-8 鲁大师性能测试界面

2）单击“处理器性能”后面的【单项测试】按钮，开始进行CPU性能测试，如图18-9所示。

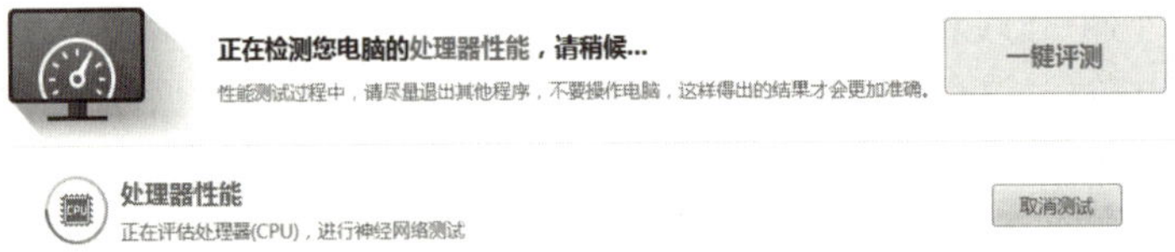

图18-9　进行CPU性能测试

3）鲁大师处理器性能测试结果如图18-10所示。

图18-10　鲁大师处理器性能测试结果

2. 使用CINEBENCH测试CPU性能

（1）使用CINEBENCH R10测试CPU性能

1）启动CINEBENCH R10，进入主界面，如图18-11所示。

图18-11　CINEBENCH R10主界面

2）分别选择左侧“CPU Benchmark”选项组的“Rendering（1 CPU）”与“Rendering（x CPU）”，如图18-12所示。

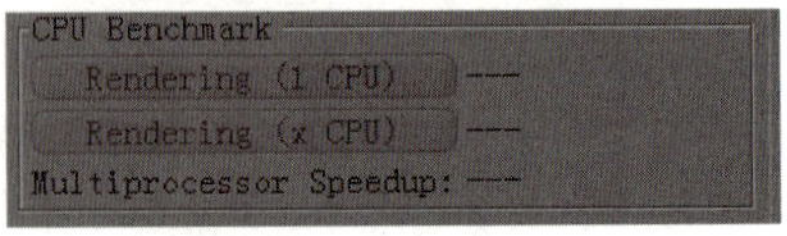

图18-12　CPU测试选项

学习助手

“Rendering（1 CPU）”用于对CPU进行单核性能测试；“Rendering（x CPU）”用于对CPU进行多核性能测试。

3）开始进行CPU性能测试，如图18-13和图18-14所示。

图18-13 单核性能测试

图18-14 多核性能测试

学习助手

该CPU性能测试过程，主要通过完成对一幅图片进行线程与多线程模式下的渲染来评测CPU的处理能力。

4）测试完成，查看测试结果，如图18-15所示。

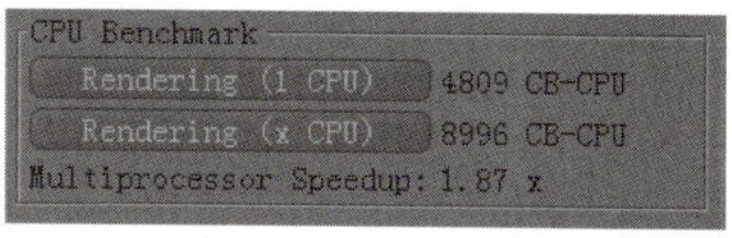

图18-15 CINEBENCH R10 CPU 测试结果

（2）使用CINEBENCH R11.5测试CPU性能

1）启动CINEBENCH R11.5，进入主界面，如图18-16所示。

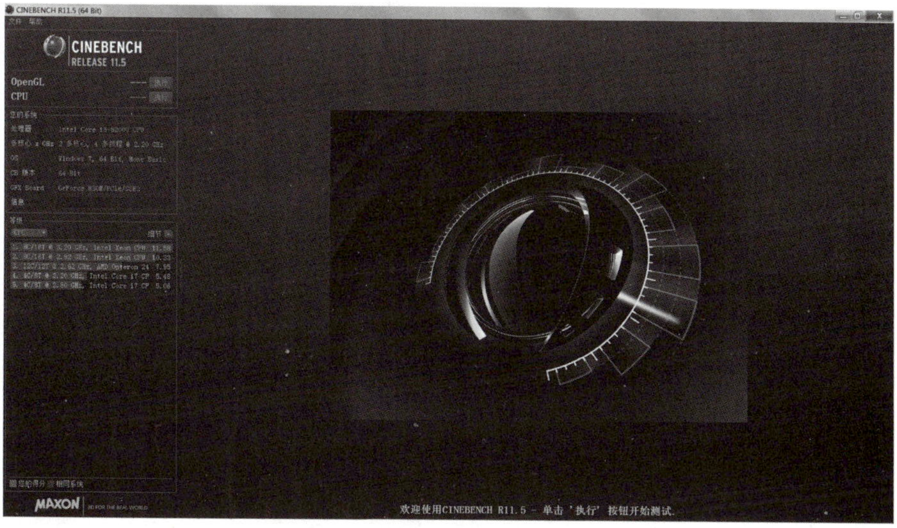

图18-16 CINEBENCH R11.5主界面

2）单击左侧区域“CPU”后的“执行”按钮，如图18-17所示。

3）开始进行CPU性能测试，如图18-18所示。

4）测试完成，查看测试结果，如图18-19和图18-20所示。

（3）使用CINEBENCH R15测试CPU性能

1）启动CINEBENCH R15，进入主界面，如图18-21所示。

2）单击“CPU”后的“Run”按钮，如图18-22所示。

3）开始测试CPU性能，如图18-23所示。

4）完成测试，查看测试结果，如图18-24和图18-25所示。

图18-17 CINEBENCH R11.5测试选项

图18-18 CINEBENCH R11.5 CPU性能测试

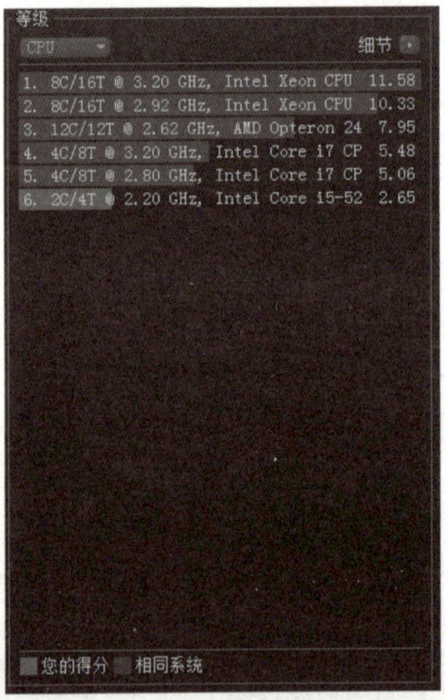

图18-19 测试结果

图18-20 CINEBENCH R11.5测试结果

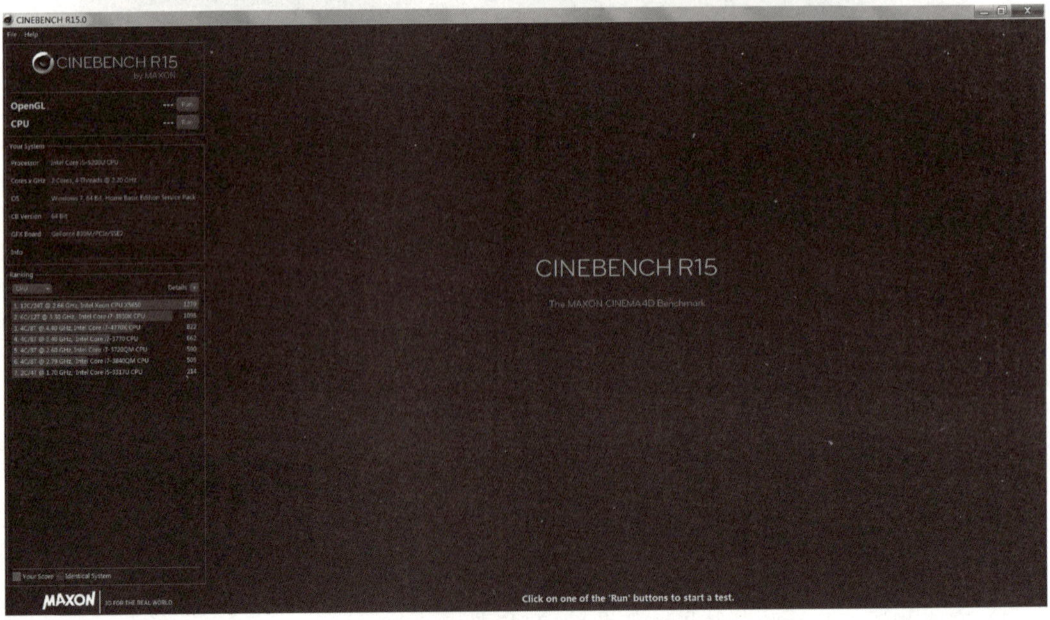

图18-21 CINEBENCH R15主界面

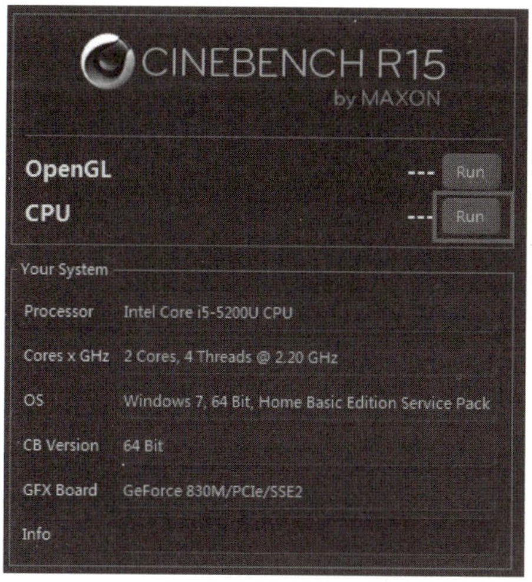

图18-22 CINEBENCH R15测试选项

图18-23 CINEBENCH R15 CPU性能测试

图18-24 CINEBENCH R15测试结果

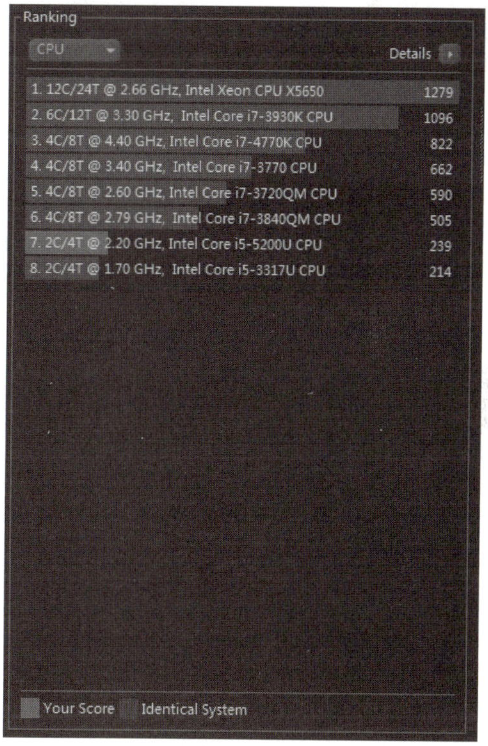

图18-25 CINEBENCH R15测试结果

3. 使用Fritz Chess Benchmark测试CPU性能

1）启动Fritz Chess Benchmark软件，进入主界面，如图18-26所示。

2）在默认设置状态下，单击“开始”按钮，开始CPU测试，如图18-27所示。

3）测试完毕后，显示测试结果，如图18-28所示。

图18-26 Fritz Chess Benchmark主界面

图18-27 Fritz Chess Benchmark测试界面

图18-28 Fritz Chess Benchmark测试结果

4. 整理汇总测试结果

整理汇总测试结果，生成CPU测试报告，见表18-3。

表18-3 CPU测试报告

CPU性能测试报告（默认设置分值越高，性能越强）	
测 试 软 件	测 试 结 果
鲁大师	77188
CINEBENCH R10	4809cb/8996cb
CINEBENCH R11.5	2.65pts
CINEBENCH R15	239cb
Fritz Chess Benchmark	10.02/4870

课外作业

一、理论填空题

1. 常见的查看计算机硬件信息的软件有__________、__________、__________。

2. CPU的参数检测软件中的__________和__________是检测CPU使用频率最高的两款软件。

3. 用于测试CPU性能的工具主要有__________、__________、__________等。

4. 现今主要检测CPU的参数有__________、__________、__________、__________、封装、指令集、工艺等信息。

5. 现在主流的CPU都是64位CPU，若需判断CPU是64位还是32位，主要观察CPU的指令集中是否包含__________指令集。

6. CINEBENCH软件至今常用的版本有__________、__________、__________三个版本。

7. 鲁大师对处理器性能测试是通过让处理器对各类数据进行处理来测试其性能，比如__________、__________运算、__________运算、浮点多项式运算、异构计算能力等。

二、实践应用题

1. 请各位同学通过相关软件，对计算机相关硬件信息进行了解，并将CPU的相关参数记录在表18-4中。

表18-4 CPU的相关参数记录

测试项目	测试结果
名称	
代号	
工艺	
核心速度	
倍频	
总线速度	
三级缓存	
核心数	
线程数	
是否为64位CPU	

2. 请通过相关软件，对计算机的CPU进行检测，并将测试结果记录在表18-5中。

表18-5 CPU性能测试记录

CPU性能测试报告（默认设置分值越高，性能越强）	
测试软件	测试结果
鲁大师	
CINEBENCH R10	
CINEBENCH R11.5	
CINEBENCH R15	
Fritz Chess Benchmark	

三、课外拓展题

请各位同学以小组为单位，对多款CPU进行横向测试，并进行评价分析，形成一个评价报告。通过PPT进行汇报。

项目19　计算机硬件单项性能测试（二）

项目难度：★★★★☆
项目课时：4学时
角色职业岗位：IT产品技术员

项目描述

子俊发现硬件的测试是一个非常专业的领域，不仅需要对计算机硬件知识有较为深刻的理解，还需要熟悉硬件的性能参数。不过还好，由于子俊在前期打下了扎实的理论基础，因此也能快速地做好这部分工作。在本项目中，子俊决定对以下硬件进行测试：

1）对计算机内存进行测试。

2）对计算机硬盘进行测试。

3）对计算机闪存芯片进行测试。

项目分析

硬盘、内存、闪存都是计算机存取设备，其性能的好坏直接影响计算机对数据读取的速度。所以在本项目中我们将分别对这3个部件进行性能测试，通过严谨客观的测试数据，对不同品牌、型号的产品做出真实的性能评价。本项目分解为如下3个子任务（见表19-1）。

表19-1　任务单

1	内存性能测试
2	硬盘性能测试
3	闪存芯片性能测试

匠心养成·炼铸专业核心素养

严谨求实

项目实施

任务1　内存性能测试

扫描二维码观看视频

任务分析

内存是计算机中的重要部件之一，它是与CPU进行沟通的桥梁。内存（Memory）也被称为内存储器，主要用于暂时存放CPU中的运算数据，以及与硬盘等外部存储器交换的数据。在本任务中，子俊就带大家一起完成对内存的性能测试。

理论知识

1）内存性能测试主要通过读取、写入、复制的速度和潜伏期这四方面的数据来衡量。

2）常用的内存性能测试工具有CPU-Z、鲁大师、ADID64、Mem Test等。

大国奋进·感悟中国科技发展

中国科学家刷新光存储时间世界记录

中国科学技术大学郭光灿院士团队李传锋、周宗权研究组将光存储时间提升至1小时，大幅刷新2013年德国团队所创造的光存储1分钟的世界纪录，向实现量子U盘迈出重要一步。该成果发表于《自然·通讯》。审稿人称赞："该成果是一个巨大的成就。"

光已成为现代信息传输的基本载体。光速高达30万千米每秒，降低光速乃至让光停留下来，是国际学术界孜孜以求的目标。光的存储在量子通信领域尤其重要，这是因为基于光量子存储可以构建量子中继，从而克服信道损耗建立起大尺度量子网络。另一种远程量子通信的解决方案是量子U盘，即把光子存储到超长寿命量子存储器中，然后通过直接运输量子U盘来传输量子信息。考虑到飞机和高铁的速度，量子U盘的光存储时间需要达到小时量级。

量子U盘在全球卫星量子通信、甚长基线干涉天文测量系统等领域均具有广泛应用。这一成果将光存储时间从分钟量级推进至小时量级，满足了量子U盘对光存储寿命指标的基本需求。未来，量子U盘有望基于经典运输工具实现量子信息的传输，建立一种全新的量子信道。

"简单来说，我们就是用一块晶体把光'存起来'，一个小时后取出来发现，它的相位、偏振等状态信息还保存得很好。"李传锋说，光的状态信息很容易消失，这个研究大大延长了保存的时间，也因此有望催生一系列创新应用。

比如，将两台相距较远的望远镜捕捉到的光，保存后放到一起进行"干涉"处理，可以突破单个望远镜的尺寸局限，大幅提升观测的精度。量子U盘对构建全球量子通信网具有重要意义。李传锋介绍，为实现量子U盘，不仅要高精度的"留住光"，还要提升信噪比，这也是他们下一步努力的方向。

任务实施

1）使用CPU-Z查看内存基本信息，如图19-1和图19-2所示。

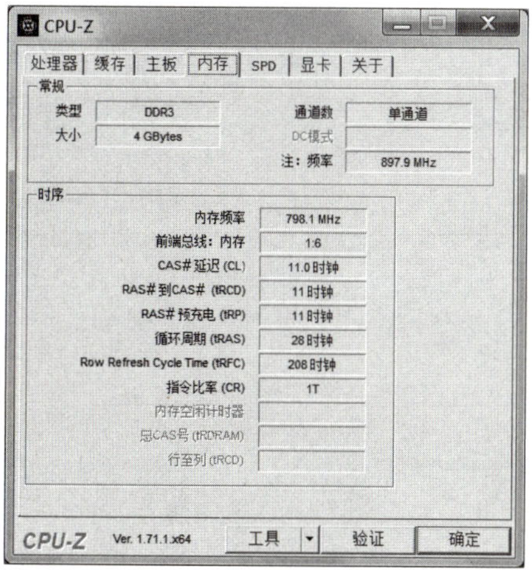

图19-1　CPU-Z内存选项

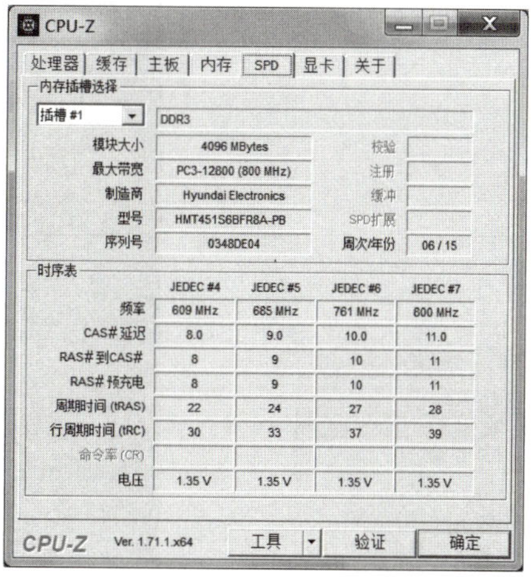

图19-2　CPU-Z　SPD选项

硬派词汇

SPD是内存模组上的一个可擦写只读存储器，里面记录了该内存的许多重要信息，诸如内存的芯片及模组厂商、工作频率、工作电压、速度、容量、电压与行、列地址带宽等参数。SPD信息一般都是在出厂前，由内存模组制造商根据内存芯片的实际性能写入到ROM芯片中。

2）使用鲁大师测试内存读写性能。

①单击“内存性能”后的“单项测试”按钮，开始内存测试，如图19-3所示。

图19-3　鲁大师内存性能单项测试

②测试完成后，获得最终性能得分，如图19-4所示。

图19-4　鲁大师内存性能单项测试结果

3）使用ADID64测试内存性能。

①选择“工具”→“内存与缓存测试”选项，如图19-5所示。

②在弹出的测试窗口中，单击“Start Benchmark”按钮，开始内存测试。

③完成测试，显示测试结果，如图19-6所示。

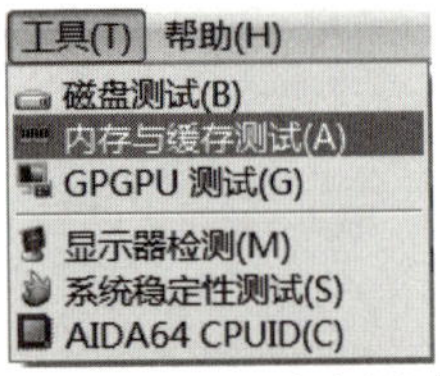

图19-5　ADID64内存测试项

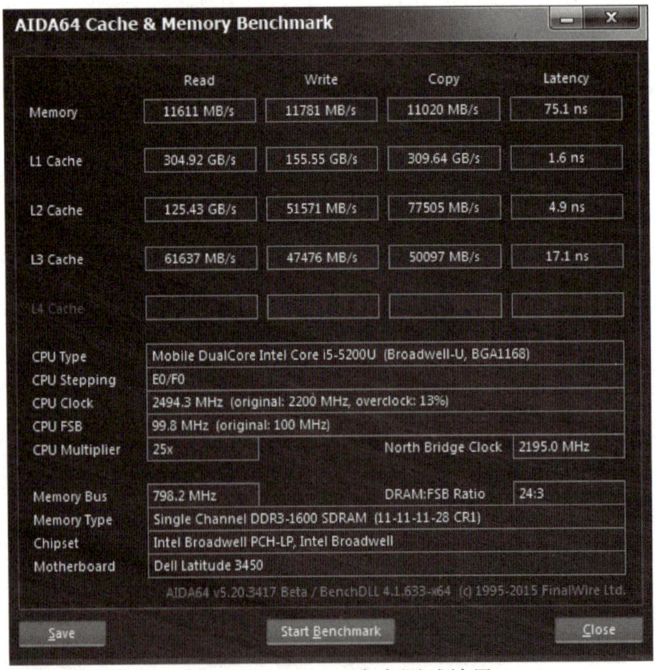

图19-6　ADID64内存测试结果

4）使用MemTest测试内存稳定性。

①启动MemTest软件，输入要测试的内存大小，单击“开始测试”按钮，如图19-7所示。

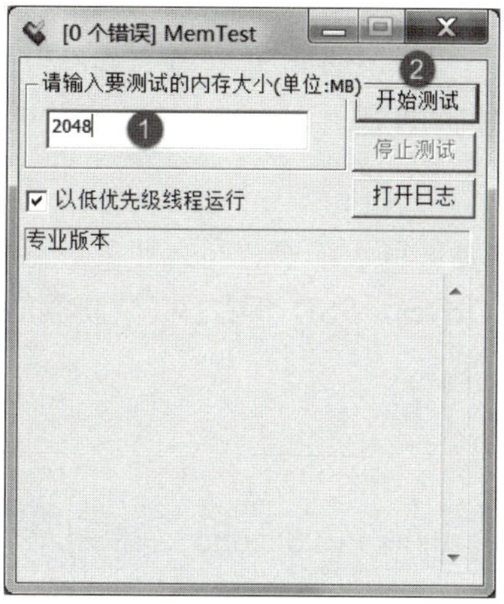

图19-7　MemTest测试界面

学习助手

MemTest是一款内存检测工具，它不但可以彻底地检测出内存的稳定度，而且可以同时测试记忆的储存与检索资料的能力。

学习助手

MemTest开始测试后，需要停止计算机其他程序的工作，约耗时20min。在此过程中，用户需要耐心等待，或者利用计算机空闲时间进行测试。

②完成测试，查看测试结果，如图19-8所示。

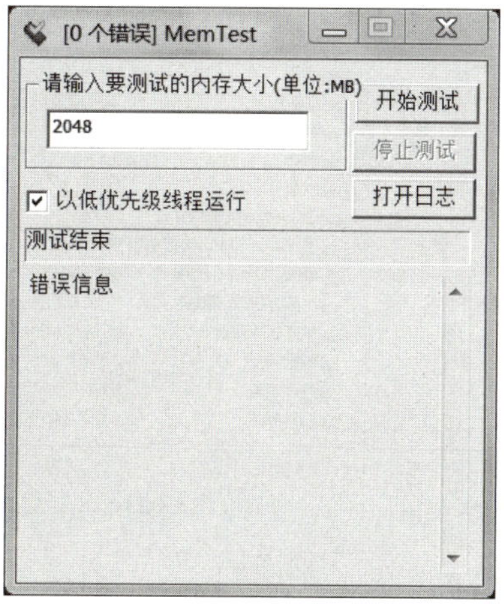

图19-8　MemTest测试结果

在本次测试中，没有出现内存错误，说明内存是稳定可靠的。

任务2 硬盘性能测试

扫描二维码观看视频

任务分析

硬盘是计算机的数据仓库，虽然其读取速度没有内存那么快，但是其性能也将间接影响整个计算机的性能。在本任务中，子俊带大家了解计算机硬盘的测试。

理论知识

1）机械硬盘的性能测试主要着重于读取、写入速度、存储时间的检测。

2）固态硬盘（Solid State Drives，SSD）除了机械硬盘的测试项外还包括随机写入、连续写入、4KB随机读写、IOPS 等。

硬派词汇

IOPS即Input/Output Operations Per Second，是每秒进行读写（I/O）操作的次数。

3）常见的测试工具有HD Tune、AS SSD Benchmark、PCMark、3DMark Vantage硬盘部分、ATTO Disk Benchmark、CrystalDiskMark等。

任务实施

1. 使用AIDA64软件检测硬盘基本信息

1）启动AIDA64软件。

2）选择“菜单”→“存储设备”→“ATA”选项，如图19-9所示。这时在软件界面的右侧区域会检测出硬盘的基本信息，如图19-10所示。

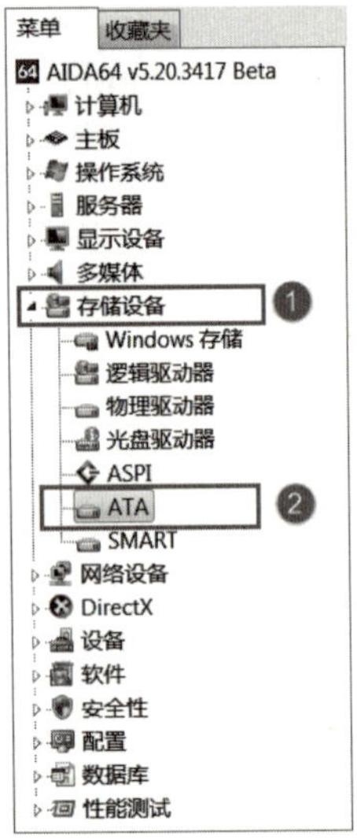

图19-9 AIDA64 菜单项

图19-10 硬盘基本信息

2. 使用HD Tune测试硬盘性能

1）打开HD Tune软件主界面。默认进入“基准”选项卡，如图19-11所示。

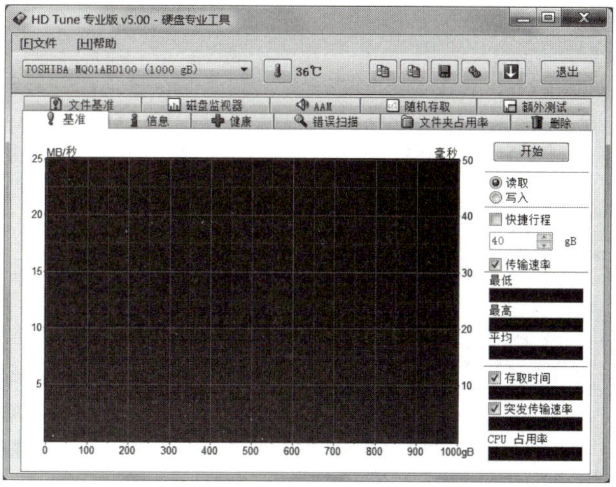

图19-11　HD Tune软件主界面

学习助手

HD Tune是一款小巧、易用的硬盘工具软件，其主要功能有硬盘传输速率检测、健康状态检测、温度检测及磁盘表面扫描等。另外，HD Tune还可检测硬盘的固件版本、序列号、容量、缓存大小以及当前的Ultra DMA模式。

学习助手

由于数据安全方面的考虑，HD Tune写入测试只支持未分区的硬盘，因此在本任务中只做读取测试。

2）选择“读取”选项，单击“开始”按钮进行基准测试，如图19-12所示。

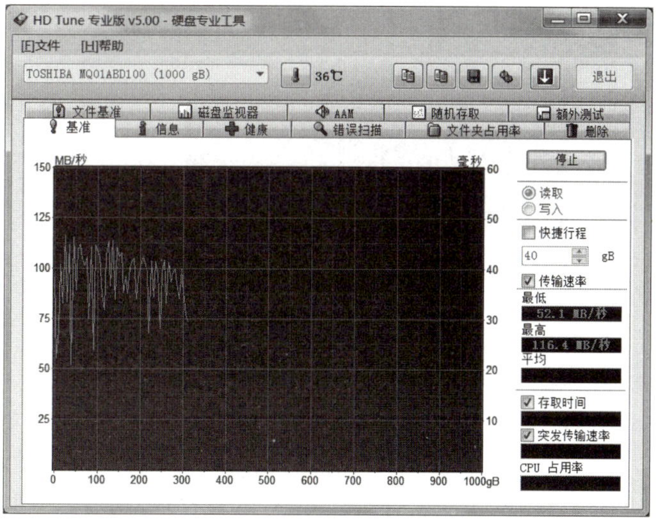

图19-12　HD Tune 基准测试界面

3）测试完成后，显示基准测试结果，如图19-13所示。

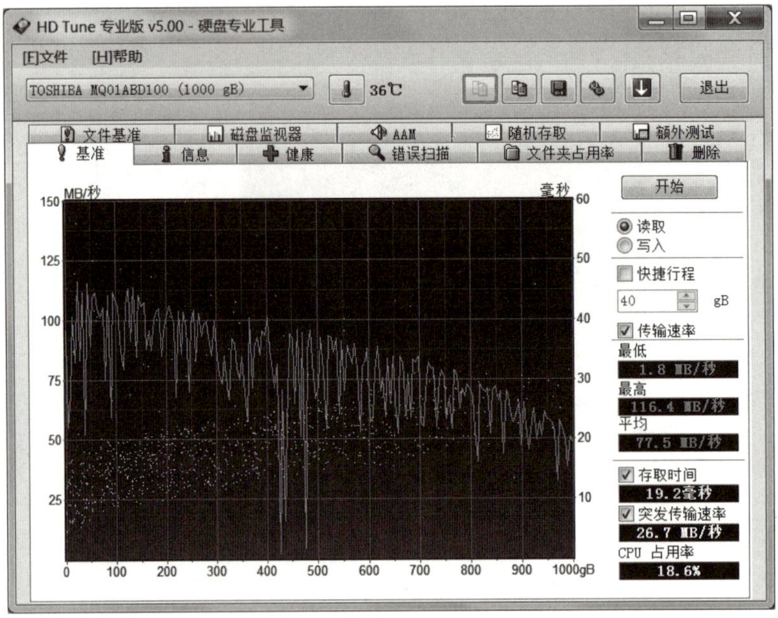

图19-13　HD Tune 基准测试结果

学习助手

在硬盘进行读取测试的过程中，请勿进行其他读取操作，否则会拉低最低传输速率。如图19-13所示，就是因为在测试过程中进行截图操作，传输速率直线下降，最低只有1.8Mbit/s。

4）切换至“随机存取”选项卡，进入测试界面，如图19-14所示。

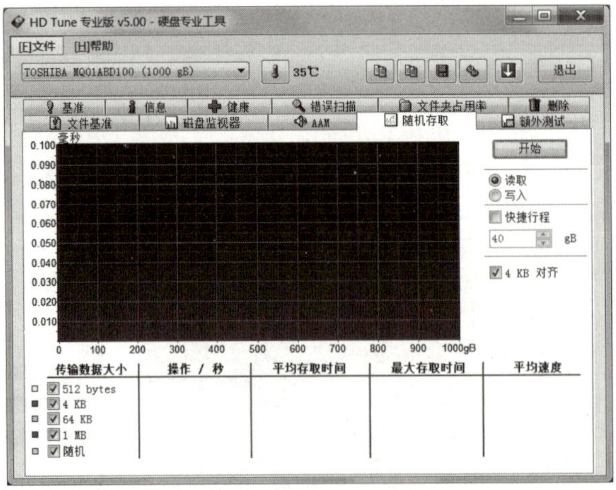

图19-14　HD Tune随机存取测试界面1

5）选择“读取”项，单击“开始”按钮，进行随机存取测试，如图19-15所示。

6）测试完成，显示随机存取测试结果，如图19-16所示。

7）切换至“文件基准”选项卡，进入主界面，如图19-17所示。

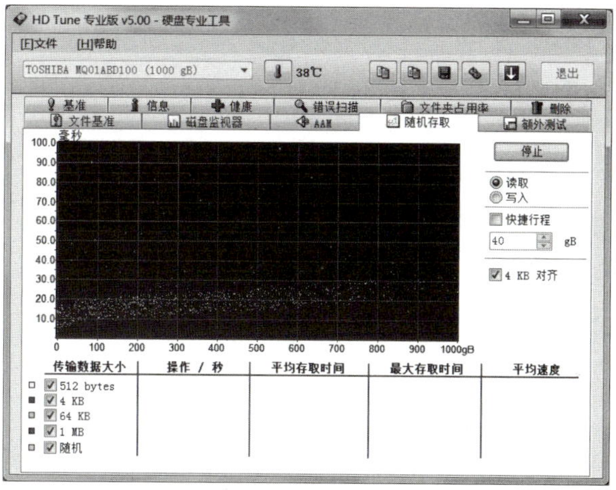

图19-15　HD Tune随机存取测试界面2

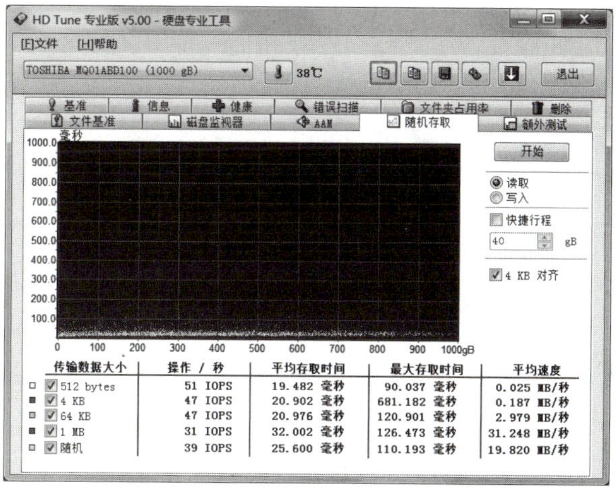

图19-16　HD Tune随机存取测试结果

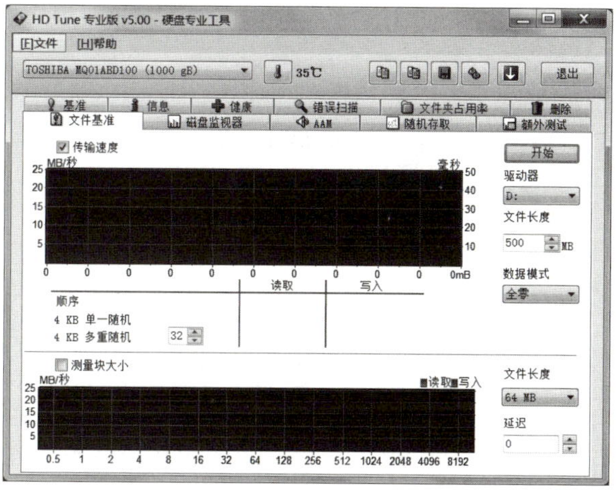

图19-17　HD Tune文件基准测试界面

8）选择驱动器为“E：”，选中“传输速率”与“测量块大小”复选框，单击“开始”按钮开始测试，如图19-18所示。

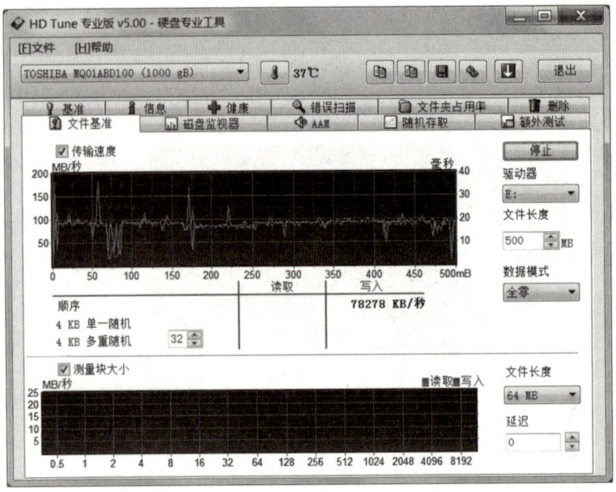

图19-18　HD　Tune文件基准测试过程

9）完成测试后，显示文件基准测试结果，如图19-19所示。

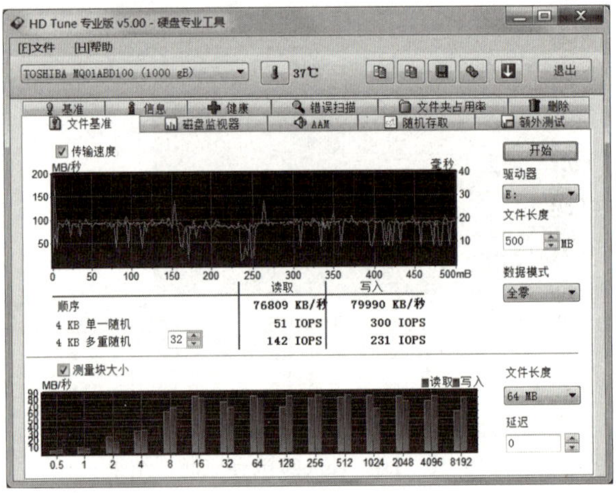

图19-19　HD　Tune文件基准测试结果

3. 使用AS SSD Benchmark测试硬盘性能

1）启动AS SSD Benchmark软件，进入测试主界面，如图19-20所示。

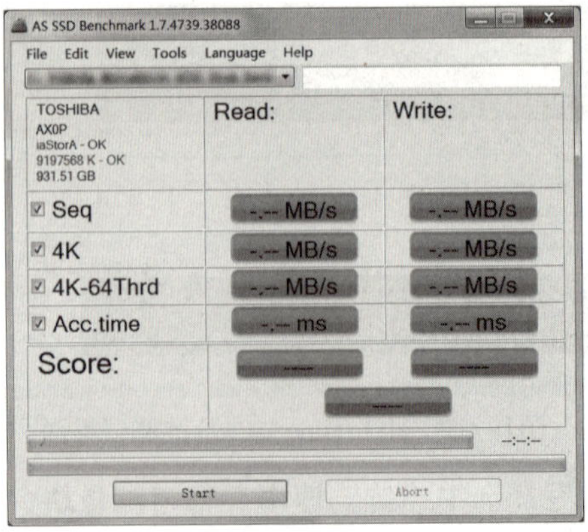

图19-20　AS　SSD　Benchmark测试主界面

学习助手

AS SSD Benchmark 是一款来自德国的SSD专用测试软件，可以测试连续读写、4KB随机读写和响应时间，并给出一个综合评分，以评估固态硬盘传输速度的快慢。

学习助手

AS SSD Benchmark 软件可以非常直观地显示硬盘是否4KB对齐和AHCI模式是否开启。该软件界面左上角的两项说明用以表明这两项内容（iaStorA项对应AHCI；9197568K对应4KB对齐）。

2）在“View”菜单下，选择测试模式，其中包括“MB/s”和“iops”两个选项，如图19-21所示。

3）单击“Start”按钮，开始测试，如图19-22所示。

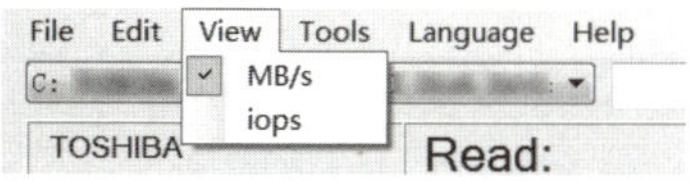

图19-21　AS SSD Benchmark 测试模式

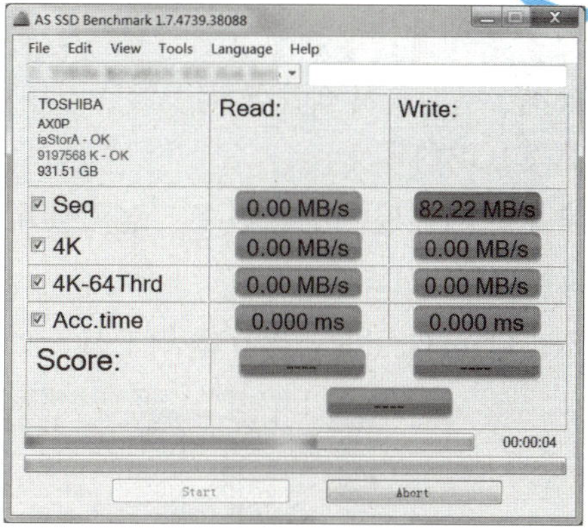

图19-22　AS SSD Benchmark测试过程

4）测试完成后，显示测试结果，如图19-23和图19-24所示。

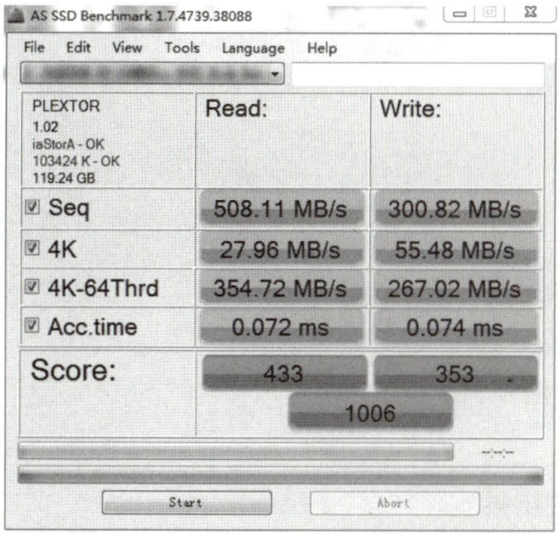

图19-23　AS SSD Benchmark测试结果1

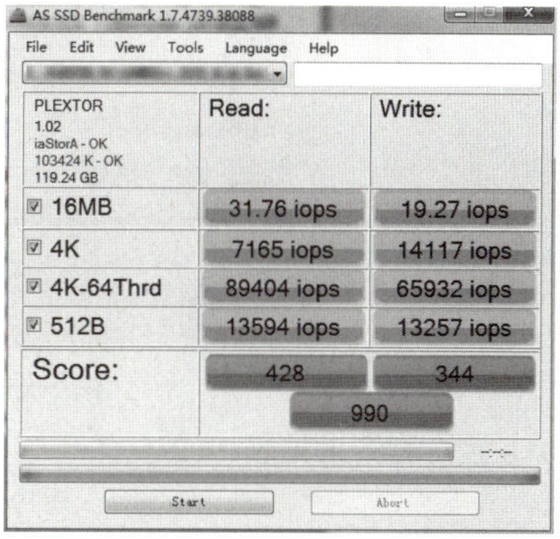

图19-24　AS SSD Benchmark测试结果2

任务3　闪存芯片性能测试

任务分析

扫描二维码观看视频

闪存是计算机的外部存储设备，如U盘、SD卡等。目前市场上的闪存芯片质量参差不齐。在这个任务中，子俊带大家了解辨别闪存芯片真伪的方法。

理论知识

1）一些不法商家，通过量产工具对U盘等“黑片”产品进行重新组装，制作扩容盘等质量低劣的产品。

硬派词汇

“黑片”指的是质量不合格的闪存芯片，主要用于制造假冒伪劣的闪存产品。这种闪存产品对用户的数据安全有严重威胁。

硬派词汇

量产工具（USB Disk Production Tool）是向U盘写入相应数据，使计算机能正确识别U盘上的闪存芯片，并使U盘具有某些特殊功能的软件。

硬派词汇

扩容盘是指通过量产工具对U盘的基本信息进行修改，如将原本只有1GB的容量信息修改为8GB。当U盘接到计算机上时，就显示有8GB的空间。但实际的存储空间是不会变的，仍然是1GB的容量。

2）常见的闪存检测工具很多，这里使用Chip Genius工具进行检测。

任务实施

1）双击Chip Genius，运行检测工具，如图19-25所示。

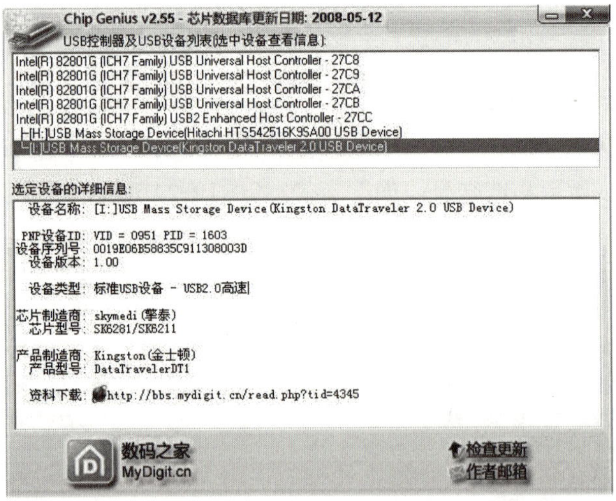

图19-25　U盘芯片检测界面

2）U盘检测结果见表19-2。

表19-2　U盘检测结果

检测项目	检测结果
产品制造商	Kingston（金士顿）
产品型号	DataTravelerDT1
芯片制造商	Skymedi（擎泰）
芯片型号	SK6281/SK6211
设备类型	标准USB设备-USB2.0高速

学习助手

Chip Genius可以自动检测各种USB设备和各种芯片。所选择芯片的相应信息会显示在界面下方，如产品厂商、产品型号、芯片厂家、芯片型号等。

课外作业

一、理论填空题

1．内存性能测试主要通过__________、__________、__________和__________这四方面的数据来衡量。

2．常用的内存性能测试工具有__________、__________、__________、__________等。

3．机械硬盘的性能测试主要着重于__________速度、__________这几方面。

4．固态硬盘（SSD）除了机械硬盘的测试项外还包括__________、__________、4KB随机读写、IOPS 等。

5．常见的测试工具有__________、__________、__________、3DMark Vantage硬盘部分、ATTO Disk Benchmark、CrystalDiskMark等。

6．______________________是向U盘写入相应数据，使计算机能正确识别U盘上的闪存芯片，并使U盘具有某些特殊功能的软件。

7．常见的闪存检测工具有__________、__________等。

二、实践应用题

1．请各位同学对自己计算机的内存条进行性能测试，并通过截图及文字通过Word文档形成报告。

2．请各位同学对自己计算机的硬盘进行性能测试，并通过截图及文字通过Word文档形成报告。

3．请各位同学对自己的U盘闪存进行检测，判断其性能情况，并通过截图及文字通过Word文档形成报告。

三、课外拓展题

请各位同学以小组为单位，通过相关软件对机械硬盘、固态硬盘进行相关的性能测试，分析总结固态硬盘的优势在哪些方面，并通过PPT进行汇报展示。

项目20　计算机硬件单项性能测试（三）

项目难度：★★★★☆

项目课时：4学时

角色职业岗位：IT产品技术员

项目描述

子俊通过测试获得相关硬件的各项数据，对相关硬件进行横向测评，并将生成的测试报告上传到公司的硬件论坛中，获得了用户的一致好评。主动到门店购买硬件的客户也明显增多。客户认为子俊所在门店的硬件推荐很专业，因此选择上门购买相关硬件。子俊明白，只有硬件测评做得更加专业，才能赢得客户的信任，于是他决定继续对显卡及显示器进行性能测试。

项目分析

显卡与显示器性能的优劣直接影响计算机最终的显示效果，因此是游戏发烧友不断追求的主要硬件设备。在判断显卡及显示器的实际性能时，需要通过相关软件对它们进行性能测试，并根据测试的具体数据来判断它们的性能。本项目将分解成如下3个子任务。

任务单

1	使用GPU-Z检测显卡基本信息
2	检测显卡性能
3	测试显示器性能

匠心养成·炼铸专业核心素养

客观严谨、思辨精神

项目实施

扫描二维码观看视频

任务1　使用GPU-Z检测显卡基本信息

任务分析

在对显卡进行测试之前，先应了解显卡的基本信息，并对显卡的基本参数进行对比测试。这种测试一般是静态测试，用于对比显卡的性能指标。

理论知识

查看显卡基本信息常用的工具有GPU-Z、ADID64、鲁大师、Speccy等。

大国奋进·感悟中国科技发展

国产GPU——“苏堤”与“春晓”

摩尔线程智能科技（北京）有限责任公司（以下简称：摩尔线程）成立于2020年10月，专注于研发设计全功能GPU芯片及相关产品，支持3D高速图形渲染、AI训练推理加速、超高清视频编解码和高性能科学计算等多种组合工作负载，能够为中国科技生态合作伙伴提供计算加速能力，广泛赋能数字经济多个领域。

2022年3月，摩尔线程春季发布会在北京举行。面向元计算应用，摩尔线程发布全新MUSA（Moore Threads Unified System Architecture）统一系统架构；基于MUSA架构打造的第一代多功能GPU芯片苏堤；面向PC和工作站的桌面级显卡MTT S60和专为数据中心打造的图形渲染和计算卡 MTT S2000；GPU物理引擎AlphaCore；DIGITALME数字人解决方案及助力数字经济发展的多个元计算应用解决方案。

2022年11月3日，摩尔线程推出全新多功能 GPU 芯片“春晓”并发布业内首款国潮游戏显卡 MTT S80。

春晓GPU芯片是摩尔线程第二款基于MUSA架构的全功能GPU，集成220亿个晶体管，内置了4096个MUSA核心以及128张量计算核心，GPU核心频率达1.8Ghz，FP32计算能力为14.4TFLOPS，INT8计算能力为57.6 TOPS，显存带宽为448GB/S，并且集成了GDDR6高速显存，支持8K超高清视频编解码以及8K的显示输出。

而MTT S80是第一款基于春晓芯片的游戏显卡，总线接口PCIe Gen5x16，配有3个Display Port 1.4a接口以及1个HDMI2.1接口，显卡的尺寸为285mm×112mm×49mm，同时该款显卡也是世界上首款配备PCIe Gen5接口的游戏显卡，最高支持8K超高清分辨率显示，也支持360Hz刷新率。

任务实施

1）运行GPU-Z软件，其主界面如图20-1所示。该软件将自动检测显卡相关参数。

2）切换至“Sensors”选项卡，查看相关参数，如图20-2所示。

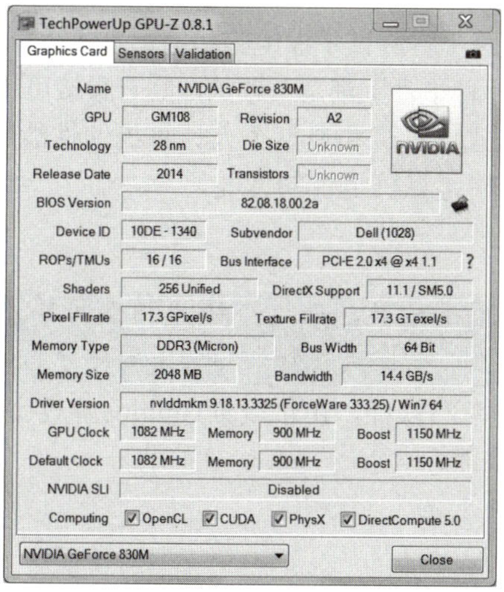

图20-1　GPU-Z主界面

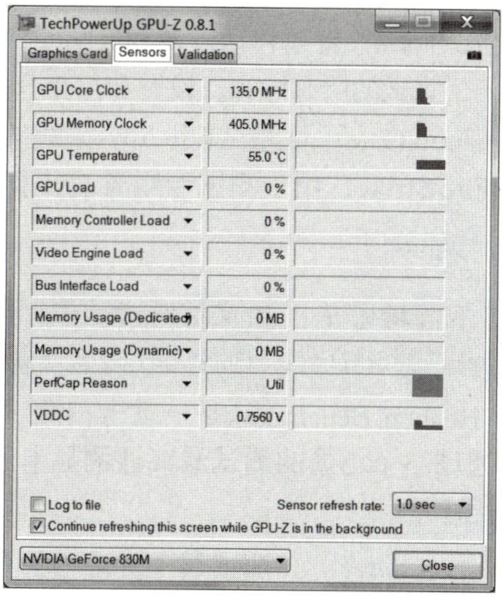

图20-2　GPU-Z“Sensors”选项卡

学习助手

GPU-Z是由硬件网站TechPowerUp所提供的一款图形处理器（Graphic Processing Unit，GPU）识别工具。它是一款轻量级的显卡测试软件，具有绿色免安装、界面直观等特点，运行后即可显示GPU核心、运行频率、带宽等显卡参数信息。

任务2 检测显卡性能

任务分析

对于显卡的测试仅停留在性能指标的对比上是不客观的，需要以显卡在真实的环境中运行的实际情况作为判断显卡的重要因素。因此在本任务中，子俊带大家使用多种软件对显卡进行全方位的测试。

扫描二维码观看视频

理论知识

1）常见的显卡测试工具有3DMark 11、新3DMark、Heaven Benchmark等。

2）3DMark是Futuremark公司出品的一款专为测试显卡性能的软件，现已发行3DMark Vantage、3DMark2011、新3DMark等多个版本。

3）3DMark 11测试分为三个级别，分别是Entry（入门级）、Performance（性能级）和Extreme（极限级）。

① 入门级：分辨率固定为标清的1024×600，支持低负载，适用于大多数笔记本式计算机和上网本，特别是集成显卡。

② 性能级：分辨率固定为高清的1280×720，支持中等级别负载，适用于绝大多数主流游戏用的个人计算机，这个级别是最常用的评定标准。

③ 极限级：分辨率固定为全高清的1920×1080，支持极高负载，适用于高端游戏用的个人计算机。

4）2013年版的3DMark变化较大，其由高到低分为Fire Strike、Cloud Gate、Ice Storm这三个场景，对应不同级别的硬件，一些较配置较老的计算机也被包含在可测试范围内。最新版的3DMark将CPU、显卡、FPS等信息通过曲线图直接展示，非常便于用户了解配件在测试中的一些变化。

① Ice Storm：针对移动设备和低端硬件，能够跨平台测试平板电脑和笔记本式计算机的性能。此场景测试的所有内容、设置和渲染分辨率在各种平台上都是一致的，具有直接可比性。

② Cloud Gate：可测试Windows系统的笔记本式计算机和典型个人计算机的性能。

③ Fire Strike：用于测试专用游戏计算机和高端计算机组件的性能。

学习助手

在不同场景下，测试结束后，软件会分别给出分数，而这个得分相互间并无可比性，因此，对测试结果进行比较时需要讲清楚配置，指出是在哪个场景下的得分。

5）Heaven Benchmark是一款专门测试DXII效率的软件，由俄罗斯Unigine游戏公司开发设计，通过23个场景的测试最终评测显卡的实际性能。

任务实施

1. 使用3DMark 11测试显卡性能

1）双击3DMark 11快捷图标，启动该软件，进入其主界面，如图20-3所示。

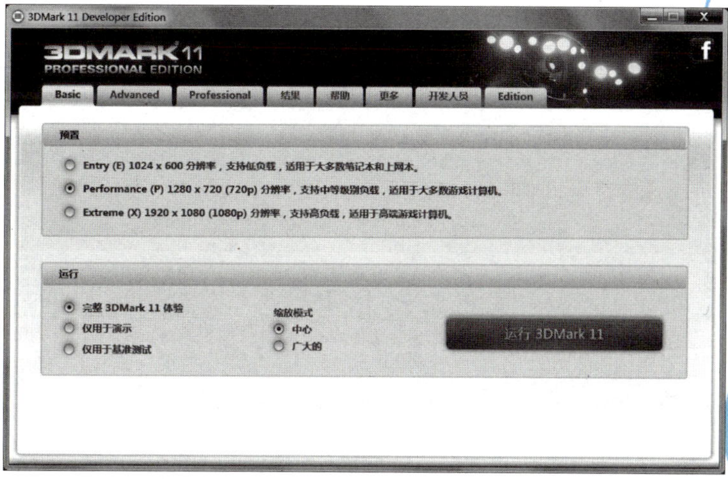

图20-3　3DMark 11主界面

2）设置测试模式。这里选择“Performance”项，如图20-4所示。

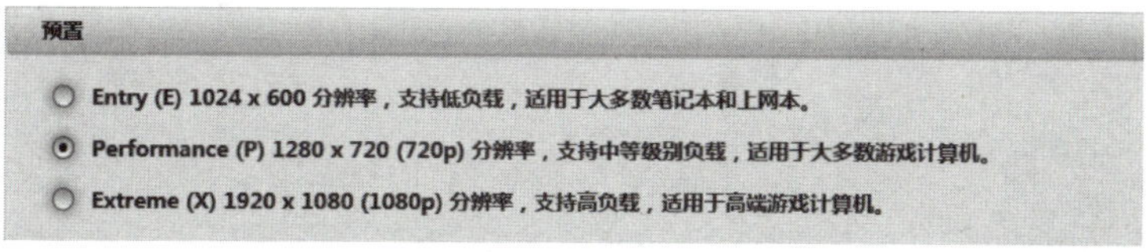

图20-4　选择Performance测试模式

3）设置运行模式为“仅用于基准测试”，如图20-5所示。

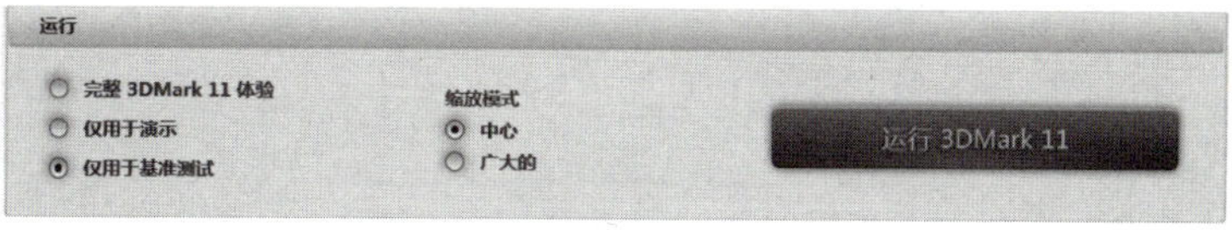

图20-5　选择仅用于基准测试项

4）单击“运行3DMark 11”按钮开始测试，如图20-6所示。

5）开始进行图形测试，如图20-7～图20-9所示。

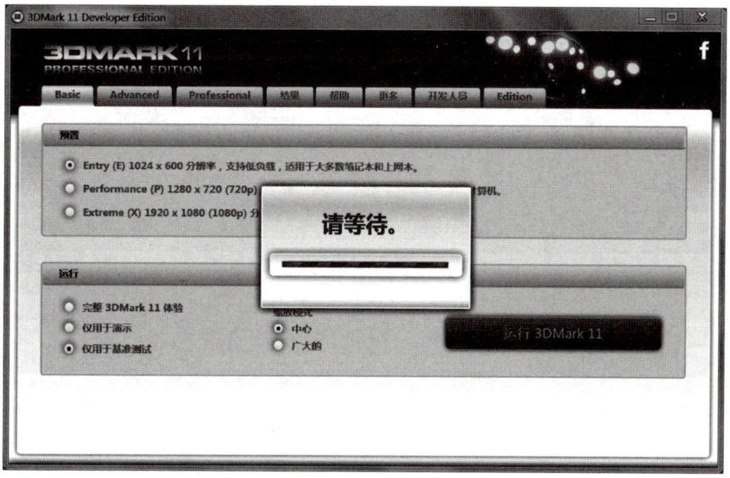

图20-6　3DMark 11准备测试界面

图20-7　图形测试界面

图20-8　联合测试界面

图20-9　物理测试界面

6）测试完成后，得到最终结果，如图20-10所示。

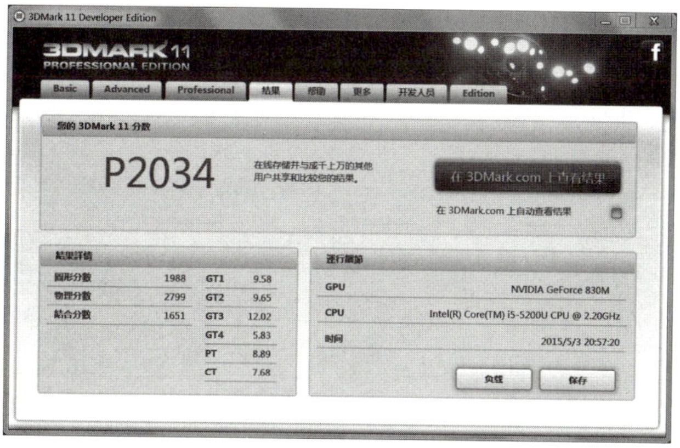

图20-10　3DMark 11测试结果界面

2. 使用新版3DMark测试显卡

1）双击3DMark快捷图标（见图20-11），启动该软件，进入其欢迎界面，如图20-12所示。

图20-11　3DMark快捷图标

图20-12　3DMark欢迎界面

2）切换到“自定义”选项卡，设置测试参数，如图20-13所示。

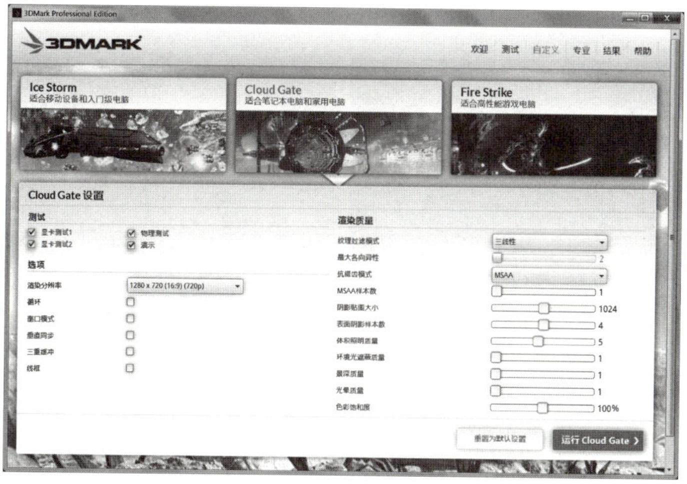

图20-13　3DMark参数设置界面

3）切换到“测试”选项卡，选择“Cloud Gate”模式，如图20-14所示。

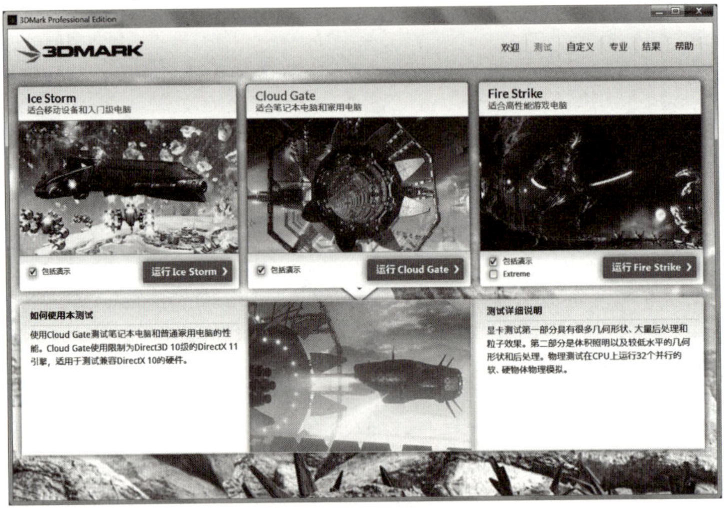

图20-14　选择Cloud Gate测试模式

4）单击“运行Cloud Gate”按钮，开始进入测试场景，测试场景画面如图20-15～图20-18所示。

图20-15　3DMark测试场景画面1

图20-16　3DMark测试场景画面2

图20-17　3DMark测试场景画面3

图20-18　3DMark测试场景画面4

5）完成测试后，生成测试结果，如图20-19所示。

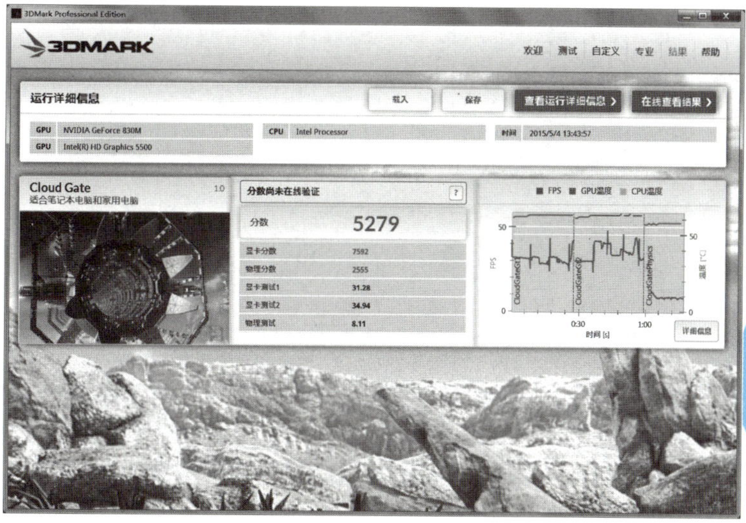

图20-19　3DMark测试结果界面

3. 使用Heaven Benchmark测试显卡

1）双击“Heaven Benchmark”快捷图标（见图20-20），启动该软件，进入其主界面，如图20-21所示。

图20-20　Heaven Benchmark快捷图标　　　　图20-21　Heaven Benchmark主界面

2）将“Language”设置为“中文”，将“预置”设置为“极端”，如图20-22所示。

3）单击“RUN”按钮，进入加载画面，同时展示软件操作的相关快捷键，如图20-23所示。

4）载入完成后，自动进入环境画面，如图20-24所示。

图20-22　Heaven Benchmark中文界面

图20-23　Heaven Benchmark载入测试画面

图20-24　Heaven Benchmark环境画面

学习助手

需要注意的是，进入环境画面后，软件会自动渲染画面，但此刻并没有开始进行测试。

5）单击画面中左上角的“基准”按钮，开始测试，如图20-25所示。

图20-25 Heaven Benchmark工具按钮

6）进入测试画面，在画面的上方会出现“Benchmarking”字样，如图20-26所示。

7）所有预设画面测试完成后，得到最终测试结果，如图20-27所示。

图20-26 Heaven Benchmark测试画面

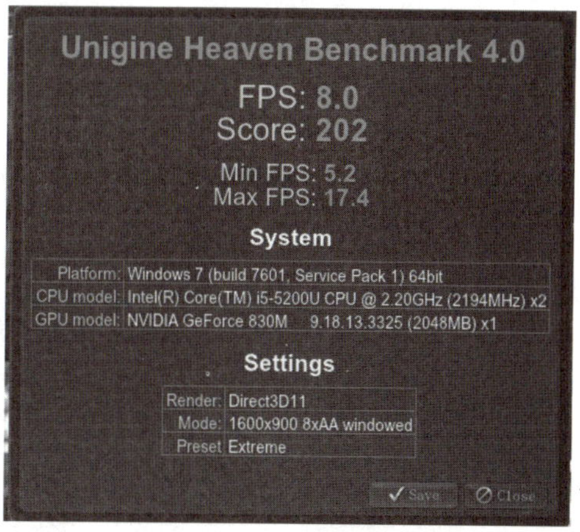

图20-27 Heaven Benchmark测试结果界面

任务3 测试显示器性能

扫描二维码观看视频

任务分析

显示器是计算机数据的输出设备，也是计算机中画面、动画、视频的显示设备。它的性能决定着用户最终看到的内容的质量。在任务中，子俊将带大家了解显示器的性能测试。

理论知识

1）关于显示器的检测，常见的检测项目有显示器的坏点、聚焦能力、灰度、对比度、干扰、变形、延迟等。

硬派词汇

LED坏点是指液晶屏在某一个像素上只显示黑白两色和红、黄、蓝三原色下的一种颜色。坏点有两种：一种称为暗点，永远只显示黑色；另一种称为亮点，永远只显示一种亮色。到目前为止，坏点还无法维修。

2）常用的显示器检测工具是DisplayX显示器测试工具。

任务实施

使用DisplayX测试显示器。

1）双击打开DisplayX，进入其主界面，如图20-28所示。

图20-28　DisplayX主界面

2）选择“常规单项测试”｜“纯色”选项，如图20-29所示。

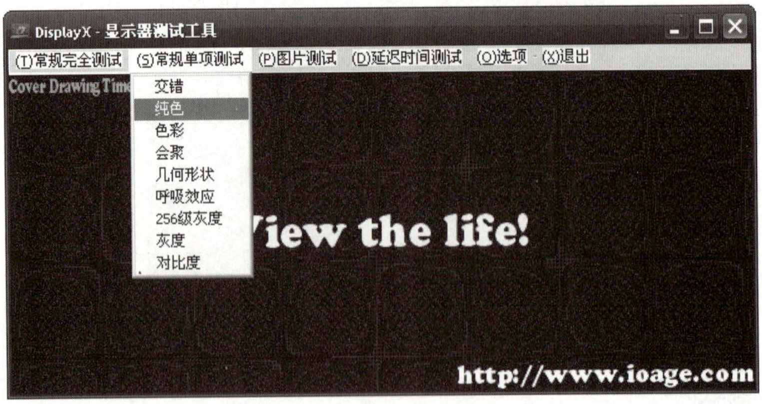

图20-29　选择纯色窗口

3）开始检测显示器坏点。单击鼠标左键，观察液晶屏，查看有无坏点，如图20-30所示。

图20-30　坏点测试窗口

学习助手

在检测的过程中，要仔细观察液晶屏，注意某一纯色屏上有无杂色点。特别要注意亮点和暗点。

4）选择“常规单项测试”｜“会聚”选项，进行屏幕聚焦能力测试，如图20-31所示。

图20-31　屏幕聚焦测试窗口

学习助手

在对屏幕进行聚焦测试时，观察各个位置的文字，越清晰，则显示器的聚焦能力越好。

5）选择“常规单项测试”｜“交错”选项，进行显示效果干扰测试，如图20-32所示。

6）选择“常规单项测试”｜“几何形状”选项，进行显示变形测试，如图20-33所示。

图20-32　显示效果干扰测试窗口

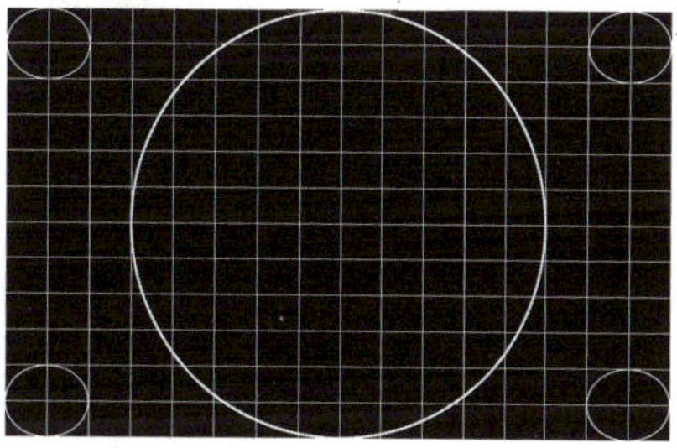

图20-33　显示变形测试窗口

7）选择“常规单项测试”｜“灰度”选项，进行灰度测试，如图20-34所示。

图20-34 灰度测试窗口

学习助手

在进行灰度测试时，颜色过渡越平滑越好。

8）选择“常规单项测试”→“对比度”选项，进行对比度测试，如图20-35所示。

图20-35 对比度测试窗口

学习助手

在测试时，调节亮度控制，让每个色块都显示不同的亮度，同时保证黑色区域不变灰。如果每个色块都能显示出来，则说明显示器的对比度高。

9）选择“延迟时间测试”选项，进行延迟时间测试，如图20-36所示。

图20-36 延迟时间测试窗口

学习助手

在测试时，要拖动窗口，观察窗口中移动的小白块有没有拖影，若无拖影或拖影越少，则说明显示器的延时就越短。延时越短越好。

课外作业

一、理论填空题

1. 查看显卡的基本信息，常用的工具有__________、__________、__________、__________等。

2. 常见的显卡测试工具有__________、__________、__________等。

3. 3DMark__________是一款用于测量显卡性能的软件。

4. 3DMark 11测试分为三个级别，分别是__________（入门级）、__________（性能级）和__________（极限级）。

5. 最新版3DMark变化较大，其由高到低分为__________、__________、__________三个场景，对应不同级别的硬件，一些较配置较老的计算机也被包含在可测试范围内。

6. ____________________是由俄罗斯Unigine游戏公司开发设计，通过23个场景的测试最终评测显卡的实际性能。

7. 关于显示器的检测，常见的检测项目有显示器的__________、__________、__________、__________、干扰、变形、延迟等。

8. 常用的显示器检测工具是__________显示器测试工具。

二、实践应用题

1. 请各位同学通过相关测试软件完成对自己计算机的显卡性能测试，并通过截屏与文字描述测试过程，通过Word文档形成报告。

2. 请各位同学，通过相关测试软件完成对自己计算机显示器的性能测试，并通过截屏与文字描述测试过程，通过Word文档形成报告。

三、课外拓展题

请各位同学以小组为单位，上网调研手机、平板电脑等移动设备的相关显示芯片及屏幕测试软件。调研3Dmark是否支持移动端设备及其三种场景的应用区别。通过PPT进行汇报展示（最终的汇报可以同项目24的课外拓展题一起进行）。

项目21　计算机整体性能测试（一）

项目难度：★★★☆☆
项目课时：2学时
角色职业岗位：IT产品技术员

项目描述

通过硬件设备的单项测试，子俊让潜在用户更加直观地了解产品的性能，并使门店的产品销售额有了很大的提高。但也有用户反映，硬件在客户的机器中测试的成绩不如网站上测试的成绩好。这主要是由测试计算机整体设备的性能决定的。为了解除用户的疑惑，子俊决定公布测试环境配置，并对计算机的整体性能进行测试。

项目分析

计算机部件的单项测试可以反映该设备的性能情况。但计算机是一个多部件整体协作的设备，单项测试并不能完全反映整个计算机的运行情况。在某些情况下，用户需要通过对整个计算机的性能测试来了解它的整体性能和稳定性，通过分析多个测试软件反馈的客观数据，从而综合判断计算机整体性能。本项目分解为如下2个子任务。

任务单

1	使用PCMark 8进行整体性能测试
2	使用“鲁大师”测试计算机的整体性能

匠心养成·炼铸专业核心素养

客观严谨、思辨精神

项目实施

任务1　使用PCMark 8进行整体性能测试

扫描二维码观看视频

任务分析

整体性能测试是一个系统的测试过程，需要通过专业测试软件模拟计算机的方方面面，从而对计算机的整体性能做出客观的评价。本任务将使用PCMark 8来对计算机进行测试。

理论知识

1）PCMark 8是Futuremark公司推出的一套行业标准级计算机性能测试工具，它具有专业的测试体系，尤其在显卡测试项目中有着很高的权威性，非常适合家庭及企业使用。PCMark 8采用五项单独的基准测试以及电池使用寿命测试，通过实际应用任务和应用程序测评和对比计算机性能，然后将这些应用分组为不同的场景，即可反映家用计算机和工作计算机的典型使用情况。您可以使用本软件精确地测试从平板电脑到台式机的所有类型计算机的性能。PCMark 8改进了大量功能，软件功能更加强大，仅支持Windows 7和Windows 8，其图标如图21-1所示。

图21-1 PCMark 8图标

2）PCMark 8的五项基准测试为家庭（Home）测试、创作（Creative）测试、工作（Work）测试、存储（Storage）测试和应用（Applications）测试。前三项测试中还有电池测试模式，可以测试电池的续航能力，如图21-2所示。

图21-2 PCMark 8测试模式

3）Home测试模式界面如图21-3所示。其主要针对家庭用户，是模拟用户在家中使用计算机的各种习惯来进行的模拟测试，其中包括网页浏览、文档创建、游戏体验、照片编辑和视频聊天五个不同的子测试项目。

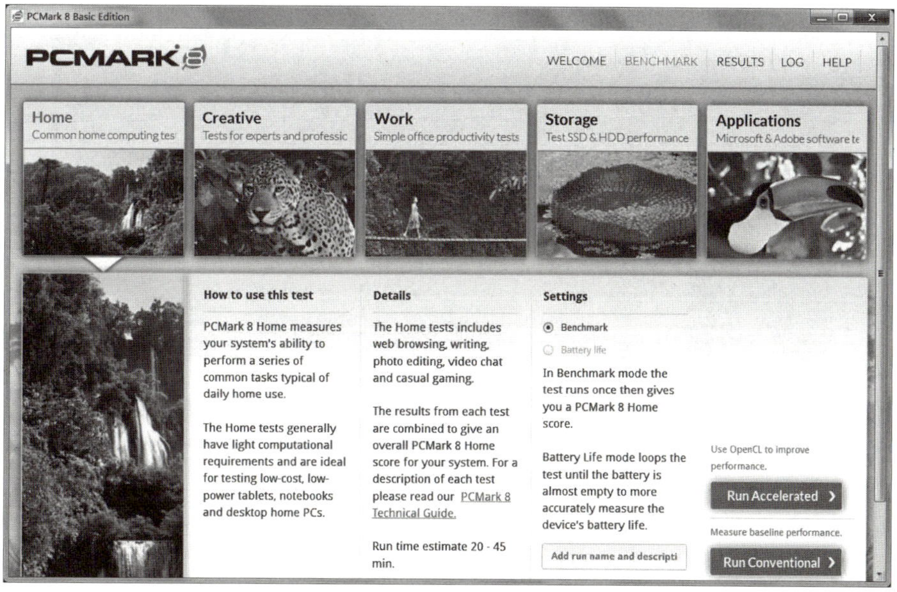

图21-3 Home测试模式界面

4）Creative测试模式界面如图21-4所示。其主要针对高端用户，是所有测试模式中对计算机的负载要求最高的一种。它包括网页浏览、照片编辑、海量照片编辑、视频编辑、媒体运行、高端游戏和视频会议七个子测试项目。其中，海量照片编辑、视频编辑、高端游戏和视频会议属高负载测试项目，对计算机的性能和稳定性要求非常高，因此在Creative模式下测试的得分一般偏低。

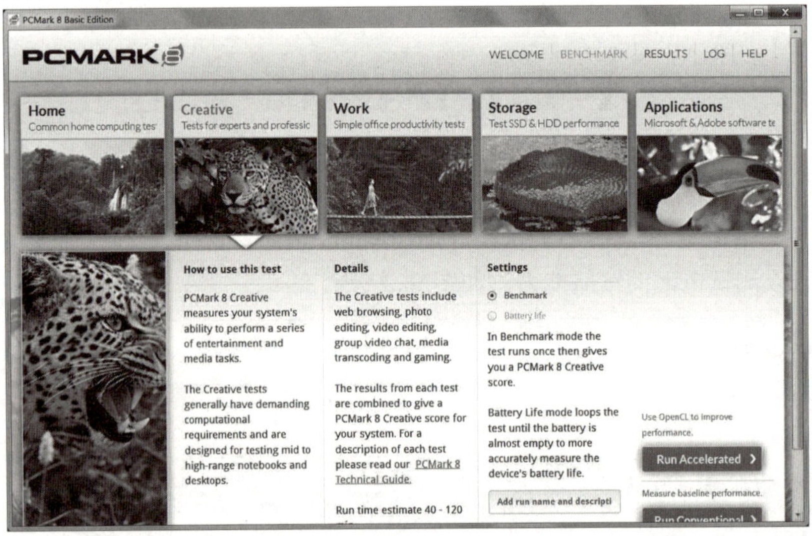

图21-4　Creative测试模式界面

5）Work测试模式界面如图21-5所示。其主要针对普通办公用户，测试项目和强度也是最低的，主要包括网页浏览和文档创建两个子测试项目，是在Home测试模式下删减相关测试而来。

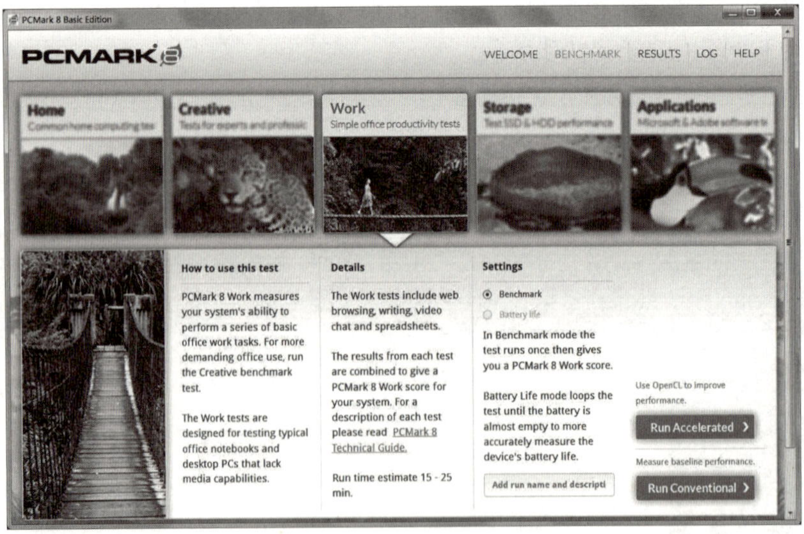

图21-5　Work测试模式界面

6）Storage测试模式如图21-6所示。其主要测试计算机存储设备的存储性能与稳定性。在测试中会对目标分区进行写入与读取操作，模拟用户在日常使用中的游戏、图片、文档载入和存储等情形。其可以测试各种磁盘，包括固态硬盘、机械硬盘以及U盘。

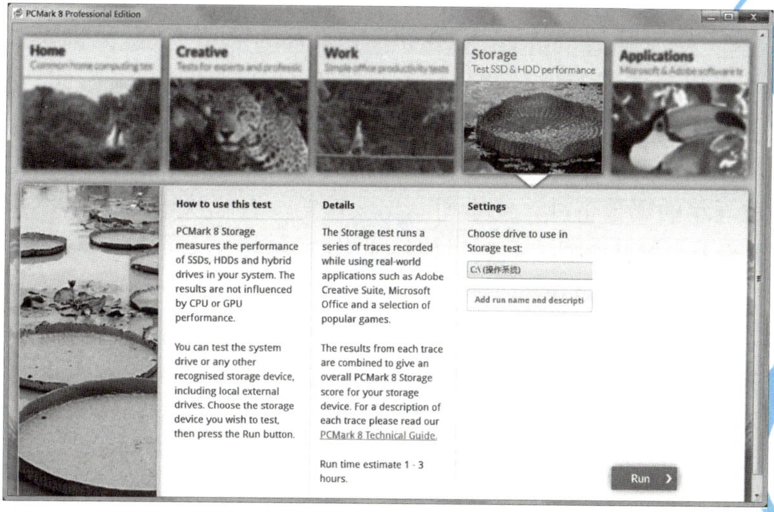

图21-6 Storage测试模式界面

7）Applications测试模式界面如图21-7所示，主要针对微软Office等第三方软件进行测试。

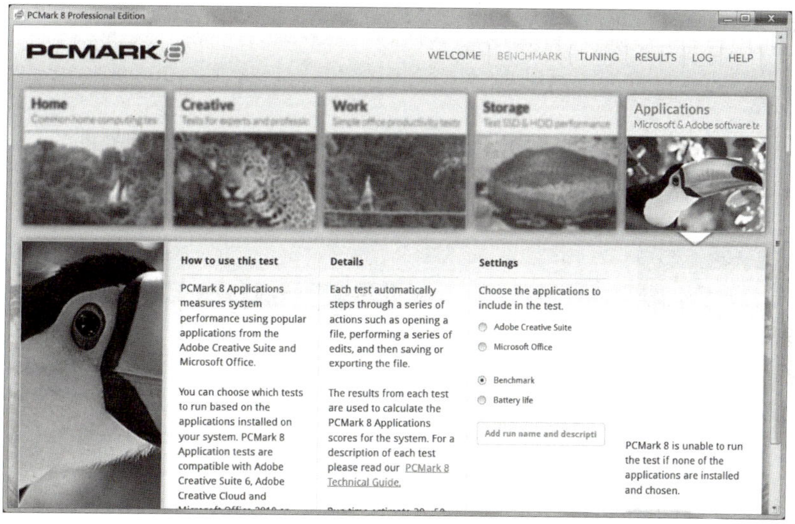

图21-7 Applications测试模式界面

大国奋进·感悟中国科技发展

中国巨型计算机之父——慈云桂

慈云桂是我国第一台亿次巨型计算机的总设计师，他主持研制了我国第一台电子管计算机、第一台晶体管计算机，奠定了我国计算机事业的基石，被称为“中国巨型计算机之父”。

1917年慈云桂出生于安徽省桐城县（今铜陵市枞阳县）。他幼时在家乡读私塾，18岁毕业于桐城中学，22岁考入湖南大学，毕业后，因成绩优异被保送清华大学无线电研究所读研究生。慈云桂曾任国防科技大学副校长兼电子计算机系主任和计算机研究所所长、国防科工委科技常务委员。1980年当选为中国科学院学部委员（院士）。

慈云桂的一生都致力于计算机研究和教学工作。1958年，他领导研制了我国第一台电子管数字计算机；1961年，他主持晶体管通用计算机441B的研制，成为我国最早研制成功的晶体管计算机之一。在他的带领下，我国第一台百万次集成电路计算机成功问世。

20世纪，计算机事业的发展日新月异。高性能的巨型计算机是检验一个国家综合国力、衡量一个国家现代科技进步的重要标志，尤其是在气象、地震、核能、航空航天、国防等领域，巨型计算机有着不可或缺的重大作用。1978年，慈云桂接到研制国产巨型计算机的任务。经过五年的艰苦奋战，终于研制出我国第一台亿次电子计算机“银河”。这使我国成了当时世界上少数几个具有研制巨型机能力的国家之一。

在“银河”亿次机研制成功后，慈云桂团队又开始为新型“银河”巨型机做大量的预研工作。1988年3月，国家气象局作为国内的急需用户，与他们正式签订研制“银河-II”巨型机合同书。有志者事竟成。1992年11月，“银河-II”如期研制成功，它的计算速度达到每秒10亿次，主频50兆赫。这填补了我国面向大型科学研究与工程计算机和大规模数据处理的通用并行巨型机的空白，被列为当年全国十大科技成果之首。

回顾我国计算机事业的发展历程，从电子管计算机、晶体管计算机、集成电路计算机到巨型计算机，慈云桂始终活跃在我国计算机科学领域最前沿。1995年，国防科技大学为纪念他所取得的成就，设立了“慈云桂计算机科技奖金”，希望以此来激励青年一代为我国计算机事业做出自己的贡献，并传承慈云桂那一次次追求卓越的精神。

任务实施

1）双击PCMark 8的快捷图标，如图21-8所示。进入PCMark 8启动界面，如图21-9所示。

2）进入PCMark 8欢迎界面，如图21-10所示。

图21-8　PCMark 8 快捷方式

图21-9　PCMark 8启动界面

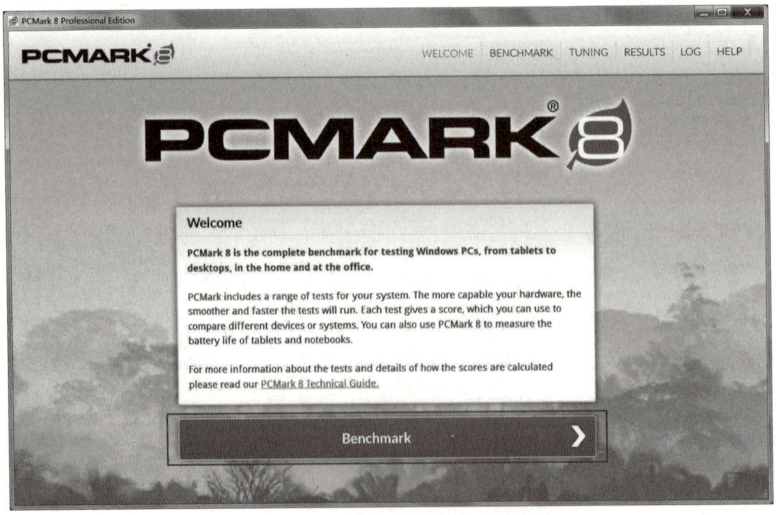

图21-10　PCMark 8欢迎界面

3）单击“Benchmark”按钮，进入PCMark 8主界面，如图21-11所示。

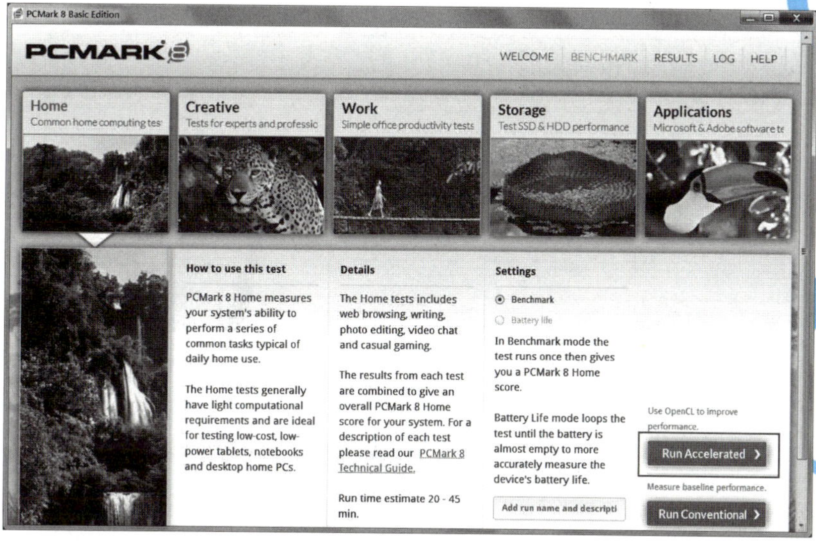

图21-11　PCMark 8主界面

4）选择Home测试模式，单击“RunAccelerated”按钮，开始进行家庭模式测试，如图21-12～图21-17所示。

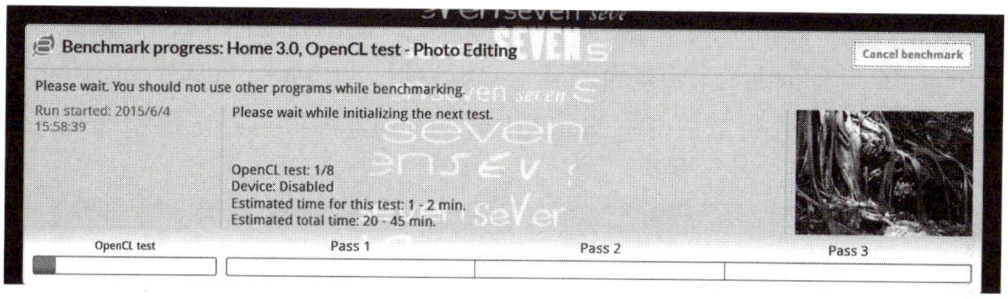

图21-12　PCMark 8　Home模式测试进程1

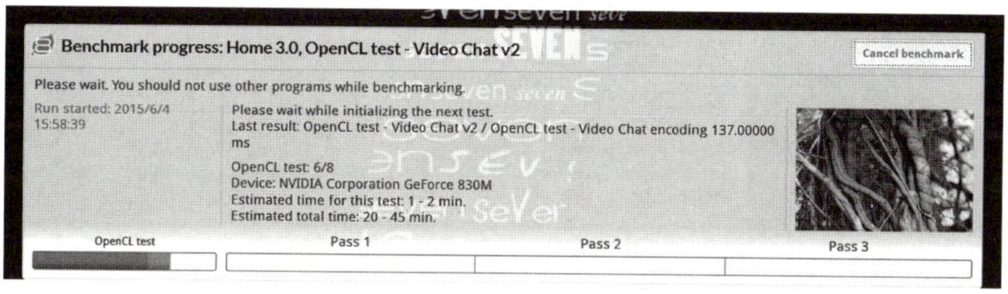

图21-13　PCMark 8　Home模式测试进程2

图21-14　PCMark 8编、解码测试使用的两个窗口的视频聊天模式

图21-15　PCMark 8动态网页浏览测试

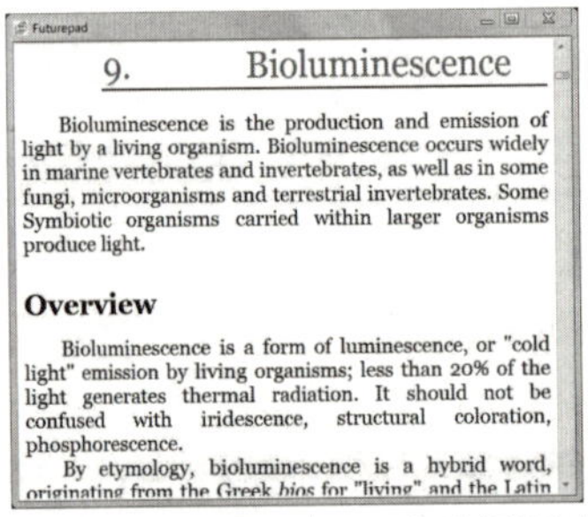

图21-16　PCMark 8 文本编辑测试

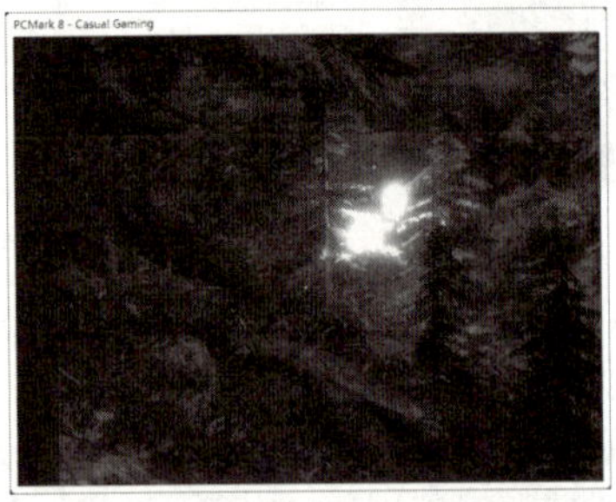

图21-17　PCMark 8游戏环境测试

5）待整个测试过程结束后，在“Results”选项组中可以查看整个测试的结果，如图21-18所示。

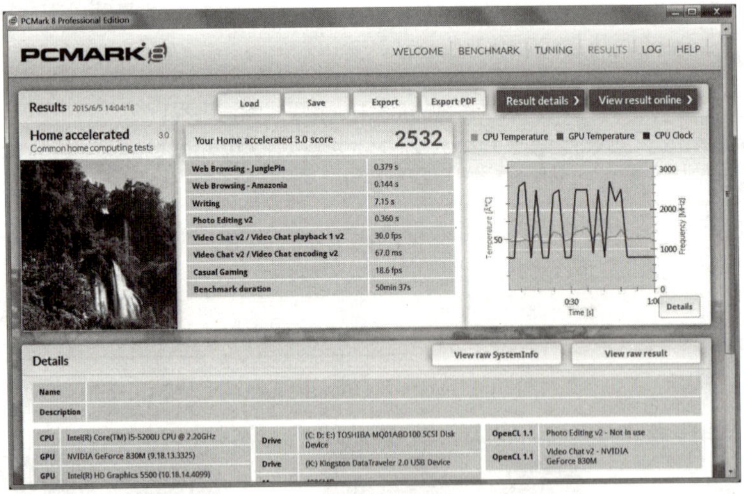

图21-18　PCMark 8测试结果界面

任务2　使用“鲁大师”测试计算机的整体性能

任务分析

能够对计算机进行整体性能测试的软件还有不少，本任务将选择“鲁大师”来测试计算机的整体性能。“鲁大师”是一款非常简单易用的测试软件，它通过跑分对计算机进行测试，以评测其性能。

任务实施

1）启动“鲁大师”软件，选择“性能测试”选项，如图21-19所示。

2）单击“一键评测”按钮，开始逐项进行测试跑分，如图21-20所示。

3）等待一段时间，测试完成后，“鲁大师”会评测出计算机综合性能的最终跑分，如图21-21所示。

图21-19 “鲁大师”性能测试界面

图21-20 “鲁大师”跑分测试界面

图21-21 “鲁大师”跑分结果界面

学习助手

“鲁大师”综合测试结束后给出的得分是具有一定横向对比意义的。跑分越高，相对而言整机的性能就越高。“鲁大师”自身也会根据用户测试的数据，给出计算机在所有测试计算机中的相对位置。在本项目中，击败了全国73%的计算机。

课外作业

一、理论填空题

1. __________是Futuremark公司推出的一套行业标准级计算机性能测试工具。

2. PCMark 8的五项基准测试为__________（Home）测试、__________（Creative）测试、__________（Work）测试、__________（Storage）测试和__________（Applications）测试。

3. __________测试模式主要针对家庭用户，是模拟用户在家中使用计算机的各种习惯来进行的模拟测试。

4. __________测试模式主要针对高端用户，是所有测试模式中对计算机的负载要求最高的一种。

5. __________测试模式主要针对普通办公用户，测试项目和强度也是最低的。

6. __________测试模式主要测试计算机存储设备的存储效能与稳定性。

7. __________测试模式主要针对微软Office等第三方软件所进行的测试。

二、实践应用题

1. 请各位同学使用PCMark 8软件，独自完成自己计算机的整体性能测试，并通过截图和文字描述测试过程，通过Word文档形成报告。

2. 请各位同学使用“鲁大师”，独立完成自己计算机的整体性能跑分，并通过截图和文字描述测试过程，通过Word文档形成报告。

三、课外拓展题

请各位同学以小组为单位，上网调研手机、平板电脑等移动设备的相关整体性能测试软件（应用），通过PPT进行汇报展示。

项目22　计算机整体性能测试（二）

项目难度：★★★☆☆

项目课时：2学时

角色职业岗位：IT产品技术员

项目描述

计算机整体性能的测试除了计算机各部件协调工作的总体性能外，还包括测试计算机在高负荷或者长时间工作中的稳定性。这个测试是子俊觉得在了解计算机的整体性能的跑分后，再次确定计算机系统能够稳定工作的测试。这样可使用户对门店推荐的产品能有更加全面的了解。

项目分析

稳定性测试是计算机综合测试中非常重要的一项。一个系统除了出色的工作性能外，最重要的就是其运行的稳定性。这个两个方面就如同运动员的爆发力与持久力。实际测试中要求敢于创新运用各类软件对计算机的稳定性进行极限探索实践。本项目将通过两款软件来介绍整个计算机的稳定性测试。本项目分解成如下2个子任务。

任务单

1	通过极限拷机完成计算机稳定性评估
2	通过压缩测试和视频转码测试完成办公性能评估

匠心养成·炼铸专业核心素养

勇于探索、创新实践

项目实施

任务1　通过极限拷机完成计算机稳定性评估

扫描二维码观看视频

任务分析

极限拷机就是在极限状态下测试计算机的相关性能。由于是在极限状态下运行工作，计算机的温度必然会快速升高，而温度是影响计算机稳定性的一个重要因素，因此通过这种方式的测试，可以有效了解机器的稳定性能。在本任务中，子俊将带大家了解极限拷机的过程。

理论知识

1）拷机主要用在新机器或者刚更换硬件的机器上，通过不关机连续全速状态下运行一定时间来判断硬件的兼容性与稳定性。

2）常用的拷机软件有FurMark、AIDA 64、SP 2004、OCCT等。

学习助手

FurMark是oZone3D公司开发的一款OpenGL基准测试工具，通过皮毛渲染算法来衡量显卡的性能，并能借此考验显卡的稳定性。

学习助手

SP 2004的全称为Stress Prime 2004，其工作原理是利用分布式计算寻找梅森素数。SP 2004能使CPU达到近乎最大的功耗和发热，从而测试CPU、内存和主板的稳定性。

学习助手

OCCT的全称为Over Clock Checking Tool，起初只是一款电源测试工具。最新版本的OCCT提供了几个主要测试，即CPU整机测试、CPU linpack测试、GPU测试、CPU显存测试及电源负载测试。此外，OCCT还支持生成结果图表、生成CSV数据文件以及外部监控程序数据导入。

大国奋进·感悟中国科技发展

国产CPU芯片开拓者——沈绪榜

沈绪榜，中国计算机专家、中国科学院院士，湖南临澧县人，1957年毕业于北京大学数学力学系，中国航天时代电子公司第七七一研究所研究员，西安电子科技大学兼职教授，一直从事嵌入式计算机及其芯片的设计工作。

作为最早的国产CPU芯片的研制者，国内研究CPU架构的开先河者，沈绪榜院士从2001年开始，先后被邀请参加了龙芯、中星微、银河、天河等CPU芯片和计算机项目的鉴定，并担任鉴定会主席。龙芯及后续的国产CPU芯片距他1977年研制第一款国产CPU芯片晚了二十多年时间。

航天771所完成了“两弹一星”的156型箭载微型计算机研制任务后，又开始了新的弹载微型计算机设计任务。1974年，基于对MOS微电子技术发展方向的深刻认识，结合国内NMOS工艺技术发展情况，沈绪榜院士提出了研制中国16位集成电路微型计算机的设想。在进行了大量前期预研论证、方案设计和逻辑设计基础上，他和芯片设计团队与制造工艺技术人员一起，共同攻克了NMOS工艺技术难关。1977年，他领导研制的中国第一台16位VLSI微型计算机获得成功，型号命名为LS77型。

LS77微型计算机是独立设计、研制、生产和电路配套系列化的中国集成电路计算机的首创之举，实现了中国芯片技术的历史性突破。它的研制成功比国外16位微型计算机的问世还早了1年。它也使国产集成电路计算机指令集设计从此转移到了CPU芯片指令集上来，是国产专用CPU芯片的首创之举，是中国计算机技术发展历史上的一座里程碑。

1980年以后，随着改革开放和国际技术交流日趋活跃，沈绪榜院士的研究内容更加多元，研究方向更加趋向世界前沿，科研成果源源不断涌现出来。他多次参与国际技术交流，利用与法国专家合作的机会，开始研究数字信号处理器（DSP）芯片，先后共研制了四种DSP芯片；他不断研究多元并行处理（MPP）嵌入式计算机技术、嵌入式系统测试新方法，完成了一种320MIPS阵列微处理器芯片的研制。

任务实施

1. 使用FurMark与AIDA 64测试计算机的稳定性

1）启动FurMark 1.15，进入其主界面，如图22-1所示。单击“Settings”按钮，进入设置界面，如图22-1所示。

2）在“3D test options”选项组中，选中“Burn-in”与“Xtreme burn-in”复选框，单击“OK”按钮完成测试设置，如图22-2所示。

图22-1 FurMark 1.15主界面

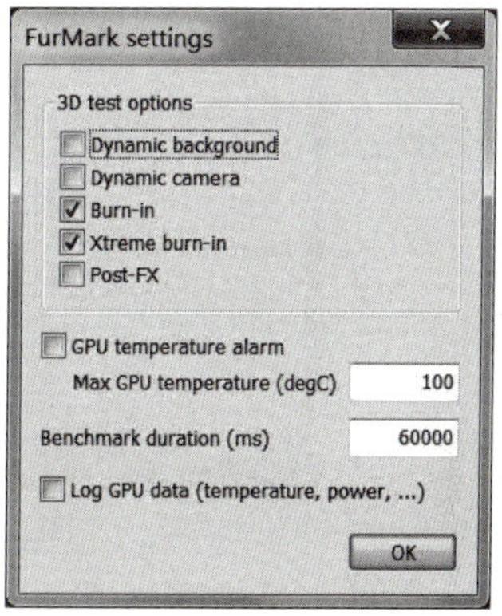

图22-2 FurMark 1.15设置界面

3）单击主界面中的“CPU burner”按钮，如图22-1所示，进入CPU测试界面，如图22-3所示。单击“Start”按钮，开始进行CPU拷机，如图22-4所示。

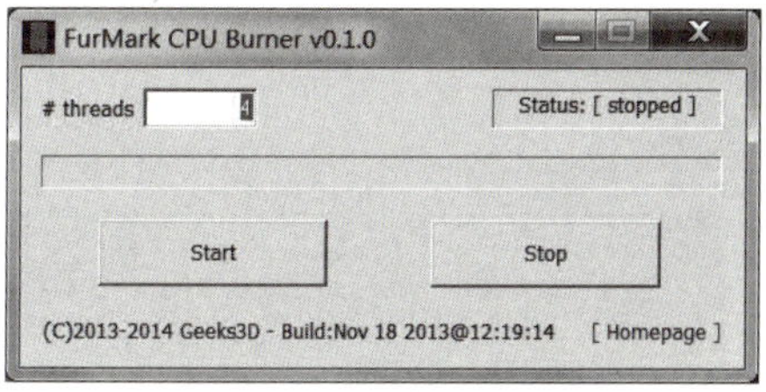

图22-3 CPU测试界面

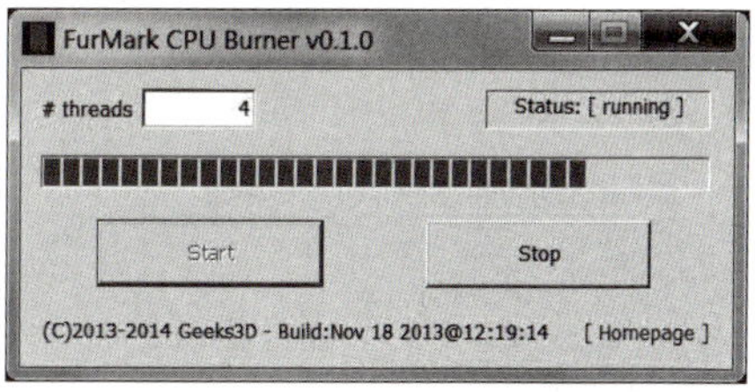

图22-4 CPU测试过程界面

4）单击主界面中的“GPU Benchmark（user’s settings）”按钮，进入拷机与极限拷机界面，如图22-5所示。

5）启动AIDA 64，进入主界面后，选择“工具”→“系统稳定性测试”选项，如图22-6所示。

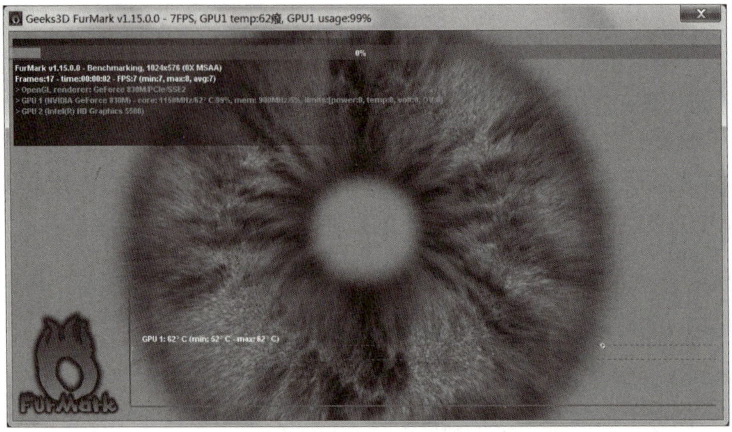

图22-5　FurMark拷机与极限拷机界面

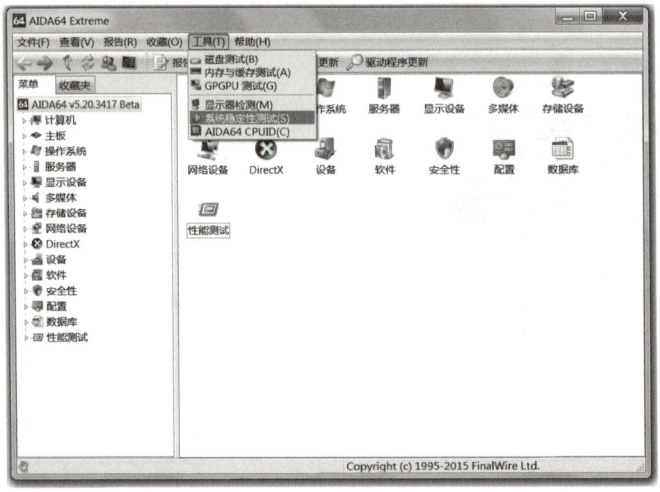

图22-6　AIDA 64系统稳定性测试

6）进入系统稳定性测试界面，如图22-7所示。单击“Start”按钮，开始进行稳定性测试，如图22-8所示。

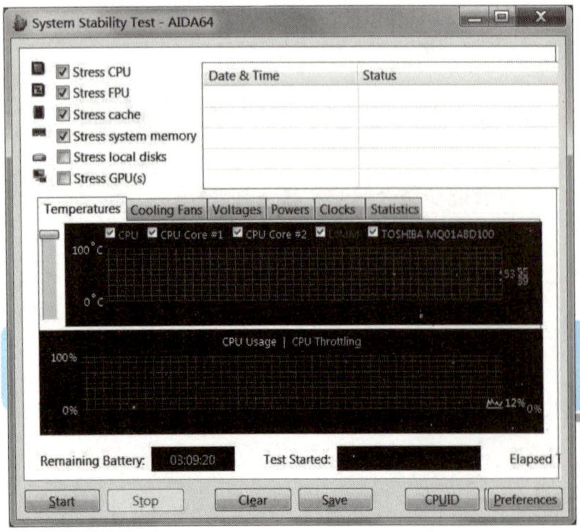

图22-7　系统稳定性测试界面

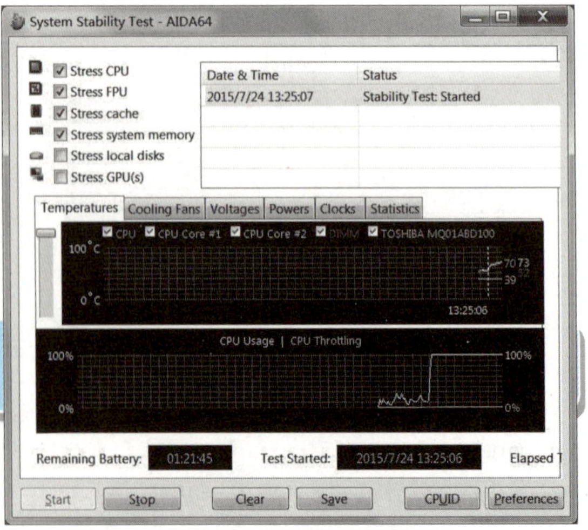

图22-8　系统稳定性测试过程

7）单击“Stop”按钮结束测试。切换至“Statistics”选项卡，查看测试结果，如图22-9所示。

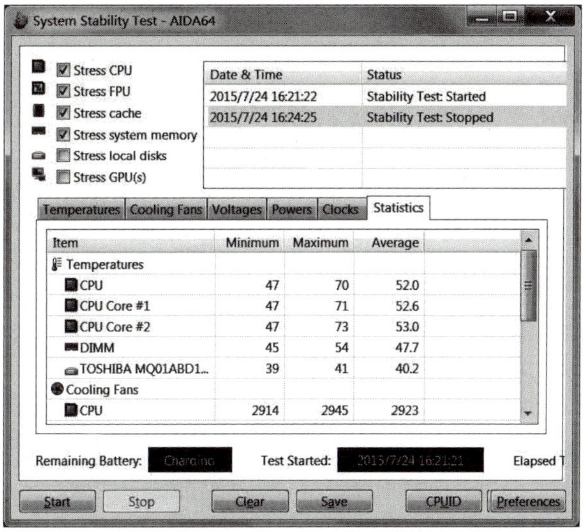

图22-9　系统稳定性测试结果

学习助手

由于长时间的极限拷机测试可能会对计算机硬件造成损伤，因此建议用户在极限测试的过程中及时关注机器的温度情况，将测试时间控制在合理范围内。

2. 使用SP 2004进行稳定性测试

1）启动SP 2004工具软件，进入主界面，如图22-10所示。

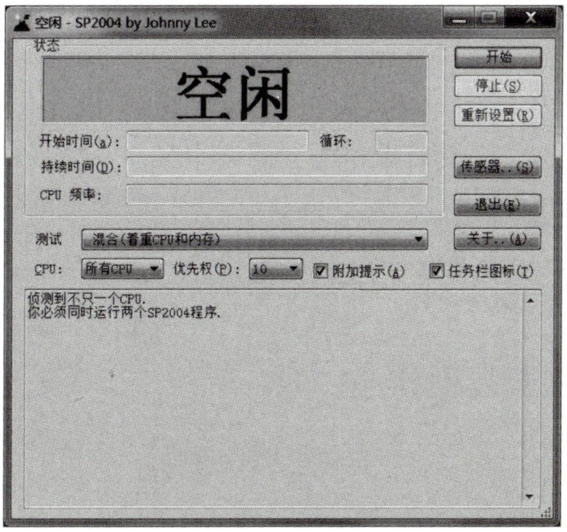

图22-10　SP 2004主界面

2）根据测试结果，选择开启SP 2004程序的个数。此处必须同时开启两个SP 2004程序进行稳定性测试。

3）单击“开始”按钮，开始进行稳定性测试，如图22-11所示。

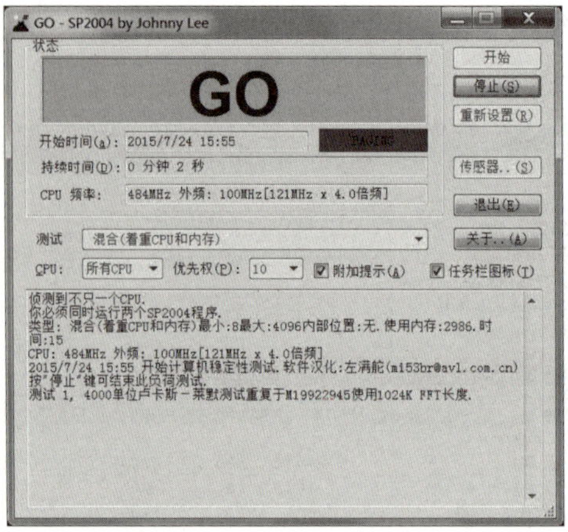

图22-11 SP 2004测试过程

4）单击“停止”按钮，停止稳定性测试，并根据测试结果，了解稳定性测试的情况。在本次测试中，稳定性测试运行了2min2s，发现0个错误，0个警告，如图22-12所示。

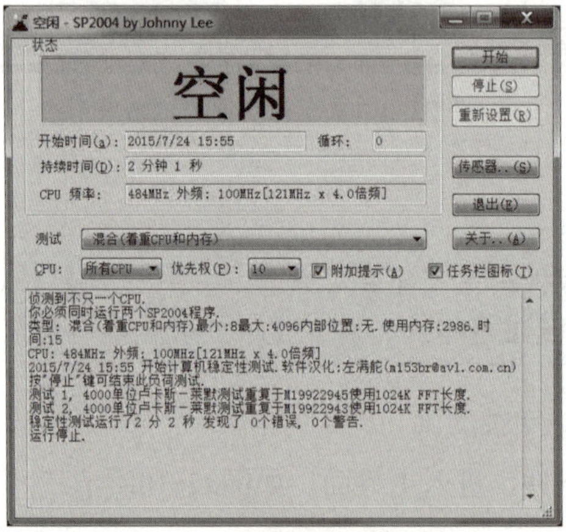

图22-12 SP 2004测试结果

3. 使用OCCT进行稳定性测试

1）启动OCCT工具软件，将语言设置为“简体中文”，主界面如图22-13所示。

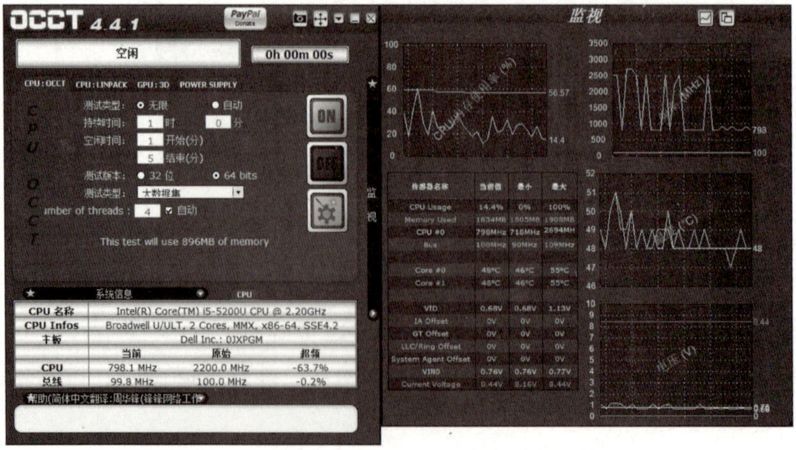

图22-13 OCCT主界面

2）单击主界面中的“ON”按钮，开始进行OCCT测试，如图22-14所示。

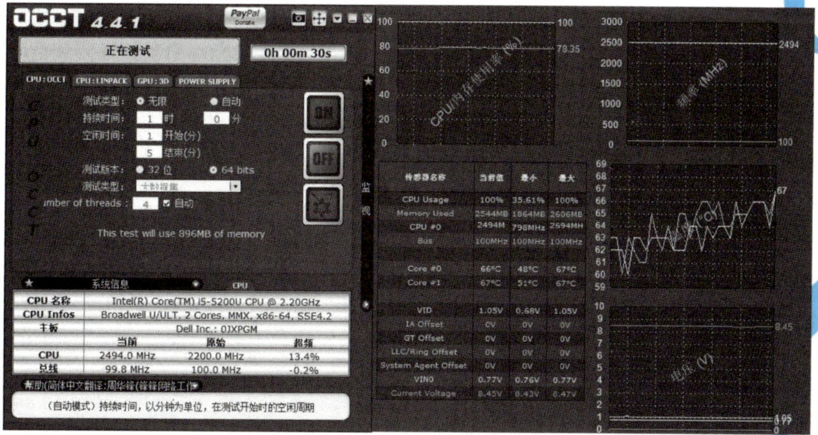

图22-14　OCCT测试过程

3）单击“OFF”按钮，停止测试，如图22-15所示。此时将在相应的文件夹中自动生成相关测试图表，如图22-16和图22-17所示。

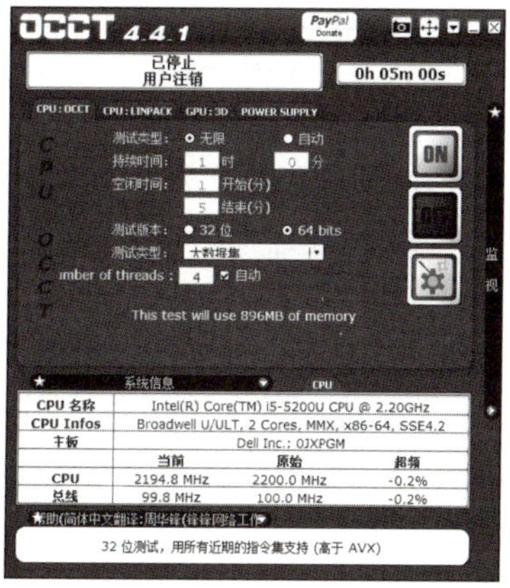

图22-15　停止测试

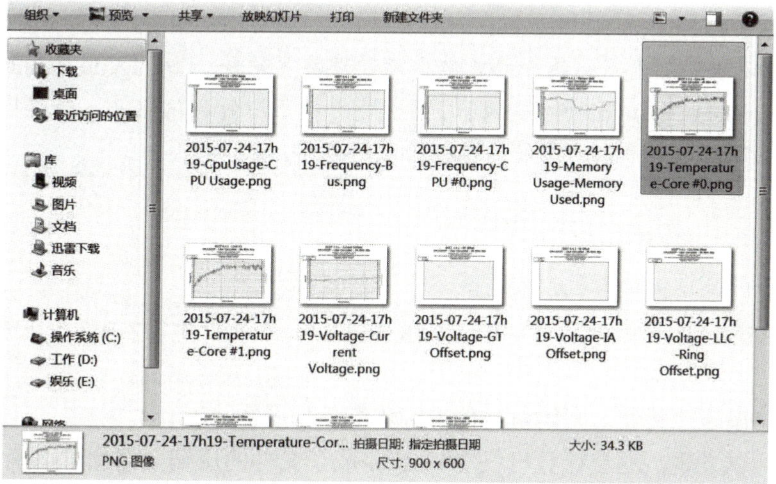

图22-16　生成图表文件夹

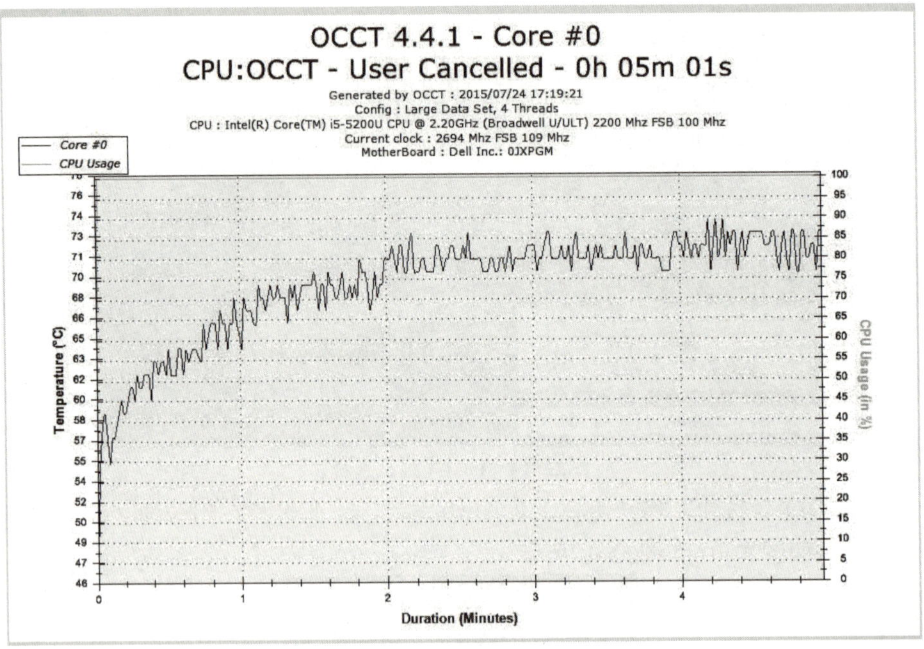

图22-17　测试图表报告

扫描二维码观看视频

任务2　通过压缩测试和视频转码测试完成办公性能评估

任务分析

办公性能的评估是计算机整体性能测试的一个常见的部分。通过这部分的测试可以比较好地了解计算机的办公性能。在本任务中，子俊通过WinRAR及ImTOO软件完成相应测试。

理论知识

常用的办公性能测试工具有PCMark、WinRAR、ImTOO等。

学习助手

WinRAR是一款为大家所熟知的文件压缩管理共享软件，由Eugene Roshal（所以RAR的全名是：Roshal ARchive）开发。同时它也是一款不错的测试软件，通过检测它对文件的压缩速度，可以对计算机的文件读取能力进行评估。

任务实施

1．使用WinRAR评估计算机办公性能

1）打开WinRAR，对一个1.49GB的“4K Video.zip”文件进行ZIP格式压缩，如图22-18所示。

2）单击“确定”按钮，开始对文件进行压缩，如图22-19所示。

3）通过测试发现，这台计算机仅用42s就完成了文件的压缩。由此可以确定，这台计算机的多线程能力以及硬盘读写能力都还是不错的。

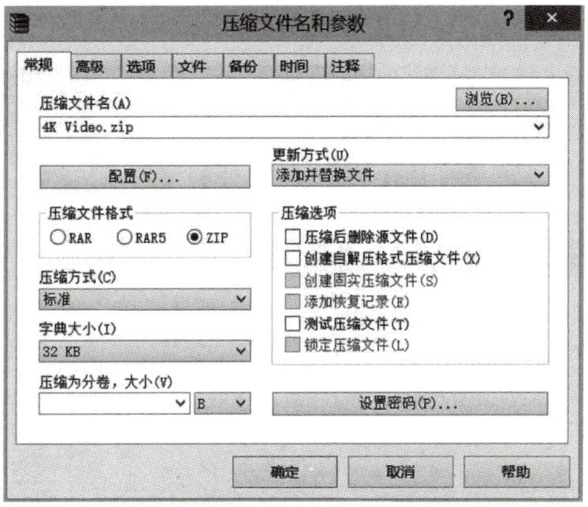

图22-18　WinRAR主界面

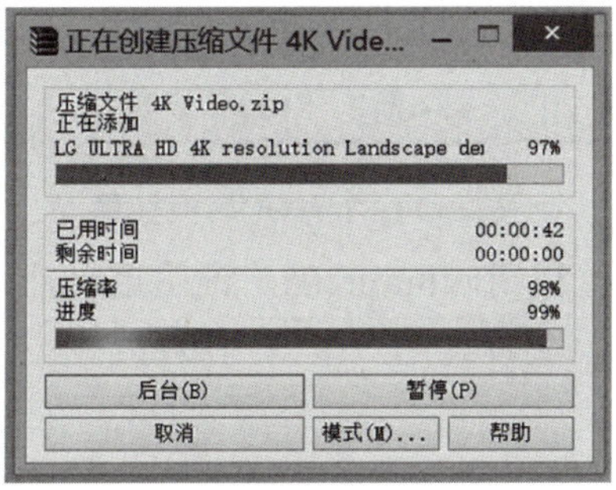

图22-19　文件压缩过程

2. 使用ImTOO评估计算机办公性能

1）启动ImTOO软件，对一段4K超清视频进行了H.264封装1080P转换。ImTOO主界面如图22-20所示。

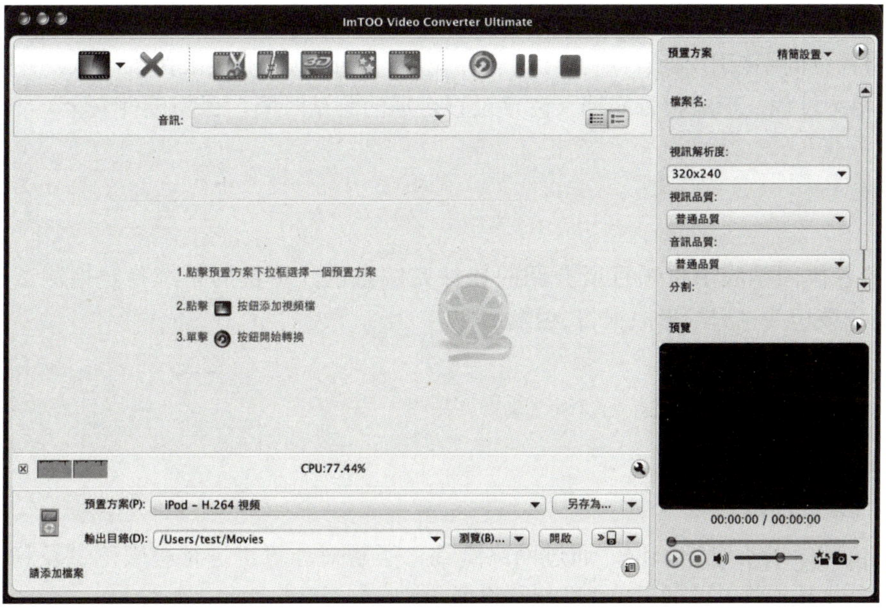

图22-20　ImTOO主界面

2）转换完成后，查看操作日志，如图22-21所示。

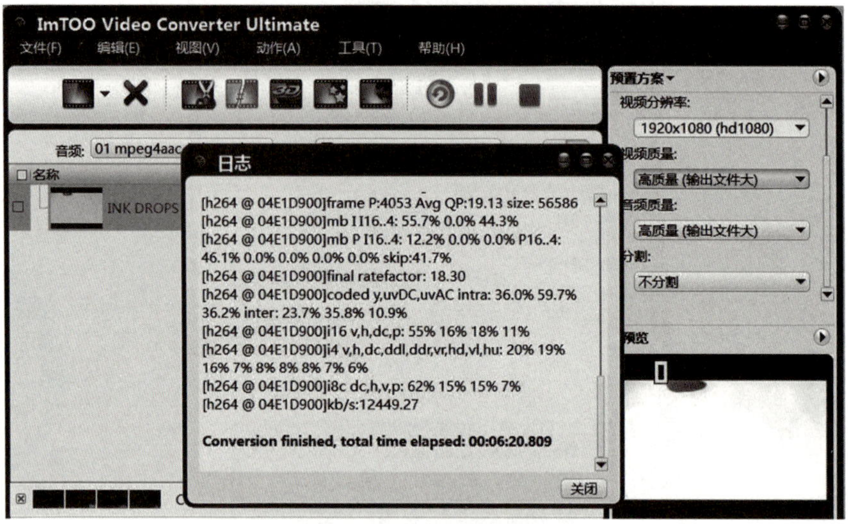

图22-21 ImTOO转换结果

3）通过观察，整个转换过程用时6min20s，说明这台计算机能够满足基本的视频剪辑需求，同时可以很好地完成文档处理、图片批处理等日常办公应用需求。

课外作业

一、理论填空题

1．现今最常用的拷机软件有__________、__________、__________、__________等。

2．常用的办公性能测试工具有__________、__________、__________等。

二、实践应用题

1．请各位同学应用本项目所介绍的软件完成自己计算机的极限拷机测试，并使用Word文档记录相关过程，形成报告文档（注意设置合理的测试时间，保障硬件安全）。

2．请各位同学应用本项目所介绍的软件完成自己计算机的系统稳定性测试，并使用Word文档记录相关过程，形成报告文档。

三、课外拓展题

请各位同学以小组为单位，通过网络查询，了解对计算机进行极限测试及稳定性测试还有哪些方式及工具，并通过PPT进行汇报展示。

项目23　处理计算机常见软件故障

项目难度：★★★☆☆
项目课时：2学时
角色职业岗位：IT产品维修员

项目描述

子俊担任店长以来，整个门店的销售业绩有了稳定的增长，得到了公司领导的一致认可。但最近门店的售后与维修部门多次被客户投诉，在售后的服务质量及维修技术方面遭到质疑。子俊深刻认识到，售前与售后都是非常重要的，不能忽视其中任何一项。于是子俊决定，在坚持售前工作思路不变的情况下，强化售后及维修部门的管理。

项目分析

计算机售后管理是指在技术层面上准确地处理用户计算机的各类故障，为用户提供优质的维修维护服务。常见的计算机故障分为计算机硬件故障与计算机软件故障。由于计算机的故障案例非常多，没有办法全部列举介绍，需要按照故障现象进行推理，并要敢于去探索尝试不同的解决思路，从而找出解决故障的方法。本项目通过两个案例来介绍计算机软件故障的一般处理方法，具体分解成如下2个子任务。

任务单

1	帮助用户排除浏览器无法使用的故障
2	帮助用户排除计算机声音忽大忽小的故障

匠心养成·炼铸专业核心素养

逻辑推理、勇于探索

理论知识

1）计算机软件故障经常是由于丢失文件、文件版本不匹配、内存冲突、计算机病毒、操作或设置不当等引起的。

2）排除该类故障的思路如下。

①检查软件的设置是否正确，有无不当的操作。更改相关设置，查看故障是否排除。

②使用杀毒软件进行杀毒，清除病毒后，检查故障是否排除。

③完全卸载软件，并重新正确安装软件。检查故障是否排除。

④检查软件之间的兼容性，选择适合的软件目录。检查故障是否排除。

学习助手

软件之间的兼容性常表现在同一软件的不同版本以及同类软件之间。在选择软件目录时，坚持“同一软件只装一个版本、同类软件只装一款”的原则。

项目实施

任务1　帮助用户排除浏览器无法使用的故障

故障现象描述

计算机联网后，用户发现能够正常使用QQ与好友聊天，但是想在网上看视频时，却发现使用浏览器无法打开网页。

任务分析

由于QQ是可以正常使用的，可知网络是没有故障的，因此排查的重心就放在了浏览器的设置、域名解析设置及浏览器上。在本任务中，子俊按照常规的处理思路来带大家排除浏览器无法使用这一故障。

任务实施

1）检查IE浏览器的设置是否正确，如是否正确设置代理服务器（见图23-1和图23-2）、是否正确填写DNS（见图23-3和图23-4）。检查结果为未设置代理服务器，DNS为自动获取，填写正确。更新设置后故障未排除。

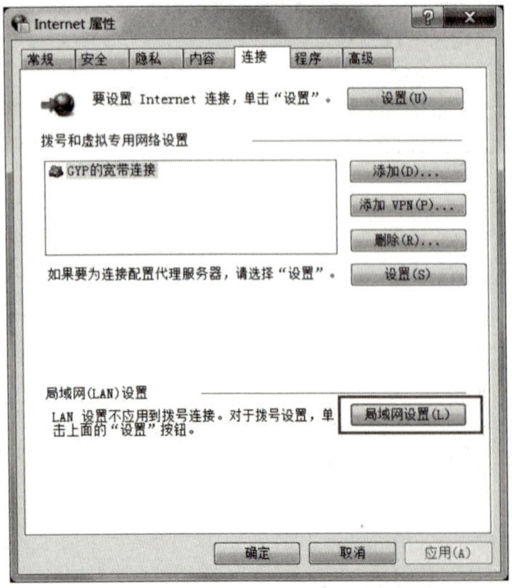

图23-1　“Internet属性”对话框

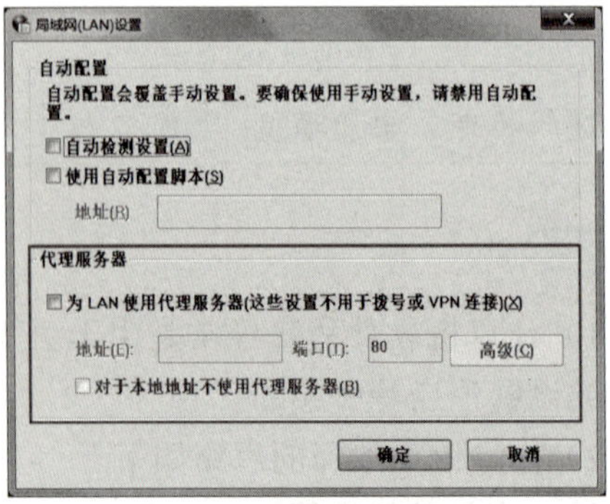

图23-2　局域网设置界面

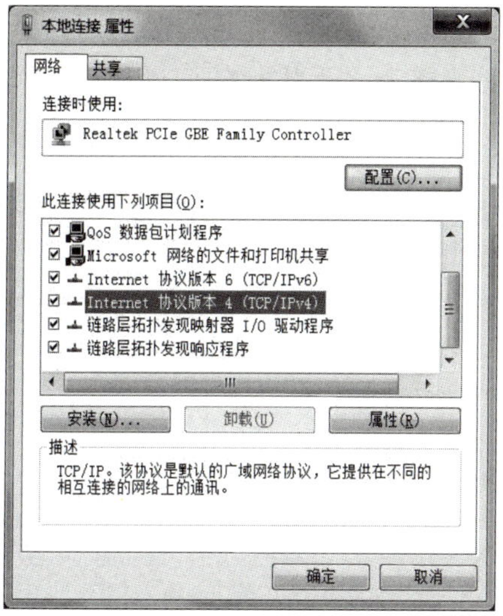

图23-3　本地连接属性界面

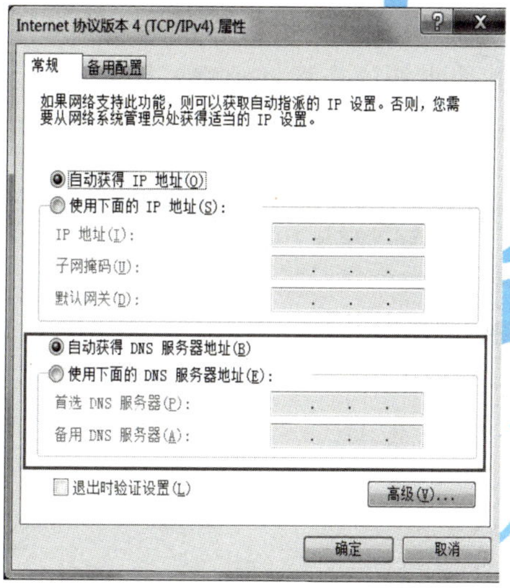

图23-4　Internet 协议版本4属性界面

硬派词汇

代理服务器（Proxy Server）是介于客户端和Web服务器之间的另一台服务器。使用它代理网络用户去取得网络信息。

硬派词汇

DNS（Domain Name Server）是域名服务器，在网络中计算机IP地址和域名一般是一对一的关系。它们之间的转换工作称为域名解析，而DNS就是进行域名解析的服务器。

2）开启杀毒软件，进行杀毒后，重新开启浏览器，故障未排除。

3）卸载浏览器，重新安装浏览器，故障排除。

4）告知客户该故障为浏览器内核故障。

任务2　帮助用户排除计算机声音忽大忽小的故障

故障现象描述

用户反映在观看视频时，不时地感觉到视频的声音忽大忽小。也有用户尝试重装Windows 7系统，却发现没有任何效果。

任务分析

通过对故障描述的分析，了解到是针对Windows 7操作系统的，而且故障是随机出现，并非一直如此。凭借经验会判断是否是声卡驱动程序的问题，但有用户尝试重装系统后却没有问题，因此将排查的重点放在声卡的相关设置上。

任务实施

1）在“开始”菜单的“运行”对话框中输入“声音”，打开“声音”对话框，如

图23-5所示。

2）切换到“通信”选项卡，在其中发现其在Windows检测到通信活动时，选择了“将其他声音的音量减少80%”的选项。将该选项调整为“不执行任何操作”选项，如图23-6所示。

图23-5 “声音”对话框

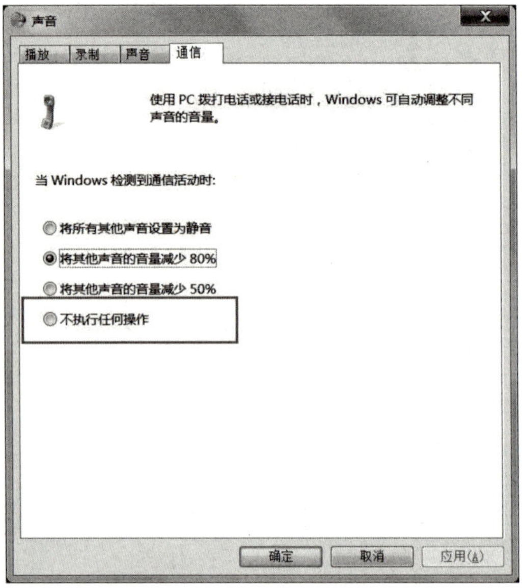

图23-6 “通信”选项卡

3）测试声音效果，最终发现故障排除。

4）告知用户，该故障是由Windows 7支持并默认开启在发现新的通信时降低其他程序音量的功能导致的。只需要关闭该功能，故障就能顺利排除。

课外作业

一、理论填空题

1. 计算机软件故障经常是由于__________、__________、__________、__________、操作或设置不当等引起的。

2. 排除计算机软件故障的思路如下。

1）____。

2）____。

3）____。

4）____。

3. __________是介于客户端和Web服务器之间的另一台服务器。使用它代理网络用户去取得网络信息。

4. __________是进行域名解析的服务器。

二、实践应用题

1．请各位同学上网查阅相关资料，搜集并整理10个常见的计算机软件故障现象及其处理方法，并通过Word文档形成相关报告。

2．请各位同学独立解决如下描述的软件故障，并通过Word文档记录整理该故障排除的思路及过程。

故障现象描述：一些喜欢玩游戏的用户反映，在Windows 7环境下运行部分游戏时会出现预留黑边、显示不充分的情况。这种情况，对于追求完美画质的游戏爱好者来说，是无法容忍的。

项目24　排除常见开机警报故障

项目难度：★★★☆☆
项目课时：2学时
角色职业岗位：IT产品维修员

项目描述

子俊在服务上规范了必须向用户解释与答复故障情况的制度，以确保让用户明白自己计算机的故障情况，做到“明明白白维修，明明白白收费”的规范。这一点改变得到了用户的认可。在技术上，维修维护技术是一个复杂的工程，不仅包括计算机相关的知识，还涉及电子电工方面的知识与技术。

项目分析

计算机硬件维护与故障排除是一个对技术要求较高的项目，要求用户除了对计算机相关理论较为熟悉，还要具备较强的动手能力，根据不同的报警声音，判断出相应的故障点，并按照相应规则，通过实际操作解决问题。本项目通过三个案例来介绍计算机常见的开机警报故障的分析与处理方法，具体分解成如下3个子任务。

任务单

1	排除计算机不断长鸣报警故障
2	排除计算机一长两短报警故障
3	排除计算机两短声报警故障

匠心养成·炼铸专业核心素养

规则意识、敢于实践

项目实施

任务1　排除计算机不断长鸣报警故障

故障现象描述

用户启动计算机后，听到连续的长鸣报警声，计算机无法启动。

任务分析

通过对故障描述的分析，判断出现报警声是计算机自检的结果，将排除故障的重心放在分析计算机BIOS的类型及对应的报警所对应的故障点上。

理论知识

1）遇到报警声故障，应先判断计算机BIOS的类型，主要分为Award BIOS和AMI BIOS两类，它们故障报警的方式也都不一样。

2）在台式机中Award BIOS比较常见。

3）不断长鸣报警，一般是由内存接触不良或者损坏引起的故障。

4）排除该类故障的思路如下。

①先清理内存金手指，重新安装内存。开机测试，查看故障是否排除。

②故障若仍未排除，则更换内存插槽，重新安装内存。开机测试，查看故障是否排除。

③故障若仍未排除，则更换内存条，重新安装并开机测试，查看故障是否排除。

任务实施

1）拆开主机箱，拔出内存条。

2）对内存条进行清理，重新插入内存插槽。

学习助手

对内存条进行清理，一般是使用橡皮擦擦拭内存条的金手指部分，以清除其上的金属氧化层。请保证与内存插槽的接触良好。

3）重新启动计算机，计算机发出一短声报警声，系统正常启动，故障排除。

学习助手

对于Award BIOS，计算机发出一短声报警声，表示系统正常，计算机没有任何故障。

任务2 排除计算机一长两短报警故障

故障现象描述

用户启动计算机后，听到一长两短的报警声，计算机无法启动，显示器无响应。

任务分析

通过对故障描述的分析，判断出现报警声是计算机自检的结果，将排除故障的重心放在分析计算机BIOS的类型及对应的报警所对应的故障点上。

理论知识

1）在Award BIOS计算机中，一长两短的报警声表示发生显示器或显示卡错误。

2）排除该类故障的思路如下。

①重新连接显示器与显卡连接的数据线，保证其连接正确和牢固。重新开机，查看故障是否排除。

②若故障未排除，则打开机箱，拔下显卡，对金手指部分进行清理，并重新插入插槽，保证插紧并固定牢固。重新开机，查看故障是否排除。

③若故障仍未排除，则怀疑是显卡损坏，更换显卡。重新开机，查看故障是否排除。

④若排除以上故障可能性，则可能是显示器或显示器数据线的故障，应联系专业显示器维修人员。

学习助手

对于显示器的维修，务必求助专业维修人员，自行操作存在较大安全隐患。由于显示器内有高电压，操作不当容易伤人。

任务实施

1）打开机箱，拔出显卡，清理金手指部分，重新插入插槽，重新开机，故障未排除。

2）更换一块显卡，重新开机，故障排除。

3）告知客户故障原因，并给出新显卡的选择建议。

任务3 排除计算机两短声报警故障

故障现象描述

用户启动计算机后，听到两短声的报警声，虽未影响系统启动，但客户仍希望解决这一不正常情况。

任务分析

通过对故障描述的分析，判断出现报警声是计算机自检的结果，将排除故障的重心放在分析计算机BIOS的类型及对应的报警所对应的故障点上。

理论知识

1）在Award BIOS计算机中，两短的报警声表示常规CMOS错误。

2）排除该故障的思路如下。

①进入CMOS SETUP，检查其中的常规项，查看有无设置错误或者不当的项目，进行修改和重新设置。重新开机，查看故障是否排除。

②若故障未排除或找不出设置错误的项，则给CMOS放电或者设置跳线，将CMOS恢复到出厂状态。重新开机，查看故障是否排除。

③若故障仍未排除，则考虑更换主板上的CMOS电池。重新开机，查看故障是否排除。

④若故障仍未排除，则考虑升级BIOS版本。重新开机，查看故障是否排除。

任务实施

1）打开机箱，找到主板上的CMOS电池。

2）拔出CMOS电池，等待几秒，重新安装电池到主板上。完成CMOS放电工作，使其恢复出厂状态。

3）重新开机，故障解决。

课外作业

一、理论填空题

1．Award BIOS__________报警，一般是由内存接触不良或者损坏引起的。

2．上题中这类报警故障的排除思路如下。

1）____。

2）____。

3）____。

3．在Award BIOS计算机中，__________的报警声表示发生显示器或显示卡错误。

4．上题中这类报警故障的排除思路如下。

1）____。

2）____。

3）____。

4）____。

5．在Award BIOS计算机中，__________的报警声表示常规CMOS错误。

6．上题中这类报警故障的排除思路如下。

1）____。

2）____。

3）____。

4）____。

二、课外拓展题

请各位同学以小组为单位，通过上网查询相关资料，整理并记录Award BIOS的各种警报对应的故障提示，并通过Word文档形成相关报告。

项目25　排除常见启动无响应故障

项目难度：★★★☆☆

项目课时：2学时

角色职业岗位：IT产品维修员

项目描述

子俊在加强员工技术培训的同时，在售后部门落实了一系列的管理制度，如对每一个具体用户的故障，需要生成维修报告，并将案例上传到故障数据库；遇到疑难情况，班组会诊等。这一系列的改变让售后部门变成一个有活力、有责任、有效率的团队，也让门店上下对子俊这位上任时间并不太长的店长刮目相看。当然，子俊对于技术上的要求，没有因为明显的成效而有一丝的松懈。因为他知道，技术才是真正的核心竞争力。

项目分析

计算机开机启动异常故障是计算机最常见的故障之一。而开机无响应又是这类异常故障中最常见的，需要根据故障现象进行推理，判断故障的可能原因，进而思考对应的排查方法，找出故障点进行排除。本项目通过一些实际的案例来介绍这类故障的处理办法，具体分解为如下4个子任务。

任务单

1	帮助客户排除无响应故障一
2	帮助客户排除无响应故障二
3	帮助客户排除无响应故障三
4	帮助客户排除无响应故障四

匠心养成·炼铸专业核心素养

逻辑推理、思辨精神

项目实施

理论知识

1）计算机开机无响应的故障是比较常见的故障。引起故障的因素也非常多。

2）排除该类故障的思路如下。

①开机观察，判断无响应的类型，确定仅仅是显示器无响应还是主机响应不正常。

学习助手

要判断是否是主机响应不正常，应主要观察主机电源风扇，即要看CPU风扇是否转动，主机面板上的电源和硬盘指示灯是否闪亮。

② 若开机后，主机运转正常，则应注意开机后的报警声，根据报警声的提示，处理相关的故障。可以参考项目24。

③ 若开机后，主机运转正常，但无报警声，则构建计算机“最小系统”，重新开机检测。若故障排除，则考虑故障点为“最小系统”之外的部件或者是“最小系统”接触不良。若故障依旧，则考虑为“最小系统”中的部件故障，采用“替换法”检测出故障部件，排除故障。

硬派词汇

“最小系统”是指保证计算机正常启动的最小构成。“最小系统”分为启动型和点亮型两种：启动型的主机构成是主板、电源与CPU；点亮型的主机构成是电源、主板、CPU、内存与显卡。

学习助手

替换法是指采用确定良好的部件去更替怀疑的故障配件，若故障排除，则确定被更换的配件为故障点。替换法是排除计算机故障常用的方法。

④ 若开机后，主机响应不正常，则观察电源风扇和CPU风扇等的情况，若电源和CPU风扇都不转，则排查电源线和电源以及面板跳线的情况，确定是电源线或跳线的连接故障，还是电源线和电源的硬件故障。若电源工作，但CPU风扇不转，则排查CPU风扇和CPU的情况。

⑤ 若开机后，主机响应不正常，排除④的故障情况，则采用“替换法”对主机主要部件进行排查，查找故障点并排除。

任务1 帮助客户排除无响应故障一

故障现象描述

用户按下开机按钮后，发现主机无响应，电源指示灯不亮，无任何报警声，系统无法正常启动。

任务分析

通过对故障描述的分析，由于电源指示灯不亮，因此判断故障的排查重点在于电源的连接及供电。

任务实施

1）重新连接主机电源线和主板电源线，重新开机，故障未排除。

2）仔细检查主机面板按钮，从主板启动计算机，故障未排除。

3）采用替换法，更换主机电源，重新开机，故障排除。

4）告知用户该故障是由于主机电源损坏，而导致其无法正常为主机供电引起的。

任务2 帮助用户排除无响应故障二

故障现象描述

用户按下开机按钮后，发现电源指示灯闪动，无任何报警声，CPU风扇转动缓慢，显示器无响应，系统无法正常启动。

任务分析

通过对故障描述的分析，由于电源指示灯闪动，判断电源正常供电；由于CPU风扇的转速出现异常，因此将故障排查的重点放在CPU风扇上。

任务实施

1）打开机箱，重新安装CPU风扇，重新开机，故障未排除。

2）采用替换法，更换CPU风扇，重新开机，故障解决。

3）告知用户，该故障为CPU风扇损坏，建议客户更换新的CPU风扇。

任务3 帮助用户排除无响应故障三

故障现象描述

用户按下开机按钮后，发现电源指示灯闪动，主机运转正常，无报警声，显示器无响应。

任务分析

通过对故障描述的分析，由于主机运转正常，仅显示器无响应，故将故障排查的重点放在与显示相关的部件上。但由于部件的接触点氧化，导致接触不良也可能引起类似故障，因此需要仔细排查。

任务实施

1）打开主机，拆除主要部件（包括内存、显卡、网卡及CPU），清理后重新安装，重新开机，故障未排除。

2）构建点亮型“最小系统”，运行计算机，故障未排除。

3）采用替换法，排查故障点，当更换显卡后，故障排除。

4）告知客户，该故障为显卡损坏，建议客户更换新的显卡。

任务4 帮助用户排除无响应故障四

故障现象描述

用户按下开机按钮后，主机无任何响应，无报警，显示器无响应。

任务分析

通过对故障描述的分析，由于无任何响应，因此从主机的供电系统开始排查。

任务实施

1）重新连接主机电源线和主板电源线，重新开机，故障未排除。

2）通过替换法，更换电源后，重新开机，故障仍未排除。

3）重新连接面板跳线，故障仍未排除。

4）互连主板跳线，从主板启动计算机，故障排除。

5）仔细观察机箱面板按钮，发现接触垫老化并损坏。

6）告知用户该故障点源于主机面板的开机按钮，建议客户进行维修。

课外作业

一、理论填空题

排除计算机开机无响应故障的思路如下。

1）______________________________。

2）______________________________。

3）______________________________。

4）______________________________。

5）______________________________。

二、实践应用题

请各位同学以小组为单位，上网搜集资料，整理常见计算机开机无响应故障的案例，并通过Word文档方式进行整理汇总。

三、课外拓展题

主板诊断卡是计算机维修中常见的工具之一（见图25-1）。请各位同学以小组为单位，了解一款诊断卡的使用，并通过Word文档形成图文报告。

图25-1　主板诊断卡

项目26　排除常见蓝屏故障

项目难度：★★★☆☆
项目课时：2学时
角色职业岗位：IT产品维修部员

项目描述

子俊针对计算机最常见的开机启动异常故障进行了专项分析与研究，对该类故障的现象与处理思路进行了总结，为员工排除该类故障提供了详细的操作指南。通过一阶段的培训与实践，员工的整体业务水平有了较大的提高，特别是在工作的规范化方面有了非常大的进步。当然，还有一种常见故障的排除方法也是需要掌握的，在本项目中，子俊将向大家介绍蓝屏故障的分析与处理方法。

项目分析

蓝屏故障是计算机最为常见的异常故障之一，经常会出现在开机时、程序运行过程中。蓝屏故障会严重地影响计算机的运行，是用户最为头疼的故障之一，需要对蓝屏提示代码进行具体分析后思考具体的排除思路。在本项目中，子俊带大家一起来分析蓝屏故障的原因及处理办法。本项目分解为如下3个子任务。

任务单

1	帮助用户A解决蓝屏故障
2	帮助用户B解决蓝屏故障
3	帮助用户C解决蓝屏故障

匠心养成·炼铸专业核心素养

规则意识、思辨精神

项目实施

理论知识

1）引起计算机蓝屏故障（见图26-1）的原因主要分成硬件故障和软件故障两大类。

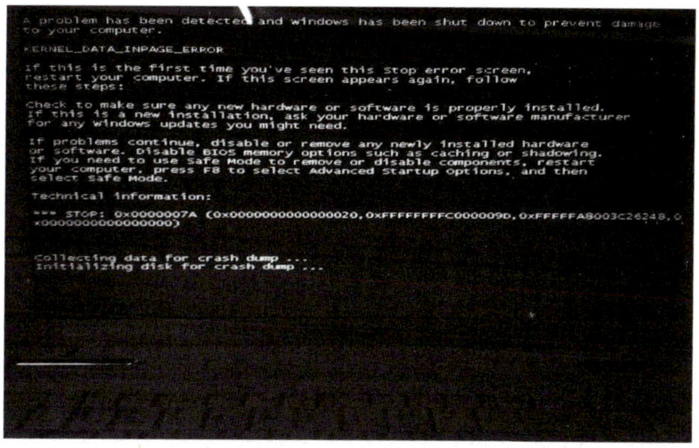

图26-1　计算机蓝屏故障

硬派词汇

蓝屏就是计算机出现严重错误时，将错误信息显示在蓝色背景的屏幕上。

2）计算机软件引起蓝屏故障的常见原因如下。

① 系统重要文件损坏或丢失引起，主要指如“.dll”和“.ini”扩展名的文件损坏或丢失，或者计算机病毒导致重要文件破损。

② 注册表损坏导致文件指向错误，主要指在安装或卸载软件时，对注册表进行修改出错。

③ Windows系统本身的不完善。

④ 系统资源耗尽。

3）计算机硬件引起蓝屏故障的常见原因如下。

① 内存超频或不稳定。

② 硬件兼容性问题。

③ 硬件散热性能不好。

④ I/O冲突。

4）排除该类故障的思路如下。

①记录故障的蓝屏信息，主要包括停机码和错误名。示例如图26-2所示。

蓝屏示例：
STOP 0x0000001E(0xC0000005,0xFDE38AF9,0x0000001,0x7E8B0EB4) KMODE_EXCEPTION_NOT_HANDLED

图26-2　蓝屏故障信息示例

其中STOP 0x0000001E为停机码，KMODE_EXCEPTION_NOT_HANDLED为错误名。

② 重新启动计算机，查看故障是否排除。

③ 查看是否能够进入安全模式，若能，则卸载相关问题软件，修复注册表，更新或重新安装相关驱动程序，查看故障是否排除。

硬派词汇

安全模式是Windows操作系统中的一种特殊模式，在安全模式下用户可以轻松地修复系统的一些错误，起到事半功倍的效果，如图26-3所示。

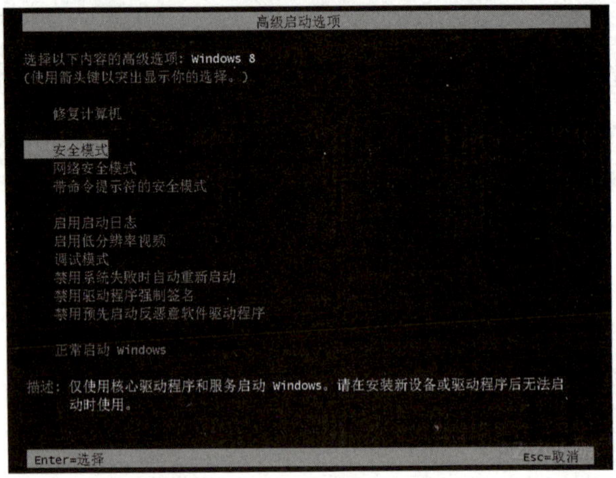

图26-3　计算机高级启动项

④清理并重新连接计算机主要部件，如内存、显卡等，查看故障是否排除。

⑤重新安装操作系统，查看故障是否排除。

⑥分析蓝屏停机码和错误名，判断大概的故障点，重点排查计算机硬件问题（一般采用替换法），查看故障是否排除。

学习助手

通过分析蓝屏信息可以大致了解故障方向，但并不能直观反映故障原因，仅供参考。

任务1　帮助用户A解决蓝屏故障

故障现象描述

用户A的计算机最近常出现蓝屏死机的故障，重启后仍然出现蓝屏。据用户A回忆，这种现象是在安装某软件后出现的。

任务分析

由于用户A反映故障是在安装某软件后才出现的，因此将故障排查的重心放在该软件上。

任务实施

1）记录该故障的蓝屏信息，主要包括停机码和错误名。

2）重新启动计算机，故障未排除。

3）查看是否能够进入安全模式，可以进入安全模式，卸载故障软件。

4）重新启动计算机，故障排除。

5）告知用户A，蓝屏故障是由软件安装或运行异常所导致的。建议重新正确安装软件。

任务2　帮助用户B解决蓝屏故障

故障现象描述

用户B的计算机开机后尚未进入系统，就出现了蓝屏故障。用户B反复重启计算机，均未排除该故障。

任务分析

由于故障是在进入系统阶段出现的，因此将判断故障的重心放在相关系统软件及系统文件的完整性及兼容性方面。

任务实施

1）记录该故障的蓝屏信息，主要包括停机码和错误名。

2）重新启动计算机，故障未排除。

3）查看是否能够进入安全模式，结果发现不能进入安全模式。

4）清理并重新连接计算机主要部件，重点清理并安装内存。故障仍未排除。

5）重新安装计算机操作系统，故障排除。

6）告知用户B，蓝屏故障是由未知的软件故障所导致的。

任务3　帮助用户C解决蓝屏故障

故障现象描述

用户C的计算机，能够正常开机并进入操作系统，但开机使用后会随机性地出现蓝屏故障。

任务分析

故障的出现呈随机性，表现出一定的不稳定性。该故障发生的原因比较复杂，需要仔细排查。

任务实施

1）记录该故障的蓝屏信息，主要包括停机码和错误名。

2）重新启动计算机，故障未排除。

3）查看是否能够进入安全模式，结果发现不能进入安全模式。

4）清理并重新连接计算机主要部件，重点清理并安装内存。故障排除。

5）告知用户C，蓝屏故障是由内存不稳定所导致的。

课外作业

一、理论填空题

1. 引起计算机蓝屏故障的原因主要分成__________故障和__________故障两大类。

2. 计算机软件引起蓝屏故障的常见原因如下。

1）____。

2）____。

3）____。

4）____。

3. 计算机硬件引起的蓝屏故障的常见原因如下。

1）____。

2）____。

3）____。

4）____。

4. 排除该类故障的思路如下。

1）____。

2）____。

3）____。

4）____。

5）____。

6）____。

二、实践应用题

请各位同学以小组为单位，上网搜集资料，整理常见计算机蓝屏故障的案例，并通过Word文档方式进行整理汇总。

三、课外拓展题

请各位同学以小组为单位，上网查阅相关资料，依据前面所学故障排除的思路与方法，总结并整理出计算机故障处理的流程图，并通过Visio软件将其绘制出来。

项目27　排除常见打印机故障

项目难度：★★☆☆☆
项目课时：2学时
角色职业岗位：IT产品维修员

项目描述

自从子俊将工作重心转向售后维修维护部门后，他还发现了一个特别的现象——打印机维护及维修小组的业绩相对其他组要高不少。这让他意识到打印机对于用户特别是企业用户的重要性。通过调研发现，只要服务到位、价格合理，企业用户对于打印机的维护，一般不会随意更换服务公司。因此，子俊确定对于打印机的维护技术需要进行专题的培训与研究。

项目分析

打印机是现代企业办公中不可或缺的办公设备之一，在办公过程中，出现打印机故障非常影响工作效率甚至是商务活动的正常开展。因此作为维护部门，根据故障现象，进行准确的推理找到故障点，并以最快的速度为客户排除故障就是重中之重。在这个项目中，子俊将向大家介绍常见的打印机故障及解决方法。本项目分解成如下4个子任务。

任务单

1	帮助用户解决打印机故障一
2	帮助用户解决打印机故障二
3	帮助用户解决打印机故障三
4	帮助用户解决打印机故障四

匠心养成·炼铸专业核心素养

逻辑推理、思辨精神

项目实施

任务1　帮助用户解决打印机故障一

故障现象描述

用户正确安装了打印机，一般情况下均能进行正常打印，就是偶尔打印时会出现乱码。

任务分析

完成本任务，需要子俊熟悉造成打印机乱码的原因，并准确地排除故障。

理论知识

1）一般引起打印机乱码（见图27-1）的原因有数据线的问题、计算机病毒或者驱动程序的问题、内存空间不足的问题、打印字体没有正确安装的问题等。

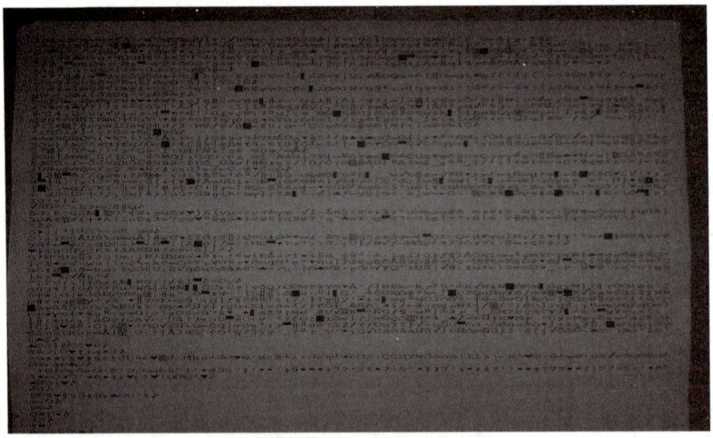

图27-1 打印乱码

2）排除该故障的思路如下。

①检查数据线是否支持双向通道，如果不支持，则更换数据线，并且重新连接数据线，查看故障是否排除。

②查看打印的是否是大文件，如果打印大文件，建议分批打印。查看故障是否排除。

③查看打印字体是否安装正确，确定正确安装打印字体。查看故障是否排除。

④查看计算机是否工作正常，检测是否有计算机病毒。杀毒后，查看故障是否排除。

⑤查看驱动程序是否正常，并更新驱动程序（参考项目15）。查看故障是否排除。

任务实施

1）检查并重新连接数据线（见图27-2），进行打印测试，发现故障仍未排除。

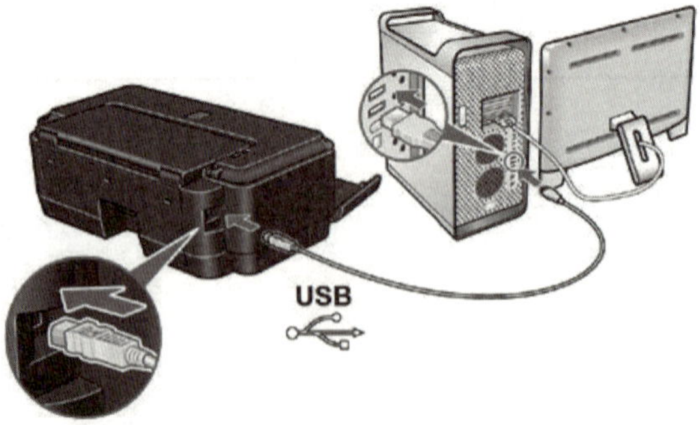

图27-2 打印机数据线连接示意图

2）查看打印文件大小，打印文件较小，排除该故障可能。

3）重新设置打印文字，进行打印测试，故障排除。判断为打印字体故障。

4）重新安装打印字体。

5）告知用户，乱码故障是由打印字体出错所导致的。

任务2　帮助用户解决打印机故障二

故障现象描述

用户的打印机在发出打印命令后无反应，系统提示打印机是否联机及电缆连接是否正常。

任务分析

完成本任务，需要子俊了解常规打印机无响应的原因，要求能准确地找到故障点，并加以排除。

理论知识

1）导致打印机无响应的故障很多，常见的有数据线、电源线的连接问题，驱动程序的问题，计算机病毒的问题，打印机设置问题，BIOS设置问题等。

2）排除该故障的思路如下。

①检查打印机是否处于联机状态。若联机不正常，则重点检查打印机电源是否连接、打印机开关是否打开以及数据线是否正确连接。

学习助手

判断打印机的联机状态，主要观察打印机“电源”按钮指示灯，若不亮或者闪烁，则说明联机不正常。正常状态为常亮，如图27-3所示。

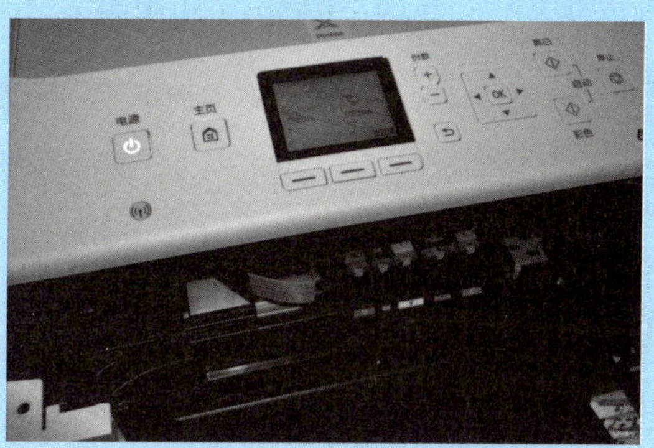

图27-3　判断打印机联机状态

②检查打印机的安装与配置是否正确，驱动程序是否正常。如有异常，重新添加打印机并进行设置，并重新安装驱动程序。

学习助手

对于打印机配置与安装，主要检查是否设置为默认打印机、是否设置了暂停打印、打印端口设置是否正确以及超时设置是否正确。

③检查BIOS中的打印端口设置，检查计算机硬盘的空间是否过小。若空间太小，则应释放硬盘空间。

学习助手

BIOS打印机端口设置中，如果是并口打印机，则使用端口应设置为“Enable”，有些打印机不支持ECP类型的打印端口信号，应将打印端口设置为“Normal或 ECP+EPP”方式；如果是USB接口打印机，则应打开USB设备接口。

④检查计算机中是否存在病毒，计算机中存在病毒也会造成打印机不打印。若有需要，请用杀毒软件进行杀毒。

⑤检查打印机进纸盒是否无纸或卡纸，检查打印机墨粉盒、色带或碳粉盒是否有效，如无效，则不能打印。

⑥若以上测试后，故障仍未排除，则怀疑计算机的并口线损坏。

任务实施

1）检查打印机是否处于联机状态，结果发现打印机联机正常。

2）检查打印机的配置与安装。重新安装打印机驱动程序后，故障排除。

3）告知用户打印机无响应故障是由驱动程序出错所导致的。

任务3　帮助用户解决打印机故障三

故障现象描述

用户的打印机，在打开打印机电源开关时发出“嘎……嘎”的声响，并伴有报警声，系统提示无法联机打印。

任务分析

完成本任务，需要子俊熟悉打印机的故障报警，能准确地找出故障点并加以排除。

理论知识

1）打印机的故障报警与使用环境和日常维护有很大关系。如果使用打印机的环境差、灰尘多，就容易出现类似问题。

2）排除该故障的思路如下。

①分析报警的类型，进行对应的处理。检查故障是否排除。

②观察打印机的异常位置，对相应位置进行环境的清理与维护。检查故障是否排除。

任务实施

1）关闭电源，用软纸把轴擦干净，滴上缝纫机油，反复移动打印头以清洗污渍。

2）在干净的轴上滴上机油，移动打印头使其均匀分布。

3）重新安装打印机部件并开机，故障排除。

4）告知用户该故障是由打印机缺乏维护所导致的。

学习助手

为了延长打印机的使用寿命，应注意打印机的防尘和工作环境温度，给它提供一个灰尘较小、温度（环境温度一般为10～40℃，过高过低都不好）适当、阳光无法直射的地方。

任务4　帮助用户解决打印机故障四

故障现象描述

用户的打印机发生卡纸问题，控制板上指示灯发光，并向计算机发出报警信号。

任务分析

完成本任务，需要子俊熟悉打印机卡纸故障的原因，并能熟练排除故障。

理论知识

1）引起打印机卡纸（见图27-4）的原因也很多，常见的有忘记关闭盖板、打印机在打印时取出纸张、打印纸张不合规格、送纸辊运转不正常、送纸路径有纸屑或碎纸等异物、装纸盘安装不正常、纸张质量不好（过薄/过厚/受潮）、纸张传感器出错等。

图27-4 打印机卡纸现象

2）排除该故障的思路如下。

①关闭打印机电源，轻轻取出被卡纸张。重新打印，查看故障是否排除。

学习助手

取出被卡纸张时，一定要先关闭打印机电源，双手均匀用力，以进纸的方向，慢慢取出纸张。

②检查打印纸张的规格与质量，如有异常，更换纸张，重新打印，查看故障是否排除。

③检查进纸和出纸通道有无杂物，若有杂物，则清理干净后重新打印，查看故障是否排除。

④检查纸辊是否磨损或弹簧松脱，若压力不够，则不能将纸送入和送出机器。临时缠绕橡皮筋，增加压力，重新打印，查看故障是否排除。

⑤检查纸张传感器是否出错，采用替换法，检查故障点，排除故障。

任务实施

1）关闭打印机电源，轻轻取出被卡纸张。重新打印，故障未排除。

2）检查纸张质量，发现纸张页与页之间有粘连，受潮。更换纸张，重新打印，故障排除。

3）告知用户该故障是由纸受潮、不符合打印要求所导致的。建议换打印纸。

学习助手

为防止打印机卡纸，保证打印纸的质量很重要。在安装打印纸之前，先将打印纸像翻书页一样打开几次，确保每张纸得以单独分离，防止因静电感应导致卡纸，更要避免打印纸受潮。

课外作业

一、理论填空题

1．一般引起打印机乱码的原因有____________的问题、____________的问题、________不足的问题以及________没有正确安装的问题。

2．排除打印机乱码故障的思路如下。

1）____。

2）____。

3）____。

4）____。

5）____。

3．导致打印机无响应的故障很多，常见的有________的连接问题、________的问题、________的问题、________问题、BIOS设置问题等。

4．排除打印机无响应故障的思路如下。

1）____。

2）____。

3）____。

4）____。

5）____。

6）____。

5．打印机的报警故障与使用________和________有很大关系。如果使用打印机的环境差、灰尘多，就容易出现类似问题。

6．排除打印机报警故障的思路如下。

1）____。

2）____。

7．引起打印机卡纸的原因也很多，常见的有____________、打印机在打印时________、打印纸张不合规格、送纸辊运转不正常、送纸路径有________等异物、装纸盘安装不正常、纸张质量不好（过薄/过厚/受潮）、纸张________出错等。

8．排除打印机卡纸故障的思路如下。

1）____。

2）____。

3）____。

4）____。

5）____。

二、课外拓展题

请各位同学以小组为单位，上网搜集资料，整理常见打印机故障的案例，并通过Word文档方式进行整理汇总。